Natürlich wachsen

Edda Rydzy · Monika Griefahn

Natürlich wachsen

Erkundungen über Mensch,
Natur und Wachstum aus
kulturpolitischem Anlass

Edda Rydzy
Berlin, Deutschland

Monika Griefahn
Buchholz, Deutschland

ISBN 978-3-658-02849-7   ISBN 978-3-658-02850-3 (eBook)
DOI 10.1007/978-3-658-02850-3

Die Deutsche Nationalbibliothek verzeichnet diese Publikation in der Deutschen Nationalbibliografie; detaillierte bibliografische Daten sind im Internet über http://dnb.d-nb.de abrufbar.

Springer VS
© Springer Fachmedien Wiesbaden 2014
Das Werk einschließlich aller seiner Teile ist urheberrechtlich geschützt. Jede Verwertung, die nicht ausdrücklich vom Urheberrechtsgesetz zugelassen ist, bedarf der vorherigen Zustimmung des Verlags. Das gilt insbesondere für Vervielfältigungen, Bearbeitungen, Übersetzungen, Mikroverfilmungen und die Einspeicherung und Verarbeitung in elektronischen Systemen.

Die Wiedergabe von Gebrauchsnamen, Handelsnamen, Warenbezeichnungen usw. in diesem Werk berechtigt auch ohne besondere Kennzeichnung nicht zu der Annahme, dass solche Namen im Sinne der Warenzeichen- und Markenschutz-Gesetzgebung als frei zu betrachten wären und daher von jedermann benutzt werden dürften.

Lektorat: Dr. Andreas Beierwaltes, Katharina Gonsior

Gedruckt auf säurefreiem und chlorfrei gebleichtem Papier

Springer VS ist eine Marke von Springer DE. Springer DE ist Teil der Fachverlagsgruppe Springer Science+Business Media.
www.springer-vs.de

Inhalt

Vorwort 9

1. Ambivalenzen von „Nachhaltigkeit" 13
   1.1 Erfolgreich im Dilemma. Wesentliche Entwicklungen
       und der Status quo – ein Grobriss 13
   1.2 Wanderung zwischen Polen. „Nachhaltigkeit" als reflexiver,
       politischer und praktischer Prozess 22
       1.2.1 Homonymes Schillern. Das Wort „Nachhaltigkeit" und
             verschiedene Verständnisse 24
       1.2.2 Diffusion zum vieldeutig Guten. Definitionsprobleme 25
       1.2.3 Geschwister mit unterschiedlichem Temperament.
             Inkongruenzen in den Wurzeln der Worte „nachhaltig"
             und „sustainable" 30
       1.2.4 Ignorieren oder Bestimmen. Kritik der
             Widersprüchlichkeit – zwei Reaktionstypen 37
   1.3 Nicht von Ungefähr. Geistige und politische Kontexte
       als Bedingungen der Begriffsbildung 39
   1.4 Wie die Alten summen, so zwitschern auch …
       Zwei Grundtendenzen der Auseinandersetzungen
       um „Nachhaltigkeit" 43
   1.5 Zeitversetzt auf der Seite der guten Beschützer.
       Nachhaltigkeit in kulturpolitischen Debatten 46
   1.6 Kulturpolitik bestimmt nicht. Prioritäten von Umweltaktivisten
       – und in kulturpolitischen Debatten 53
   1.7 Resümee 59

2. **Suche im Komplexen. Politische Nachhaltigkeitsstrategie als analytischer Bezugs- und kulturpolitischer Handlungsrahmen** 61

   2.1 Quadratur des Kreises. Komplexität aus der subjektiven Perspektive von Akteuren 62

   2.2 Management und Politik in Reihenfolge. Zur Geschichte und Entwicklung der Strategietheorie 65

   2.3 Frucht von Versagen. Nachhaltigkeit als Antrieb für Theoriebildung 72

   2.4 Wollen und Können. Potenzielle strategische Akteure in der Kulturpolitik 76

   2.5 Widerspruch. Zur Nachhaltigkeitsstrategie der Bundesregierung 78

   2.6 Resümee 83

3. **Ganz von selbst. Zur Schlüsselfrage Wachstum** 85

   3.1 Quellen aus Differenzierung. Wirtschafts-Wachstum und Stoffe 88

   3.2 Potenz als Wesen. Wachstum aus dem Blickwinkel der Evolution 97

      3.2.1 Immer mehr. Leben und Wachstum 99

      3.2.2 Noch viel mehr. Über Wachstum, Informationen, Mensch, Gesellschaft 102

   3.3 Zwischen Moral und Struktur. Verzicht als gesellschaftliche Option 107

   3.4 Leben ist innen. Über „Grenzen" als Deutungsmuster 116

   3.5 Resümee 122

4. **Effektive Wurzelbehandlung. Das Prinzip Cradle to Cradle als mögliche Lösung** 125

   4.1 Lieber gut als weniger schlecht. Kritik der Effizienzstrategie vom Standpunkt der Öko-Effektivität 127

   4.2 Intelligent produzieren und verschwenden. Antworten der Effektivitätsstrategie 129

   4.3 Trennkost für moderne Produktion. Drei Beispiele 132

   4.4 Geburtswehen. An Cradle to Cradle geübte Kritik 136

4.5	Ein weites Feld. Dimensionen ermöglichten Wandels	138
	4.5.1 Sinnbild Markt. Zum Thema Ort	138
	4.5.2 Verhandeln können. Über Ort, Bindung und Werte	143
	4.5.3 Sesshaft sein. Über strukturelle Folgen	147
4.6	Resümee	151

5. Eine schwierige Beziehung. Über Produktion und Kultur ... 153

- 5.1 Produktion bestimmt nicht. Über Kultur, Politik, Wissenschaften ... 154
- 5.2 Exotendasein. Über Produktion im philosophisch-ökonomischen Denken ... 157
- 5.3 Eine handgemachte Tochter. Kultur als Ergebnis einer naturbeherrschenden Praxis ... 161
- 5.4 Erben als Aufgabe. Wie Marx' Natur-Kultur-Ansatz aufgehoben werden kann ... 166
  - 5.4.1 Raffinesse des Rohen. Was verwerfend aufzuheben ist ... 167
  - 5.4.2 Wert der sinnlichen Händ. Was positiv aufzuheben ist ... 170
  - 5.4.3 Einsiedeln. Aufheben als Ortsbestimmung ... 172
- 5.5 Geist als Materie zu Masse kommend. Zum Verhältnis von Stoff und virtueller Welt ... 174
- 5.6 Afrika sehen. Snow und Folgen von Arbeitsteilung ... 177
- 5.7 Resümee ... 180

6. Wandelwege. Strategische Ansatzpunkte und Potenziale von Kulturpolitik ... 181

- 6.1 Blickwechselworte. Folgerungen für Leitbilddiskussionen ... 183
- 6.2 Kombinationsräume. Kulturpolitische Möglichkeiten vor Ort ... 187
- 6.3 Mit Kunst rechnen. Über die informative Kraft von Ästhetischem ... 191

7. Nachworte ... 199

8. Literatur und Quellen ... 201

Vorwort

Diese Arbeit ist eine Spätfolge der Enquete-Kommission des Deutschen Bundestages „Kultur in Deutschland" (2007).[1]
Ohne uns persönlich zu kennen und an verschiedenen Stellen hatten wir uns beide an deren Arbeitsprozess beteiligt. Wie viele andere Beteiligte stimmten uns die Ergebnisse hauptsächlich positiv. Das betraf vor allem diese Tatsachen:
Es war gelungen, – mindestens im parlamentarischen Betrieb, in der Regierungswahrnehmung und in den Fachmedien – eine langanhaltende Öffentlichkeit für die Belange von Kulturpolitik zu erreichen. Die Beschaffenheit des Feldes Kultur und Kulturpolitik in Deutschland wurde im Ergebnis einer kollektiven Leistung komplex und differenziert abgebildet. In der politischen Reflexion über den Kulturbereich spiegelte sich der zu diesem Zeitpunkt gegenwärtige Höchststand der entsprechenden Wissenschaft und Forschung wider.

Gleichzeitig sahen wir jedoch einige Punkte kritisch. Vor allem: Im Ergebnis der Kommissionsarbeit konnte keine Prioritätensetzung erreicht werden. Die mehr als fünfhundert vor allem an die Bundes- und Landesregierung/en, aber auch an andere politische Akteure gerichteten Empfehlungen weisen nicht nur keine Ordnung nach dringlich und weniger wichtig auf, sie beziehen sich auch alle strikt auf das Ressort Kulturpolitik. Vom Anspruch der Neuen Kulturpolitik, auf die „'aktuellen gesellschaftlichen Herausforderungen' zu reagieren, sich selbst allem anderen voran als Gesellschaftspolitik zu begreifen und letztlich das utopische Ziel anzustreben, die Gesellschaft zum Besseren zu verändern"[2], schlägt sich im Schlussbericht der Kommission nichts nieder. Diese Wahrnehmung fanden wir in diversen Veranstaltungen von unterschiedlichen Teilnehmern geteilt. So stellt der damals in Amsterdam wirkende Österreicher Gottfried Wagner im Blick auf die europa- und globalisierungsrelevanten Aussagen des Schlussberichts bei aller Wertschätzung der Arbeit der Enquete-Kommission als Makel fest: „Der In-

---

1 Deutscher Bundestag – 16. Wahlperiode: Schlussbericht der Enquete-Kommission Kultur in Deutschland, Drucksache 16/7000, 2007. S. 379 10.Mai 2011.
2 Schwencke, O., Bühler, J., Wagner, M. K.: Kulturpolitik von A – Z. Ein Handbuch für Anfänger und Fortgeschrittene, Berlin, 2009, S. 115f.

halt des Europakapitels ist visionsfrei pragmatisch, um das Geringste zu sagen angesichts der total veränderten Welt;..."[3]

Wir sahen so eine seit Jahren zu beobachtende Tendenz fortgesetzt: Kulturpolitik nimmt an der öffentlichen Verhandlung politischer Kern-Themen kaum mit feldeigen qualifizierten Meinungen noch gar mit Lösungsvorschlägen über ihr eigenes Feld hinaus teil. Das gilt für Fragen von Frieden und Konflikt ebenso wie für Fragen von Umwelt, von Bildung oder bezüglich der Gestaltung von sozialen Sicherungssystemen in Zeiten strukturellen und demographischen Wandels.

Auf den unnachsichtig überzeichneten spitzesten Punkt gebracht lautete unser Urteil über die Situation und den allgemeinen Gestaltungswillen der Kulturpolitik: Ihre größte gemeinsame Schnittmenge mit anderen politischen Ressorts besteht in der Finanzpolitik, von der „die Kultur" Ausstattung und im gleichen Atemzug verlange: dass das Urteil über die Rechtfertigung dieses Anspruchs ihr selbst überlassen zu bleiben habe und keiner öffentlichen Legitimitätsprüfung auszusetzen sei.

Olaf Schwencke, einer der Begründer der Neuen Kulturpolitik, konnte und wollte unserem zwiespältigen Resümee einen Grad Wahrheit nicht versagen. Gleichzeitig sah er allerdings, dass sich verlässliche Aussagen über die Schlüssigkeit unseres – hypothetischen – Resümees wie auch über Wege aus der gleichzeitig behaupteten selbstbeschränkenden Situation in der gegenwärtigen deutschen Kulturpolitik nur durch ernsthafte wissenschaftliche Arbeit zu finden sind.

Aus unseren jeweiligen Ausbildungs- und beruflichen Biographien schloss er, dass sich unsere Wissen und Erfahrungen vorteilhaft ergänzen müssen und schlug uns vor gemeinsam zu promovieren; genau mit der Fragestellung, welche Beiträge deutsche Kulturpolitik auf einem ausgewählten Gebiet leisten könne, um eine gesellschaftliche Herausforderung lösen zu helfen. Das Unterfangen Promotion sollte dabei auch einen Disziplinierungsrahmen bilden. Mit einem Mangel an guten Gründen wie überzeugenden Ausreden, das Ganze bald wieder sein zu lassen, war ja nicht zu rechnen.

Wir ließen uns auf den Vorschlag ein und einigten uns, die Verhältnisse zwischen Mensch und Umwelt zum Gegenstand zu nehmen. Da in „Nachhaltigkeit" Kultur und Umwelt zusammen treffen, nahmen wir sie als Begriff, Deutungsmuster und Bewegung zum analytischen Ausgangspunkt.

Das Unterfangen entwickelte sich als Abenteuer. Bei „Nachhaltigkeit" waren wir davon ausgegangen, dass der Hauptteil der Arbeit in der möglichst gründlichen Darstellung einer komplexen Entwicklung bestehen würde. Hier zeigten sich

---

[3] Gottfried Wagner: Es fehlen die Visionen. In: Kulturpolitische Mitteilungen. Heft 120. I/2008. S. 37.

entgegengesetzte Strömungen, zusätzlich in den Krisenjahren 2008 und 2009 ihr sekundärer Rang gegenüber unmittelbaren ökonomischen und sozialen Verwerfungen. Unsere Annahmen über die Ergebnisse einer Expertenbefragung wie über die Rolle von Kultur und Kulturpolitik in ökologischen Auseinandersetzungen erwiesen sich als „westlich befangen", unzutreffend bzw. rundheraus falsch. Die Anwendung politischer Strategietheorie auf Nachhaltigkeitsstrategie ergab in der Hauptsache: Es besteht eine bremsende Zielkontradiktion. Mit Shakespeare gesagt: Wachstum oder Nicht-Wachstum, das ist hier die Frage. Für den Erwerb von Urteilsfähigkeit darüber bieten die Instrumente der empirischen Sozialforschung sowie einzelne gesellschaftstheoretische Ansätze keinen analytischen Zugang.

Um am Ende sagen zu können, welche Beiträge in Deutschland durch Kulturpolitik sinnvoll und leistbar sind, brauchten wir aber eine Antwort auf die Frage. Sie ließ sich nur explorativ, aus der Perspektive „Stoffe" betrachtend, durch Streifzüge in unterschiedliche Wissensgebiete gewinnen und: führte zu überraschenden Ergebnissen. Den Schwerpunkt der vorliegenden Publikation bildet diese Exploration. (Die Ergebnisse der empirischen Erhebung sowie die strategietheoretischen Befunde werden hier stark gerafft dargestellt. Ausführlich sind sie online abrufbar.[4])

Wir danken unserem Betreuer Olaf Schwencke und unserem Gutachter Wolfgang Schneider sehr dafür, dass sie uns in dem bizarren Arbeitsverlauf haben gewähren lassen, in dem es unter Hinnahme des Tastens in entlegenen Gebieten um Antworten auf die eingangs gestellte Frage und viel weniger um Passfähigkeit für gegebene Forschungsvorhaben ging.

Unsere Leser bitten wir um Nachsicht für die umfangreichen Fußnoten. Sie waren der einfachste Weg, um im Haupttext die jeweiligen Grundgedanken in der Fülle notwendiger Belege, Kommentare und Erläuterungen sichtbar bleiben zu lassen.

Was sich schließlich für mögliche kulturpolitische Beiträge zu einer Neugestaltung der Mensch-Natur-Verhältnisse ableiten lässt, ist übersichtlich und wenig spektakulär. Es handelt sich dabei aber um Weichenstellungen im Sinne der angestrebten Prioritätensetzung, die wir für begründet, belastbar, zielführend und sinnvoll halten.

Edda Rydzy
Monika Griefahn

---

4 Griefahn, M./Rydzy, E.: Der Grundwiderspruch der deutschen Nachhaltigkeitsstrategie. Cradle to Cradle als möglicher Lösungsweg. Ansatzpunkte und strategische Potentiale von Kulturpolitik. www.diss.fu-berlin.de/diss/receive/FUDISS_thesis_000000094421.

1. Ambivalenzen von „Nachhaltigkeit"

1.1 Erfolgreich im Dilemma. Wesentliche Entwicklungen und der Status quo – ein Grobriss

Bereits seit Mitte/Ende der 1960er Jahre hat sich in Europa ein Bewusstsein über den Preis und die Grenzen von Wachstum und die Notwendigkeit zur verantwortlichen Definition von Fortschritt herausgebildet.

Die entsprechenden Debatten sind an den Terminus „Sustainable Development" bzw. „Nachhaltigkeit" geknüpft. Wesentliche Impulse kamen und kommen gleichzeitig aus Arbeitszusammenhängen von Umwelt und Politik, auch aus solchen der Wirtschaft. Die stärkste und weitest reichende Sensibilisierung der Weltöffentlichkeit für die strategischen Kursänderungen der Gesellschaft in Richtung Nachhaltigkeit trat 1972 mit dem ersten Bericht „Grenzen des Wachstums" an den Club Of Rome ein. (Seine Initiatoren waren Aurelio Pecci, Vorstand Fiat/Olivetti und Alexander King, Direktor für Wissenschaft, Technologie und Erziehung bei der OECD.)[5]

Nur geringfügig zeitversetzt wandten Kultur und Politik sich dem Thema zu. Bereits die Zukunftswerkstätten von Robert Jungk[6] fußten auf einem entwickelten Problembewusstsein. Sie waren Impulsgeber für Wissenschaftler, Experten und Akteure von Kultur und Kulturpolitik, die sich im Europarat für die Entwicklung europäischer Kulturpolitik engagierten. 1972 fand in Arc et Senans eine internationale Beratung statt, die sich mit den Entwicklungsmöglichkeiten fortgeschrittener Industriegesellschaften auseinander setzte und sie als Aufgabenfeld von Kulturpolitik verstand. [7]

Eine unübersehbare Zahl an wissenschaftlichen und publizistischen Arbeiten sowie Konferenzen zum Thema „Nachhaltigkeit" weisen auf einen hochdif-

---

5   Meadows/Meadows/Randers/Behrens: Die Grenzen des Wachstums – Bericht des Club of Rome zur Lage der Menschheit. München, 1972.
6   1913-1994, einer der ersten Zukunftsforscher, Wachstumskritiker.
7   Vgl. Schwencke, O.: Das Europa der Kulturen – Kulturpolitik in Europa. Dokumente, Analysen und Perspektiven – von den Anfängen bis zum Vertrag von Lissabon, Bonn, 2010; Schwencke, O.: Die Kunst, in die Zukunft zu handeln – Nachhaltigkeit als kulturpolitisches Prinzip. Robert Jungk anlässlich seines neunzigsten Geburtstages zu ehren, in: Kulturpolitische Mitteilungen Nr. 100, I/2003.

ferenzierten Wissensstand und ebenso auf zunehmendes Interesse hin, die gewonnenen Erkenntnisse auch in die Praxis umzusetzen.

Gleichzeitig stehen ebenso unzählige Literatur und sonstige Veröffentlichungen allein zum Gegenstand „Klimawandel" dafür, dass es nach Ablauf eines halben Jahrhunderts national und international unbestreitbar nicht gelungen ist, in annähernd hinreichender Geschwindigkeit der weiter fortschreitenden Umweltzerstörung auf der Grundlage der vorhandenen politischen Strategien zu begegnen. Global gesehen bewegten und bewegen sich entsprechende Verhandlungen zäh. Auch im Inland erfolgt die Lösung wichtiger Probleme der Energiewende, der Schadstoffminimierung, des Recyclings usw. langsamer als wünschenswert.

Dass richtige politische Weichenstellungen bzw. die Umsetzung von beschlossenen Maßnahmen für „Sustainable Development" beschleunigt werden sollten, stellt sich als unabweisbar notwendig dar.

Allerdings verlangt allein eine solche Bewertung von für bestimmte Entwicklungen benötigten Zeiteinheiten Vorsicht. Nach den Befunden von „Grenzen des Wachstums" stand unabweisbar auf der Tagesordnung, dass Kollapse ganzer ökologischer, und mit ihnen sozialer und ökonomischer Systeme verhindert werden müssen. Zur Erfolgsgeschichte von „Sustainability" gehört, dass diese Befunde zwingend waren und auf Anhieb Weltöffentlichkeit fanden. Trotz zum Teil heftigen Widerspruchs im Blick auf die analytischen Grundlagen und die Programmqualität der von Meadows/Meadows et al. vorgenommenen Computersimulationen sowie der prognostizierten Zusammenbruchsszenarien, hat der Bericht über die Grenzen des Wachstums international wie in Deutschland entscheidende gesellschaftliche Kräfte überzeugt. Unter dem Label „Sustainability/ Nachhaltigkeit" entfalteten sich massenhafte Aktionen, Aktivitäten, reale Prozesse des Umschwenkens in Richtung naturverträglicher Entwicklungen. Sie stellen sich – gemessen an den Zeitdistanzen zwischen Niveaus anderer gesellschaftlicher Entwicklungen – als schnell dar; das illustriert beispielsweise der Vergleich mit den Zeiträumen, die die Entwicklung tatsächlich allgemeiner Allgemeinbildung beanspruchte: von der ersten Artikulierung ihrer Notwendigkeit im 17. Jahrhundert[8] brauchte es 300 Jahre gesellschaftlicher Auseinandersetzung, bis es zu den entsprechenden Schulreformen des 20. Jahrhunderts kam.[9]

---

8   Die Anfänge der Allgemeinbildung gehen auf Comenius (gest. 1670) zurück. Dazu: Gossmann et.al (Hrsg.): Auf den Spuren des Comenius. Reinbek, 2005.
9   Zu den Debatten und Konflikten um eine Allgemeinbildung, die sich von den Anhaftungen des übergewichtigen klassischen Kanons mit den Schwerpunkten Griechisch, Deutsch, Latein hinbewegt zu dem Anspruch einer Dreieinigkeit aus ethischem Urteils- sowie pragmatischem und sozialem Handlungsvermögen siehe: Klafki. Neue Studien zur Bildungstheorie und Didaktik: Zeitgemäße Allgemeinbildung und kritisch-konstruktive Didaktik. Weinheim, 1991.

1.1 Erfolgreich im Dilemma

Dagegen vergingen vom Bericht „Grenzen des Wachstums" bis zur Einsetzung der „Weltkommission für Umwelt und Entwicklung" durch die UNO (1983) und deren Abschlussbericht (1987)[10], der als „weltpolitische Strategie" konzeptuell zusätzlich bereits die ökologischen Probleme der Industriestaaten und die sozialen der dritten Welt erfasst, lediglich neun bzw. 15 Jahre.

Einen umfassenden Überblick über die Summe der seit Anfang der 1970er Jahre vollzogenen politischen Entwicklungen, Gründung von Institutionen, vorgelegten Forschungsarbeiten, Verhaltensänderungen in Konsum und Mobilität, durchgeführten Veranstaltungen, Veränderungen von Unternehmenskonzepten, medialen Veröffentlichungen usw. zu erstellen, ist kaum möglich.[11][12] Den bewirkten Bewegungsschub sollen einige seiner wesentlichen Aspekte und Entwicklungsrichtungen und -ergebnisse im Blick auf Akteure und Institutionen beleuchten:

Weltweit wie in Deutschland gründeten sich eine Vielzahl umweltbewegter Gruppen. Daraus gingen u. a. Greenpeace International[13] und Grüne bzw. Umweltparteien in vielen Ländern hervor.

Es entwickelte sich ein globales Problembewusstsein zur Umweltfrage. Bereits 1992 beschlossen 172 Staaten auf der Konferenz für Umwelt und Entwicklung der Vereinten Nationen in Rio de Janeiro mit der „Agenda 21" ein entwicklungs- und umweltpolitisches Aktionsprogramm für das 21. Jahrhundert, in dem die mehrfach erwähnte Verbindung von Ökologischem, Sozialem und Ökonomischem als Lösungsbedingung für nachhaltige Entwicklung formuliert wird.[14] Internationale Institutionen, Verhandlungen und Abkommen wirken auf dieser Grundlage. Als Erfolg kann allein wegen der intensiven globalen Debatten, die er bewirkte, auch der Kyoto-Prozess gelten.

---

10 Hauff (Hrsg.): Unsere gemeinsame Zukunft. Der Brundtland-Bericht der Weltkommission für Umwelt und Entwicklung. Greven, 1987.
11 Um welche Dimensionen es sich hier handelt, lässt sich bei einem kurzen Blick ins Internet ahnen: Google liefert am 1. Mai 2009 für „Nachhaltigkeit" 3.230.000, für „nachhaltig" 3.820.000, für „sustainability" 29.200.000 und für „sustainable" 65.000.200 Verweise.
12 Einen Überblick über die diversen Facetten der Ergebnisse des Nachhaltigkeitsprozesses einschließlich einer einschlägigen Bibliographie zum Thema gibt: Simonis: Globaler Wandel und das Leitbild nachhaltige Entwicklung, discussion paper des Wissenschaftszentrums für Sozialforschung Berlin, 2009; Simonis: Umweltinformation+Umweltpolitik, discussion paper des Wissenschaftszentrums für Sozialforschung Berlin, 2010.
13 Greenpeace – als von Anbeginn auf der Basis internationaler Kooperation wirkende Organisation – wurde bereits 1971 in Kanada gegründet. 1979 folgte die Gründung der den internationalen Arbeitsstrukturen auch formal entsprechenden Stiftung „Greenpeace International"; vgl. McTaggart: Rainbow Warrior. Die Autobiographie des Greenpeace-Gründers. München, 2002. S. 208f.; Griefahn (Hrsg.): Greenpeace Report 5. Wir kämpfen für eine Welt, in der wir leben können. Reinbek, 1989. S. 10ff.
14 www.agenda21-treffpunkt.de/archiv/ag21dok/index.htm, 10. Mai 2011.

Umweltfragen wurden in Deutschland bis hin in politische Strukturen (Ministerien für Umwelt) institutionalisiert. Nachdem sie seit den 1980er Jahren noch bis 1998 mit Vehemenz vorwiegend durch die Grünen[15] vertreten wurden, sind sie inzwischen als zu lösendes Problem Bestandteil des partei- und lagerübergreifenden gesellschaftlichen Grundkonsens. Nach der Einsetzung einer Enquete-Kommission zum Thema „Schutz des Menschen und der Umwelt" (1995) und deren Schluss-Bericht (1998)[16] finden zunehmende Anstrengungen für umweltfreundliche politische Regulierungen statt. Exemplarisch: Unter der SPD-Grünen-Regierung der Legislatur 1998-2002 wurde die ökologisch-soziale Steuerreform durchgesetzt. Trotz zunächst starker Proteste sowie nicht endender Versuche der Unterlaufung durch Hersteller, Händler und Verbraucher hat Deutschland sich an das „Dosenpfand"[17] gewöhnt. Der Atomausstieg gilt inzwischen als beschlossen.

Es entwickelt sich – analog zum strategischen Anspruch des Brundtland-Berichts – ein Bewusstsein dafür, dass erstens die komplexen Menschheitsprobleme nur mit Ansätzen zu lösen sind, die die ökologischen, sozialen und ökonomischen Herausforderungen synthetisch verbinden; dass zweitens alle Wissensgebiete und gesellschaftlichen Bereiche mit dem Ziel der Lösung dieser Aufgaben in produktive Kommunikation treten müssen. Partei- und lagerübergreifende Zusammenarbeit dazu nimmt zu. Es wurde nicht nur 1995 eine – zeitweilig arbeitende – Enquete-Kommission durch den Bundestag eingesetzt. Alle Fraktionen haben sich mit dem „Parlamentarischen Beirat für Nachhaltigkeit", der den Anspruch integrativer und interdisziplinärer Arbeit verfolgt, ein permanentes Gremium geschaffen.[18]

---

15 Vorwiegend ist hier in dem Sinne zu verstehen, dass Umweltpolitik für die Grünen eines der Kern-Themen war und hauptsächlich über sie wahrgenommen wurde. Allerdings wurden auch in anderen Parteien bereits seit den 70er Jahren Umweltpositionen vertreten. So z.B. in der SPD durch Willy Brandt und Michael Müller. Es bestanden hier auch, besonders über Olaf Schwencke und dessen Verwurzelung in europäischer Politik, sehr frühe Anbindungen an Robert Jungks Zukunftswerkstätten. Das CSU-regierte Bayern bildete bereits 1982 ein Landesumweltministerium.
16 Deutscher Bundestag. Enquete-Kommission. „Schutz des Menschen und der Umwelt" Abschluss-Bericht: Konzept Nachhaltigkeit. Vom Leitbild zur Umsetzung. Drucksache 13/11200. Bonn, 1998.
17 Das soll hier nur als Beleg dafür stehen, dass Umweltargumente mindestens soweit nachvollzogen werden, dass Mehrheiten auch unangenehme Maßnahmen hinnehmen. Über den ökologischen Nutzen des Dosen- und Flaschenpfandes ist damit noch nichts gesagt. Weil die Mehrwegquote trotz dieses Pfandes seit 2003 wieder sinkt, haben Bundestagsabgeordnete von Bündnis90/Die Grünen im Sommer 2010 ein Kleine Anfrage zu diesem Thema an die Bundesregierung gestellt; vgl. Deutscher Bundestag. Drucksache 17/2641. Berlin, 20.07.2010.
18 Der Beirat, dem 20 ordentliche und 20 stellvertretende Mitglieder angehören, soll die nationale Nachhaltigkeitsstrategie parlamentarisch begleiten, bei der Festlegung und Konkretisierung von Zielen, Maßnahmen und Instrumenten mitberaten, Empfehlungen zu mittel- und langfristigen Planungen abgeben, Beratungen mit anderen Parlamenten, insbesondere in der Europäischen

1.1 Erfolgreich im Dilemma

Weltweit forschen unzählige Wissenschaftler und Forschungsinstitutionen zu Umweltfragen.[19] Nicht nur im Kontext der Berichterstattungen über klimabedingte Naturkatastrophen nimmt die Aufmerksamkeit von Medien und Öffentlichkeit für das Thema zu. Umweltfreundlichkeit ist Gegenstand wirtschaftlichen Wettbewerbs geworden.[20] Im Verbraucherverhalten wird zunehmend Verantwortungsgefühl für Umweltbelange spürbar. Der Absatz von Bioprodukten, umweltfreundlichen Haushaltsgeräten bis hin zu Kleinwagen steigt stetig.[21] Ökologische Standards/Standards von Nachhaltigkeit gewinnen vom Design über Management bis zur Werbung an Bedeutung.[22]

Trotz dieser Ergebnisse ist, was den sicheren, dauerhaften Ausschluss des Kollabierens ökologischer, sozialer und ökonomischer Systeme betrifft, keine Lösung erreicht.

Nach Einschätzungen des Millenium Ecosytem Assessment[23] aus dem Jahr 2005 sind 60 % bzw. 15 von 24 der untersuchten Ökosysteme in Zerstörung begriffen, einige bereits akut. Als ein signifikantes Indiz dafür kann das Dreißig-

---

Union, führen und die gesellschaftliche Diskussion zur nachhaltigen Entwicklung unterstützen. Über seine Arbeit soll der Beirat mindestens alle zwei Jahre einen Bericht vorlegen.

19 Im März 2011 weist das WWW nur unter Aufruf von google zur Stichwortkette" research, environment, clima, climatical, ecology, ecological" 4.020.000 Treffer aus. Aus aktuellem Anlass: ebenfalls im März 2011 zeigt sich im Zusammenhang mit der Natur-/Atomkatastrophe in Fukushima die Vielzahl weltweit arbeitender Experten täglich in den Print- und elektronischen Medien.

20 Dazu existiert vielfältige Literatur, vgl. u. a. Jens, U. (Hrsg.): **Der Umbau.** Von der Kommandowirtschaft zur öko-sozialen Marktwirtschaft. Baden-Baden. 1991, S. 213; Wehling, D.: Umweltpolitik in der Sozialen Marktwirtschaft. In: Rüther, G. (Hrsg.): Ökologische und Soziale Marktwirtschaft. Bonn, 1997. S. 221; Farmer, K.: Beiträge zur wirtschaftstheoretischen Fundierung ökologischer und sozialer Ordnungspolitik. Berlin, Hamburg, Münster, 2005.

21 Das trifft selbst dann zu, wenn Preisnachteile in Kauf genommen werden müssen. Erfahrungen mit Erzeugnissen, die z. B. über Stromeinsparungen Preisvorteile ergeben, lassen davon ausgehen, dass beginnend mit Preisgleichheit das umweltgerechte Produkt beim Käufer den Vorzug genießt. Allerdings zeigen Erfahrungen mit der „Abwrackprämie" auch, dass Umweltschäden leicht hingenommen werden, wenn die Preisvorteile ökologischer Unvernunft zu groß sind.

22 Das zeigt sich unter anderem darin, dass Ökologie und Umwelt zum Kernelement von Marketingstrategien werden, vgl. dazu Hopfenbeck, W.: Umweltorientiertes Management und Marketing. Landsberg a. Lech, 1990; Meffert, H.: Marketing. Stuttgart, 1998; Meffert, H./Kirchgeorg, M.: Marketingorientiertes Umweltmanagement. Konzeption, Strategien, Implementierung mit Praxisfällen. Stuttgart, 1998. Zur Umwelt in Wirtschafts-/Managementstrategien vgl. Gege, M.: Unterwegs zu einem ökologischen Wirtschaftswunder. Hamburg, 2008.

23 Beim Millennium Ecosystem Assessment (MA) handelt es sich um eine von den Vereinten Nationen ins Leben gerufene Studie, mit der ein systematischer Überblick über den globalen Zustand von 24 Schlüssel-Ökosystemdienstleistungen erstellt wurde. UN-Generalsekretär Kofi Annan gab im Jahr 2001 den Auftrag zu deren Erstellung. Am 2005 veröffentlichten

Jahre-Update des Berichts „Grenzen des Wachstums" aus dem Jahr 2004 gelten.[24] Meadows/Meadows haben hierfür – unter Berücksichtigung der Einwände methoden-skeptischer Kritiker der ursprünglichen Studie – sowohl die Datenbasis aktualisiert und erweitert als auch Veränderungen an ihrem Computermodell vorgenommen.

Trotzdem, und obwohl inzwischen von größeren Rohstoffmengen ausgegangen werde konnte, als das dreißig Jahre zuvor der Fall gewesen war, ergaben die per Computer durchgespielten Szenarien kein weniger dramatisches Bild. Die meisten setzen das Jahr 2100 als letzten Termin für das Überschreiten der Wachstumsgrenzen und den anschließenden Kollaps. Für den Fall, dass die Produktions-, Verbrauchs- und Mobilitätsweisen der vorangegangenen dreißig Jahre beibehalten würden, ist nach dem Update ab 2030 mit dem Kollaps zu rechnen.

Als einziger Weg, um möglicherweise eine bei ca. 8 Milliarden Menschen eingepegelte nachhaltige Weltgesellschaft zu erreichen, wird eine Summe drastischer Maßnahmen genannt, die neben der Kontrolle des Bevölkerungswachstums, Umsetzung von Effizienz- und Umweltschutzstandards und Reduktion des Schadstoffausstoßes vor allem auch starke Einschränkungen des Konsums als Schwerpunkt enthält.[25]

Der Umkehrschluss würde lauten: Wenn es nicht gelingt, den Konsum weltweit erheblich zu reduzieren, dann nähert sich ca. 2030 die Geschichte der Menschheit ihrem Ende. Die Möglichkeit, den Welt-Konsum der Menschen spürbar zu minimieren, wird jedoch aus unterschiedlicher Perspektive mit wissenschaftlichen Argumenten bezweifelt bzw. ausgeschlossen.[26] Wohingegen Randers in seinem – zum vierzigsten Jahrestag des Club-of-Rome-Berichts – heraus gegebenen Global Forecast für 2052 davon ausgeht, der Welt-Konsum würde sich – gewissermaßen von selbst oder automatisch – reduzieren, weil „der zu teilende Kuchen kleiner" werde. Das führt er darauf zurück, dass ein höherer Anteil der Bruttoinlandsprodukte in Anpassungsleistungen an die Folgen klimatischer Veränderungen, in ökologische Reparationsleistungen und in neue Technologien investiert

---

Bericht arbeiteten 1300 Wissenschaftler und Autoren aus 95 Ländern mit, vgl.: www.millenniumassessment.org/en/index.aspx Sept. 2009.

24 Meadows, D./Meadows, D.L./Randers, J.: Limits to Growth: The 30-Year Update, Chelsea Green, 2004.
25 Meadows/Meadows/Randers: Grenzen des Wachstums – Das 30-Jahre-Update. Stuttgart, 2006.
26 Stellvertretend, über Wachstumsorientierung als in den Menschen „eingebaute" Eigenschaft: Verbeek. *Die Anthropologie der Umweltzerstörung*: Die Evolution und die Schatten der Zukunft. Darmstadt, 1998.

werden müsse. Nach Randers würden sich aus diesem Grund traurigerweise soziale Spannungen und Unfrieden verschlimmern.[27]

Randers so hergeleitete Überzeugung, dass die Wirtschafts- und Sozialsysteme der entwickelten Industrieländer vermutlich noch weit vor 2030 zusammenbrächen, wenn der Konsum wirklich in dem aus ökologischen Gründen geforderten Ausmaß reduziert würde, darf als breit geteilt gelten. Auch deshalb haben z. B. die Regierungen der entwickelten Industrieländer unisono mit nachfragestützenden Maßnahmen in bislang unbekanntem Ausmaß auf die 2008 ausgebrochene Finanz- und Wirtschaftkrise reagiert.

Vor dem Hintergrund dieses Paradoxons fragt sich dringend, ob die bisherige Weise des Nachdenkens über Nachhaltigkeit, in der sich Umweltverträglichkeit, Generationengerechtigkeit und akute jeweils aktuelle Sozialgefälle schwer und kaum vermittelbar gegenüber stehen, auf Dauer betrachtet nicht eher selbst kontraproduktiv als zu zielführenden Ergebnissen geeignet ist – und deshalb von Grund auf überprüft werden muss.

Seit „Perspektiven für Deutschland" muss die „Öko-Effizienzstrategie" als für den in Umweltfragen ausgewiesen mehrheitsfähigen politischen wie gesellschaftlichen Grundkonsens genommen werden. Sie steht deshalb mit im Zentrum der später hier vorgelegten kritischen Diskussion.

Ein dann ausführlicher dargestellte Haupteinwand vorab: Auf dem Effizienz-Weg lässt sich – wenn überhaupt – lediglich das Tempo der Zerstörung der äußeren (Klima, Rohstoffe, Nahrungsmittel) und inneren (genetische Substanz, Immun- und Hormonsystem) natürlichen Existenzbedingungen der Menschen verlangsamen, nicht die absehbare Tatsache ihrer Vernichtung.

In der Frage der implizierten Forderung nach Verzicht auf Konsum besteht ein unlösbarer Widerspruch zu den Erfordernissen der Wirtschafts- und Sozialsysteme, ebenso zu existenziellen Bedürfnissen des Menschen wie Wachstum, Vermehrung, Lust am oder Demonstration von Status.

Hinsichtlich Klimaschutz und globaler Mobilität besteht gleichfalls ein gegenwärtig schwer lösbarer Zielwert-Konflikt, d. h. unter den aktuellen technologischen Bedingungen deutlicher: eine Zielkontradiktion. Entweder haben alle Menschen auf allen Kontinenten gleiches Recht auf Mobilität; dann explodiert der Kohlendioxid-Ausstoß auch bei striktester Minimierung im einzelnen Beförderungsmittel. Oder es besitzen nur Menschen bestimmter Kontinente bzw. Bevölkerungsschichten das Recht auf Mobilität.

Ein weiteres Problem betrifft die ungenügende Aufmerksamkeit für die inneren natürlichen respektive strikt biologischen Existenzbedingungen der Men-

---

27   Randers, J.: 2052: A Global Forecast for the Next Forty Years, Vermont, 2012, S. 230.

schen. Die Politik der Definition von Grenzwerten für Schadstoffe berücksichtigt nicht, dass die Kumulation auch geringster Mengen zellschädigender Stoffe im menschlichen Körper über lange Zeiträume immer stärker zu Tage tretende Folgewirkungen zeigt: Krebs- und rapide zunehmende Allergieerkrankungen als Signale versagender Immunsysteme bei abnehmender Fortpflanzungsfähigkeit.[28] Dass die als „Schadstoffe" definierten Elemente und Materialien in anderen Zusammenhängen absolut wichtige Ressourcen sind, bleibt ebenso außer Acht.[29]

Bislang legt keine im Deutschen Bundestag wirkende Partei einen Vorschlag vor, der diese Konflikte konsequent artikulieren oder zur Lösung bringen würde. Auch deshalb erscheinen die disparaten Ergebnisse der im Frühjahr 2013 zum Schluss gekommenen Bundestags-Enquete-Kommission „Wachstum, Wohlstand, Lebensqualität" als logische Folge allgemeiner Verwirrung.

Trotz dieser ernüchternden Bestandsaufnahme: Der Nachhaltigkeitsprozess birgt heute größere Chancen denn je zuvor.

Dass es gelang, diverse internationale Abkommen oder bereits vor etwa einem Jahrzehnt eine nationale Nachhaltigkeitsstrategie zu verabschieden, fußt auf einem weit fortgeschrittenen und komplexen gesellschaftlichen Diskussionsprozess, in dessen Ergebnis Mehrheiten sich bereit zeigen, Umweltfragen einen zentralen Stellenwert für ihre politischen Entscheidungen zuzumessen. Damit ist die Hauptbedingung für weitere ökologisch erfolgversprechende Entwicklungen gegeben.

Die Chancen für intelligente und im strategischen Kern widerspruchsfreie Lösungen der Umweltfragen sind in einem Maße gestiegen, dass sie in den Bereich des real Möglichen zu rücken scheinen. Dafür spricht vor allem, dass die Bipolarität zwischen euphorischem Zukunftsglauben einerseits und radikaler Kapitalismus- und Wirtschaftskritik andererseits, die die Anfangsjahre der Umweltbewegung kennzeichnete, von beiden Seiten her in Auflösung begriffen zu sein scheint.

Während der letzten Jahre deutet sich an, dass auch im „harten" Kern der politisch repräsentierten Umweltbewegung grundsätzlich veränderte Denkansätze Raum greifen. Sie äußern sich vor allem in einem neuen, weniger oder nicht mehr per se feindseligen Verhältnis zu Industrie und Wirtschaft. So besteht die politische bzw. gesellschaftliche Grundidee von Bündnis90/Die Grünen seit der

---

28 Dumanoski/Peterson/Myers: Die bedrohte Zukunft: Gefährden wir unsere Fruchtbarkeit und Überlebensfähigkeit? München, 1988.
29 Teil des Kohlendioxid z. B. ist Kohlenstoff, ein im Periodensystem wichtiges und für den menschlichen Stoffwechsel wie für die Industrie existenziell bedeutsames Element. Phosphor wird hier als Toxin erwähnt, obwohl er als Düngemittel, Flammschutzmittel, in der Kunststoffherstellung bis hin zu Medizin und Forschung und für die Stabilität des menschlichen Körpers von hohem Wert ist.

1.1 Erfolgreich im Dilemma 21

Bundestagswahl 2009 in einem „grünen neuen Gesellschaftsvertrag"[30], dessen integrierendes Zentrum auf die Schaffung von Jobs durch eine umweltinnovative Industrie zielt.[31] [32]

Quer durch die politischen Lager wächst ein Bewusstsein über eine sogenannte dritte oder ökologisch-industrielle Revolution.[33] Das heißt, relativ neuerdings wird die Industrie und Wirtschaft vom politischen Kern der Umweltbewegung durchaus als Partner, von wachsenden Teilen des konservativ-liberalen Lagers ebenso relativ neuerdings als durchaus kritikwürdiger Partner erkannt.

---

30 „Ein grüner Neuer Gesellschaftsvertrag bedeutet für uns, dass Ökonomie, Ökologie und soziale Gerechtigkeit nicht mehr gegeneinander ausgespielt werden dürfen. Wir wollen eine soziale und ökologische Wirtschaftsordnung. Denn das ist inzwischen auch klar: Nur wer ökologisch produziert, produziert auch ökonomisch vernünftig. Nicht nur deshalb, weil die Folgen von Klimawandel und Umweltverschmutzung die Volkswirtschaften und damit die Steuerzahlerinnen und Steuerzahler viel Geld kosten. Auch aus einem zweiten Grund: Der Bedarf der Welt an Energie und Rohstoffen wächst täglich, während die Vorräte rapide abnehmen. Schon jetzt gibt es ernst zu nehmende Studien, die darauf hinweisen, dass das Fördermaximum bei Öl bereits überschritten ist. Die Preise für Energie und Rohstoffe werden mittel- und langfristig wieder dramatisch steigen. Deswegen kommt es entscheidend darauf an, energie- und ressourceneffizienter zu produzieren. Wer energieeffiziente und verbrauchsarme Produkte herstellt, hat im globalen Wettbewerb die Nase vorn – egal ob es sich um Automobile, Kühlschränke oder Unterhaltungselektronik handelt. Wir stehen an einem Wendepunkt der Industriegeschichte: Konnte Wirtschaftswachstum sich früher durch die Förderung von immer mehr Öl, Gas, Kohle, Uran und anderen Rohstoffen steigern lassen, so kann in Zukunft wirtschaftlicher Erfolg nur noch durch Effizienzsteigerung, mit Erneuerbaren Energien und nachwachsenden Rohstoffen erreicht werden." www.gruene.de/einzelansicht/artikel/unserwahlprogramm.html?tx_ttnews%5BbackPid%5D=21210. Mai 2011.
31 „... wir (wollen) die ökologische Modernisierung beschleunigen und diesen Jobboom verstärken. Umweltschutz ist ein globaler Wachstumsmarkt. Heutige Investitionen in Technologien und Arbeitsplätze sind Voraussetzung für die Exporterfolge von morgen. In den Bereichen Erneuerbare Energien, Gebäudesanierung, ökologische Landwirtschaft, nachhaltige Mobilität und Abfall- und Wasserwirtschaft schaffen wir mehr als 400.000 Arbeitsplätze und kompensieren zusätzlich Arbeitsplatzverluste aufgrund der Strukturkrise im Fahrzeugbau." ebd.
32 Im Unterschied zu den radikal-kapitalismusfeindlichen Umweltaktivisten der ersten Jahre können sich die Grünen von heute sozial allerdings auf Unternehmen stützen, die Umweltlösungen zu ihrem Geschäftsfeld genommen haben und oft als Konkurrenten der seit Beginn befehdeten Konzerne agieren. Im März 2011 wird das an den Auseinandersetzungen zwischen Atomlobby und Anbietern von Erzeugnissen zur Produktion regenerativer Energien besonders offenkundig.
33 Davon spricht z. B. vor dem Hintergrund der Weltfinanz- und Wirtschaftskrise laut Focus vom 14. März 2009 der frühere Bundespräsident Horst Köhler. Das Bundesministerium für Umwelt, Naturschutz und Reaktorsicherheit hat 2008 eine Broschüre unter dem Titel „Die dritte industrielle Revolution – Aufbruch in ein ökologisches Jahrhundert" heraus gegeben. Sie ist auf der Homepage des BMU auch über das Archiv nicht mehr auffindbar, kann aber bei der Böll-Stiftung herunter geladen werden. www.boell.de/oekologie/marktwirtschaft/oekologische-marktwirtschaft-5213.html10. Mai 2011.

Statt der geteilten konservativ-defensiven Gesprächsbasis entsteht etwas wie geteilter kritischer Optimismus.[34]

In den USA diskutiert man eine „neue industrielle Revolution" vor allem vor dem Hintergrund des digitalen Kommunikationszeitalters und den sich damit entwickelnden „dynamischen Wertschöpfungsketten"[35] Es gibt dabei Tendenzen zur Einbeziehung des Ökologischen, wenn auch – wie bei Rifkin – weitest gehend auf die Energiefrage beschränkt.[36]

Die bis zum Status quo zurück gelegte Entwicklung soll in den folgenden Abschnitten unter verschiedenen Aspekten beleuchtet werden.

1.2. Wanderung zwischen Polen. „Nachhaltigkeit" als reflexiver, politischer und praktischer Prozess

Der gegenwärtige Forschungsstand zu „Nachhaltigkeit" – als Begriff, Leitmotiv oder politische Richtungsdefinition – ergibt ein heterogenes, gleichzeitig diffuses, aber dennoch in einigen Zügen konturiertes Bild. Die von Wittgenstein geforderte Klarheit der Rede[37] muss durch entsprechende Sprachvereinbarungen von Anlass zu Anlass gesichert bzw. hergestellt werden.

Seit dem Brundtland-Bericht (1987)[38] liegt die international verabredete und als übereinstimmend akzeptiert gelten könnende (Dach)Definition vor, die sich auf Befriedigung von Gegenwarts- ohne Gefährdung von Zukunftsbedürfnissen festlegt[39]. Diese war notwendig abstrakt und allgemein zu halten. Sowie der Anspruch „Nachhaltigkeit" auf steigenden Stufen von Konkretheit in ökonomisch, ökologisch, unternehmerisch oder sozial zu treffenden Entscheidungen realisiert

---

34 Als Beispiel für Wissenschaftsvertreter, die diese Entwicklung unter Bezug auf emotionale bzw. grundsätzliche Verhaltensaspekte befördern: Kemfert, C.: Die andere Klima-Zukunft: Innovation statt Depression, Hamburg, 2008.
35 Madson, Brownstein: The New Industrial Revolution. The Power of Dynamic Value Chains. Litepoint, 2007.
36 Seine Pfeiler/Säulen der dritten industriellen Revolution sind erneuerbare Energien, „Gebäude als Kraftwerke" und Fragen der Energiespeicherung, vgl.: Rifkin: The Empathic Civilization. The Race to Global Consciousness in a World of Crises, Cambridge, 2009.
37 „Was sich überhaupt sagen läßt, läßt sich klar sagen; und wovon man nicht reden kann, darüber muß man schweigen." Wittgenstein, L.: Tractatus logico-philosophikus, (1921), Frankfurt a. M., 2003, S. 7, 111.
38 Ergebnis der Arbeit der Weltkommission für Umwelt und Entwicklung. Der Bericht ist hauptsächlich wegen der in ihm erfolgten Definition von Nachhaltigkeit geläufig, vgl.: Hauff, V. (Hrsg.): Unsere gemeinsame Zukunft. Der Brundtland-Bericht der Weltkommission für Umwelt und Entwicklung, Greven, 1987.
39 „Dauerhafte Entwicklung ist Entwicklung, die die Bedürfnisse der Gegenwart befriedigt, ohne zu riskieren, daß künftige Generationen ihre eigenen Bedürfnisse nicht befriedigen können.", Hauff (Hrsg.). ebd., S. 51.

1.2. Wanderung zwischen Polen

oder in steigender Differenziertheit fachspezifisch reflektiert werden soll, erheben sich Zielkonflikte und Verständnisprobleme, mit denen auf der Ebene des so definierten Begriffs schwer umzugehen ist. Es herrscht eine andauernde Auseinandersetzung um seine Deutung. Die Art dieser Auseinandersetzung selbst und wesentliche ihrer Tendenzen wirken sich auf die Möglichkeiten zur Neugestaltung der Mensch-Natur-Verhältnisse[40] aus. Sie spiegeln sich in der im nächsten Kapitel zu erörternden nationalen Nachhaltigkeitsstrategie wider.

Die systematischste Studie über „Nachhaltigkeit" – als politische und analytische Kategorie – wurde 2003, kurz nach dem Beschluss über die nationale Nachhaltigkeitsstrategie im Deutschen Bundestag, von Tremmel veröffentlicht.[41] Wie es auch hier beabsichtigt ist, will er einen Verständigungsbeitrag dazu leisten, wie jenseits von Interessen mit Nachhaltigkeit umgegangen werden kann. Unter den gesellschaftlichen kollektiven Akteuren macht er Wissenschaftler als diejenigen aus, die am wenigsten interessengeleitet sind.[42] Im Unterschied zu in der Debatte auch geäußerten Auffassungen[43], Nachhaltigkeit sei grundsätzlich nicht definierbar, geht er davon aus, sie könne wie jeder andere Begriff durchaus definiert werden. Die Ergebnisse einer in diskursanalytischem Verfahren vorgenommenen Untersuchung von Akteursdokumenten sowie deren Widerspiegelung

---

40 Im Ergebnis unserer Studien sind wir zu dem Schluss gekommen, dass die strategische Herausforderung, vor der die Gattung Mensch steht, nicht mit „Nachhaltigkeit" benannt werden kann. Ökologie ist der Begriff, mit dem Wechselbeziehungen zwischen Organismen und ihrer jeweiligen Umwelt erfasst werden. Im Kapitel 5 wird gezeigt, warum es nötig erscheint, begrifflich auch eine Perspektive zu verlassen, die Natur hauptsächlich zur Umwelt und nicht gleichzeitig zur „Innenwelt" von Menschen macht. Die Formulierung „Neugestaltung der Mensch-Natur-Verhältnisse" benennt unserer Ansicht nach am treffendsten, worum es im Kern geht.
41 Tremmel, J.: Nachhaltigkeit als politische und analytische Kategorie. Der deutsche Diskurs um nachhaltige Entwicklung im Spiegel der Interessen der Akteure, München, 2003.
42 Tremmel fasst unter direkt Interessierten Politik, Wirtschaft und Partikularinteressen, unter indirekt Interessierten NGO's und unter weitgehend interesselos die Wissenschaft. In Anlehnung an Bourdieus Koordinatendiagramm zu Relationen zwischen ökonomischem und kulturellem Kapital erstellt er eines mit den Achsenbestimmungen Macht und Interesse. In den Überschneidungsbereich von geringer Macht und gering interessiert/interessenlos setzt er Einzelne Wissenschaftler, in den von mittelgroßer Macht und gering interessiert/interessenlos Wissenschaftler-Gremien und Sachverständigen-Räte, woraus er mitunter „immense" Definitionsmacht ableitet, im Unterschied zu Einzelunternehmen und Gewerkschaften, die er mit großen Interessen, aber geringer Macht einordnet, vgl.: Tremmel, J.: 2003, S. 23-26.
43 Brand, K.-W.: Wollen wir was wir sollen? Plädoyer für einen dialogisch-partizipativen Diskurs über nachhaltige Entwicklung, in: Fischer A./Hahn, G. (Hrsg.): Vom schwierigen Vergnügen einer Kommunikation über die Idee der Nachhaltigkeit, Frankfurt a.M., 2001, S. 12-34; Jörrissen, J. et al.: Ein integratives Konzept nachhaltiger Entwicklung, Wissenschaftliche Berichte FZKA 6393, Karlsruhe, 1999, S. 29; Kopfmüller, J. et al.: Nachhaltige Entwicklung integrativ betrachtet. Konstitutive Elemente, Regeln, Indikatoren, Berlin, 2001, S. 42-44; Oels, Angela: Warten aufs Christkind, in: Politische Ökologie Heft 76, 2002, S. 47.

in sekundärer Literatur, Medientexten und qualitativen Interviews auswertend, kommt er auf 60 unterschiedliche, erheblich variierende Definitionen und Auslegungen von Nachhaltigkeit.[44]

Daraus ist erstens zu folgern: allein die wissenschaftliche Auseinandersetzung ist durch erhebliche Disparität gekennzeichnet. Da Tremmel Wissenschaftlern „immense" Definitionsmacht und damit Deutungshoheit zuschreibt, greift diese Disparität über den politischen Diskurs auf das allgemeine Verständnis von Nachhaltigkeit durch.

Kristallisierbaren Bezügen zwischen theoretischen und politischen Auseinandersetzungen werden hier in Ausschnitten die gesellschaftliche und politische Situation, in der sie stattgefunden haben, sowie faktische Ergebnisse der mit ihnen verbundenen Entwicklungen gegenüber gestellt.

1.2.1 Homonymes Schillern. Das Wort „Nachhaltigkeit" und verschiedene Verständnisse

Seit Tremmels Studie zur Kategorie „Nachhaltigkeit" aus dem Jahr 2003 ist die Menge der auffindbaren Literatur und politischen Dokumente weiter gestiegen. Für diese Arbeit bestand eine der zentralen Ausgangsschwierigkeiten darin, mit der Frage nach dem Begriff umzugehen.

Zunächst deutet der Umstand, dass es sich bei „Nachhaltigkeit" um ein sogenanntes „Modewort"[45] handelt, das geradezu inflationär gebraucht wird und seit seiner Einführung im deutschen gesellschaftlichen und politischen Sprachschatz in intensivem Gebrauch ist, auf eine Interpretation dieses Vorgangs als Indiz für wachsendes, sich festigendes Problembewusstsein hin.

Besonders die Auseinandersetzung mit den später zu besprechenden strategischen Aspekten von Nachhaltigkeit ergab jedoch weitreichende Folgen der kommunikativen bzw. begrifflichen Unschärfe.

Unabhängig von inhaltlichen Erörterungen und denen mit ihnen verbundenen Wertungen ist als Fakt festzuhalten, dass „Nachhaltigkeit" zu einer – in welchen Teilen auch immer unbestimmten – ideellen Institution geworden ist. Es wurden somit – aus dem Blickwinkel eines allgemeinen Algorithmus von Problem Erkennen-Analysieren-Lösen – dank des absolvierten gesellschaftlichen Erkenntnisprozess notwendige Bedingungen für Problemlösung geschaffen. Die Entwicklung von „Nachhaltigkeit" als wert- und handlungsprägende Institution ist damit – auch

---

44 Tremmel, J.: 2003, S. 100-114.
45 Darauf reagiert z. B. Ulrich Grober in: Grober, U.: Modewort mit tiefen Wurzeln – Kleine Begriffsgeschichte von ‚sustainability' und ‚Nachhaltigkeit', in: Jahrbuch Ökologie 2003. München, 2003.

unabhängig von der später zu übenden Kritik – eine der Grundvoraussetzungen für die Neugestaltung der Mensch-Natur-Verhältnisse und nimmt die Funktion einer chanceneröffnenden Handlungsbedingung für Politik ein.

Der Anspruch nachhaltiger Entwicklung hat seit seiner ersten Artikulierung in Umweltkontexten gleichzeitig Verallgemeinerung und Spezifizierungen erfahren und auf diese Weise überaus komplexen Charakter angenommen. Nach Ablauf von vier Jahrzehnten wird er als alle Bereiche gesellschaftlichen und individuellen Lebens betreffendes Leitmotiv behandelt.

Bereits die Kernsubstanz des Brundtland-Begriffs besteht in einem *Prinzip* von Urteilen, Verhalten und Agieren, das auf nahezu alle menschliche Tätigkeit, auf allen Ebenen, in allen Sektoren anwendbar ist. Die Unschärfe in der im Nachgang der Brundtland-Definition erfolgten Benutzung des Begriffs – um den fixen Bedeutungskern herum – entsteht nicht zuletzt aus der vielfachen Differenziertheit bzw. Unterschiedlichkeit der Anwendungsbereiche; sie ist als Nebenwirkung eines sich allgemein manifestierenden Willens zur Rücksicht auf die Zukunft oder zur Beherrschung von Risiken interpretierbar.

Gleichzeitig erwachsen aus dem genannten „Gummi"-Charakter[46] des Wortes Orientierungsprobleme.

Die Schwierigkeit, mit „Nachhaltigkeit" umzugehen, liegt – nicht nur für diese Arbeit – bereits in der widersprüchlichen Substanz des mit dem Brundtland-Bericht konsent verabredeten politischen Terms. Als kleinster gemeinsamer Nenner und Prinzip erlaubt er in Konkretisierungen eine Spannbreite von Interpretationen und Deutungen, die bis hin zu gegensätzlichen Positionen reichen kann[47].

1.2.2 Diffusion zum vieldeutig Guten. Definitionsprobleme

Ganz allgemein gesagt, dienen Definitionen der Sicherstellung richtigen Denkens und/oder funktionierender Kommunikation. Für individuelle bzw. soziale Kommunikations- und/oder Erkenntnisprozesse werden Missverständnisse, Fehler

---

46 Wullenweber: Wortfang. Was die Sprache über Nachhaltigkeit verrät, in: Politische Ökologie 63/64, Januar 2000.
47 Tremmel setzt sich mit der Absorption von „Nachhaltigkeit" für Partikularinteressen auseinander. Dieser Prozess findet analog auch zwischen den politischen Ressorts statt. „Nachhaltigkeit" wird hier als Instrument selbstreferenzieller Beobachtung mit Blick auf innere Stabilität angewandt. So definiert zum Beispiel der wissenschaftliche Beirat beim Bundesministerium für Finanzen im Jahr 2001: „Im Rahmen der Finanzpolitik bedeutet Nachhaltigkeit, dass die haushaltspolitische Handlungsfähigkeit dauerhaft gesichert bleibt und die Finanzpolitik ihren Beitrag dazu leistet, die Grundlagen für eine wachsende Wirtschaft zu erhalten." Tremmel, J.: 2003, S. 114. Mit der Prioritätensetzung auf „wachsende Wirtschaft" wird dabei gleichzeitig die Ursprungsabsicht der Verwendung von „sustainable" in ihr Gegenteil verkehrt.

und Irrtümer ausgeschlossen, indem man sicher stellt, dass eindeutig ist, wovon geredet, woraus geschlossen oder worüber gedacht wird.

(Allein die genaue Bezeichnung dessen, worüber hier gearbeitet wird, worin der Kern der gesellschaftlichen Herausforderung besteht, zu deren Lösung Kulturpolitik Beiträge leisten soll, bot Anlass, in Definitionsfragen gründliche Abwägungen vorzunehmen: Das Wort „Umwelt" erfasst nicht, dass der Mensch es nicht nur mit einer Natur außerhalb seiner selbst zu tun hat, sondern selbst Natur *ist*. Zu „Ökologie" haben sich seit Haeckels und Darwins ersten großen Arbeiten im 19. Jahrhundert so viele Spezifizierungen – z. B. Geo-, Boden-, Human-, Zivilisations- oder Verhaltensökologie – entfaltet, dass es schwierig ist, das Wort bzw. den Begriff auf einer sehr abstrakten, grundsätzlichen Ebene zu benutzen. Wir haben für unsere Exploration schließlich, wie vorn gesagt, „Neugestaltung der Mensch-Natur-Verhältnisse" als Aufgabenbezeichnung gewählt.)

Damit aus Worten Begriffe werden, ist es nötig – wie das Wort „definieren"[48] selbst es ausdrückt – sie von anderen Worten und deren Bedeutungen abzugrenzen. Bei „Nachhaltigkeit" handelt es sich sowohl der Brundtland-Definition als auch dem allgemeinen Verständnis nach um ein – letztlich ethisches – Prinzip. Dieses ist sinnvoll nur von anderen Prinzipien abgrenzbar. Beispielsweise: vorausschauende, gerechtigkeitsübende Rücksicht versus kurzfristig unmittelbare Verfolgung von Interessen. Dem Anwendungsbereich nach geht „Nachhaltigkeit" über einfach Offenheit hinaus. Hier wird Allgemeingültigkeit beansprucht. Je nach den differierenden Überzeugungen, Prioritätensetzungen und Interessen von Akteuren lässt sich, wie oben gezeigt, „Nachhaltigkeit" für gegensätzliche Sachverhalte oder Vorgehensweisen behaupten. Damit besteht ein grundsätzliches Abgrenzungsproblem.

Logiker, analytische Philosophen, Sprachwissenschaftler und andere haben Definitionslehre/n zu einem eigenen komplexen Wissensgebiet entwickelt. Aus innerwissenschaftlicher Perspektive auf Nachhaltigkeit angewandt setzt sich damit Tremmel auseinander.[49] Aus dem Blickwinkel der „Neugestaltung der Mensch-Natur-Verhältnisse" stellen die theorie-internen logischen, hermeneutischen und erkenntnistheoretischen Probleme, Gebote und Gebiete des Definierens eine Seite in der darüber stehenden Fragestellung dar, welche Korrelationen zwischen der theoretischen Bearbeitung und dem allgemeinen Verständnis von „Nachhal-

---

48 Lat. definire = abgrenzen.
49 Er bearbeitet erkenntnistheoretische Probleme, die Bestandteile, Bezeichnung und Kriterien für Definition in den Gesellschaftswissenschaften. Siehe Tremmel, 2003, S. 49-84. In der Frage, ob „Nachhaltigkeit" überhaupt wissenschaftlich definierbar sei, setzt er sich vor allem mit der Perspektive des „totalen" Perspektivismus auseinander, der sowohl die Theorietradition als auch die Erkenntnisse des kritischen Rationalismus ignoriere. Siehe ebd. S. 85-88.

1.2. Wanderung zwischen Polen

tigkeit" bestehen. Erschöpfend kann das hier nicht ausgeschritten werden. Es erfolgt am Maßstab des gegebenen Erkenntnisziels eine Einschränkung auf einige grundsätzliche analytische Aspekte.

Zunächst war von Interesse, ob und welche Zusammenhänge zwischen theoretischen und politischen Schwierigkeiten des Umgangs mit „Nachhaltigkeit" bestehen, und wie weit die Vieldeutigkeit des Worts tatsächlich reicht.

Nach Dubislav gibt es generell vier Möglichkeiten zu definieren. Es kann dabei darum gehen, a) das Wesen einer zu erklärenden Sache oder b) in Abgrenzung zu anderen einen Begriff zu bestimmen, c) tatsächlich ausgeübten Sprachgebrauch zu erfassen oder d) eben diesen Sprachgebrauch – im weitesten Sinne politisch – zu vereinbaren.[50]

Speziell für die Sozialwissenschaften merkt Pawlowski an, hier sei „… die Grenze zwischen Definitionen und Ausdrücken, die keine Definition sind … oft fließend. Wenn die äußere Form nicht eindeutig klarstellt, ob es sich um eine Definition handelt, d.h. wenn der Autor weder explizit noch implizit seine Absicht geäußert hat, hängt es von der Intention des Autors ab, die man in diesem Fall nicht klären kann. In diesem Fall kann es zu Verwechslungen von Definitionen und insbesondere empirischen Verallgemeinerungen kommen, die zu Missverständnissen des Textes führen können. … Ähnliche Probleme können auftreten, wenn nicht klar ist, zu welcher Klasse von Definitionen eine vorlegte Definition gehören soll."[51]

Auch ohne einen nur multi-, trans- oder interdisziplinär zu erfassenden Gegenstand zu verfolgen, werfen – neben denen, die der Bedeutungskomplex „Nachhaltigkeit" selbst in sich birgt – im Bereich der Sozialwissenschaften und Gesellschaftstheorie terminologische Fragen also regelmäßig die Schwierigkeiten auf, auf die dann Tremmel mit seiner Analyse reagiert.

„Nachhaltigkeit" scheint in besonderem Maße problematisch, da hier in geradezu exemplarischer, zugespitzter Weise ein Grundzusammenhang zwischen intensionaler[52] und extensionaler[53] Definition deutlich wird: Nämlich die umgekehrt proportionale oder reziproke Relation zwischen dem Inhalt und der Reichweite begrifflicher Konzeptionen. Gerhart sagt, je genauer und vollständiger das zu Definierende erfasst werde, je umfassender und genauer bestimmt, je größer also

---

50 Dubislav, W.: Die Definition, Hamburg, 1981 (1931), S. 2.
51 Pawłowski, T.: Begriffsbildung und Definition. Berlin/New York, 1980, 12ff, 19.
52 Intensional, auch konnotativ: Bestimmung von Begriffsinhalt/Sinn, Erfassung der Merkmale und Eigenschaften, über die ein Ding/Gegenstand/Objekt verfügen muss, um unter den Begriff zu fallen.
53 Extensional, auch denotativ: Erfassung des Begriffsumfangs, d.h. der Menge der Objekte, die er umschließt.

der Inhalt eines Begriffs sei, desto geringer sei seine Reichweite bzw. die Menge der Dinge und Sachverhalte, die er umschließe. Je weniger genau, also schwächer umgekehrt der Inhalt bestimmt sei, desto größer sei seine Fassungskapazität.[54] Da die mit der Brundtland-Definition getroffene Festlegung lediglich sagt, dass die Befriedigung heutiger Bedürfnisse Zukunft nicht gefährden darf, die intensionale Seite des Ausdrucks damit denkbar knapp gehalten ist, gehen die Möglichkeiten der Subsumierung und Interpretation auf seiner extensionalen Seite notwendigerweise ins Uferlose.

Deutliche Relevanz für die unübersichtliche Definitions- und Verständnissituation besitzen die oben erwähnten fließenden Übergänge von Fach- bzw. Wissenschaftssprache in Umgangssprache. „Wissenschaftswörter in der Umgangssprache sind keine Wissenschaftswörter mehr", sagt Pörksen, und weiter: „Der Terminus wird in der Umgangssprache zum amorphen Plastikwort. Der Schein spricht dagegen, denn das Lautbild ist ja das gleiche; es verklammert die Bereiche und bildet die Brücke. Aber die Bedeutungen sind gelegentlich so verschieden, dass wir zwei Wörter haben müssten. Es ist nicht unwichtig, das festzuhalten, weil die Eliten, die diesen Wortschatz in der Umgangssprache ausbreiten, besonders gerne im Namen von Wissenschaft und Aufklärung auftreten und deren Dialektik so ungern erörtern.[55]

Während Tremmel aus der Sicht der Theorie das heterogene Bild der Definitionsstandards, -absichten und -praktiken zu „Nachhaltigkeit" konkret literatur-empirisch erfasst, findet sich bei Ninck Auskunft über die Folgen der Wortbewegung zwischen den Polen Wissenschafts- und Umgangssprache. Er fasst sie unter dem Titel „Zauberwort" in folgender Liste von Merkmalen zusammen: „* Das Wort ist nicht neu im Erscheinungsbild, sondern in der Gebrauchsweise. * Es ist in eine höhere Sphäre übertragen worden und hat hier das Ansehen einer allgemein gültigen Wahrheit erhalten. *Der Begriff taucht in unzähligen Kontexten auf. * „Nachhaltigkeit" ersetzt den Reichtum an Synonymen, verwischt

---

54 "A comparison of the contents and extent of a conception with each other, reveals the following reciprocal relation: The greater the contents, the smaller the extent, and inversely, the smaller the contents, the greater the extent. The reason is this: to many different object but few attributes belong in common; one the contrary, many attributes belong in common to but few different objects.", Gerhart, E. V.: An introduction to the study of philosophy with an outline treatise on logic. Philadelphia, 1858, S. 231 (vollständige Vorschau auf google-books).

55 Nachfolgend benennt er als Gegensatz: „Der Wissenschaftler ist grundsätzlich Herr seiner Sprache. Es ist geradezu sein Beruf, eingeführte Begriffe zu überprüfen und, wo es nötig wird, neue Termini zu prägen. ... Der Benutzer der amorphen Plastikwörter ist weit eher ein Sklave der Worte. Er hat gar nicht die Möglichkeit, sie zu überprüfen, statt dessen aber vielleicht die Illusion, ein umfassendes Gebiet in ihnen zu überblicken. Das Wort hat in erster Linie soziale Funktion und einen ‚Hof'", Pörksen, U.: Plastikwörter, Stuttgart, 2004 (1988), S. 57f, siehe auch: Pörksen, U.: Wissenschaftssprache und Sprachkritik, Tübingen, 1994, S. 265-274.

1.2. Wanderung zwischen Polen

die Nuancen. * Dem Sprecher fehlt die Definitionsmacht. * Der Begriff ist gegenstandsarm – er ist magisch und leer. * ‚Nachhaltigkeit' bringt eine Vielzahl von diffusen Eindrücken und Vorstellungen auf einen Nenner; dieser Nenner gewinnt eine gewisse Selbständigkeit. * Das Wort ist mehrheitsfähig. * Es ist mit einem Pluszeichen versehen. * ‚Nachhaltigkeit' überträgt statt einer assoziierbaren, satzmäßigen Interpretation des Begriffs die Autorität internationaler Konferenzen in unsere Sprache. * Das Wort bringt zum Schweigen." Unter anderem hebe es auch das soziale Prestige des Sprechers.[56]

Sich auf Salmon[57] beziehend, konstatiert Ninck, das Wort „Nachhaltigkeit" besitze keine Bedeutung, insofern, dass es keine langsam gewachsene Übereinkunft zwischen Kommunizierenden darstelle. Dem wird im folgenden Abschnitt widersprochen.

Für den Begriff stellt Ninck – die Position des Perspektivismus einnehmend – fest, es müsse jeder selbst bestimmen, was genau unter „Nachhaltigkeit" verstanden werden soll. Er trägt zwölf Definitionsvarianten zusammen. Fast alle formulieren – lediglich geringfügig voneinander abweichend – die Existenzfähigkeit bzw. Bedürfnisse kommender Generationen als Zielvorstellung oder Leitbild. Als Bedingungen oder Voraussetzungen dafür werden u. a. festgelegt:
„Muster von sozialen und strukturellen Änderungen" zur Optimierung ökonomischer und sozialer Güter, „ein Wirtschaftsprozess, der langfristig aufrecht erhalten werden kann, ohne das Ökosystem Erde zu überlaste", „das wachsende Bewusstsein, dass Wirtschaftswachstum und Entwicklung innerhalb der Grenzen, die die Ökologie im weitesten Sinne setzt, stattfinden und überdauern müssen", „eine Beziehung zwischen dynamischen menschlichen Wirtschaftssystemen und dynamischen, aber sich normalerweise langsamer verändernden Ökosystemen, ... , aber in denen die Einwirkungen des Menschen in Grenzen bleiben, so dass die Vielfalt, Komplexität und Funktion der ökologischen Lebenssysteme nicht zerstört werden", „Arten und Ökosysteme nur in einer solchen Weise zunutze machen, dass sie sich unendlich lang und für alle Zwecke selber erneuern können", „der gegebene Grundstock an Ressourcen – Bäume, Bodenqualität, Wasser usw. – " sollte „nicht abnehmen", „Normen ..., die das Überleben alles Lebendigen betreffen sowie die Rechte künftiger Generationen, und die Institutionen, die dafür verantwortlich sind, dass diesen Rechten Nachachtung verschafft wird", „Bedingungen, die für einen gleichbleibenden Zugang zu den Ressourcen nötig sind", „das Konzept, wonach heutige Entscheidungen die Aussicht, künftige Lebensstandards beizubehalten oder zu verbessern, nicht beeinträchtigen sollten",

---

56   Ninck, M.: Zauberwort Nachhaltigkeit, Zürich, 1997, S. 47f.
57   Salmon, W.C.: Logic, Prentice-Hall, 1981.

„eine Struktur" mit der „folgenden Generationen bei der Wahl des ihnen gemäßen Lebensstils, zumindest die Möglichkeiten offen stehen, die sich die heute lebenden Menschen selbst als Lebensstil zubilligen."[58]

Diese noch relativ knappe Aufzählung zeigt – wie das tremmels'sche Spektrum von 60 Definitionen – breite Varietät in den Zugängen und Ansätzen, die von Normen, über – hier nicht näher bestimmte – Strukturen und Systeme bis zu Institutionen reicht. Die differenzierteren Bedeutungen, die „Nachhaltigkeit" in unterschiedlichen Kontexten annehmen kann, unterscheiden sich also auch aus diesem Blickwinkel erheblich.

Für solchen Fall bemerkt Salmon: „Multiziplität von Bedeutung führt zu logischen Schwierigkeiten, wenn dasselbe Wort in derselben Diskussion in zwei verschiedenen Bedeutungen benutzt wird, und wenn die Stichhaltigkeit des Arguments davon abhängt, dass das Wort durchgängig dieselbe Bedeutung wahrt. Derartige Diskussionen begehen den Fehler der Vieldeutigkeit."[59]

Der gezeigten Schwierigkeit, einen wissenschaftlichen Terminus „Nachhaltigkeit" mit genau definiertem, logisch eindeutigem Inhalt zu bilden, entspricht also eine weithin unübersichtliche bis widersprüchliche Situation in den gesellschaftlichen und politischen Debatten und Auseinandersetzungen.

Diese legt nahe zu erwarten, dass die Vielzahl unterschiedlich gerichteter Nachhaltigkeitsbewegungen sich insgesamt gegenseitig aufheben oder wirkungslos im Sinne einer Art gesellschaftlicher Nullsumme bleiben könnten.

Dem wäre eventuell so, wenn stimmte, dass es für das Wort „Nachhaltigkeit" tatsächlich keine langsam gewachsene Übereinkunft zwischen den Teilnehmern der allgemeinen Debatte gibt, wie Ninck das behauptet. Doch hierin irrt er. Man muss die Geschichte des Wortes nur weiter zurück verfolgen, um seine „langsam gewachsene" Bedeutung zu erfassen, als das in der Literatur gewöhnlich getan wird.

1.2.3 Geschwister mit unterschiedlichem Temperament. Inkongruenzen in den Wurzeln der Worte „nachhaltig" und „sustainable"

Die vorgefundenen semantischen Verständnisklärungen zu „Nachhaltigkeit" behandeln das Wort entsprechend der vierten von Dubislavs Definitionsmöglich-

---

58 Ninck, M.: Zauberwort Nachhaltigkeit, Zürich, 1997, S. 50f.
59 Im englischen Original stellt Salmon genau eine solche Situation der Mehrdeutigkeit her, indem er „argument" einmal in der Bedeutung von „Diskussion" und einmal in der von „Argument" benutzt: "Multiplicity of meaning leads to logical difficultiy if the same word is used in two different senses in the same argument and if the validity of the argument depends upon that word maintaining a constant meaning throughout. Such arguments commit the fallacy of equivocation.", Salmon, W.C.: Logic, Prentice-Hall, 1984, S. 161.

1.2. Wanderung zwischen Polen

keiten: nämlich der, den Sprachgebrauch – im weitesten Sinne politisch – zu vereinbaren. Sie setzen folgerichtig in der Regel ihren frühesten Anfang dort, wo im Kontext von Umweltfragen erstmals das Wort „sustainable" als Schlüsselbezeichnung benutzt wird. Dies geschieht 1972 durch Meadows/Meadows et al. im Bericht „Limits to Growth" für den Club of Rome.[60]

Wesentlich für die erweiterte inhaltliche Bestimmung von „sustainable", die zusätzlich global-soziale Belange implementierte, war der Brundtland-Bericht(1987)[61][62]. Hier wird definiert: „Entwicklung nachhaltig zu machen, heißt, dass die gegenwärtige Generation ihre Bedürfnisse befriedigt, ohne die Fähigkeit der zukünftigen Generation zu gefährden, ihre eigenen Bedürfnisse befriedigen zu können;" wobei den Bedürfnissen der Ärmsten der Welt Priorität zukommt und der Technologie wie sozialen Strukturen durch die Reproduktionsfähigkeit der Umwelt Grenzen gesetzt werden.

Erst bei den Bemühungen um ein angemessenes Wort für den deutschen Begriff, wurde die Entscheidung getroffen, einer forstwirtschaftlichen Überlegung aus dem 18. Jahrhundert – man dürfe dem Wald nur so viel Holz entnehmen, wie wieder nachwachsen kann – die Bezeichnung „nachhaltig" zu entlehnen.[63][64]

---

60 "We are searching for a model output that represents a world system that is: 1. sustainable without sudden and uncontrollable collapse (...)", in: Meadows and Others: The Limits to Growth. A Report for The Club of Rome's Project on the Predicament of Mankind. New York, 1972.

61 "Sustainable development is development that meets the needs of the present without compromising the ability of future generations to meet their own needs. It contains within it two key concepts: the concept of ‚needs', in particular the essential needs of the world's poor, to which overriding priority should be given; and the idea of limitations imposed by the state of technology and social organization on the environment's ability to meet present and future needs.", United Nations: Report of the World Commission on Environment and Development, General Assembly Resolution 42/187, 1987.

62 Hauff, V. (Hrsg.): Unsere gemeinsame Zukunft. Der Brundtland-Bericht der Weltkommission für Umwelt und Entwicklung. Greven,1987.

63 Der Begriff Nachhaltigkeit wurde 1713 vor dem Hintergrund einer zunehmenden überregionalen Holznot von Hans Carl von Carlowitz (1645–1714), Oberberghauptmann in Kursachsen, verwendet: „Wird derhalben die größte Kunst/Wissenschaft/Fleiß und Einrichtung hiesiger Lande darinnen beruhen/wie eine sothane Conservation und Anbau des Holtzes anzustellen/daß es eine continuierliche beständige und nachhaltende Nutzung gebe/weiln es eine unentberliche Sache ist/ohne welche das Land in seinem Esse (im Sinne von Wesen, Dasein, d. Verf.) nicht bleiben mag.", Carlowitz: Sylvicultura oeconomica, oder haußwirthliche Nachricht und Naturmäßige Anweisung zur wilden Baum-Zucht. 1732. Reprint Remagen-Oberwinter, 2009. S. 105-106 .

64 Das gebrochene Wechselspiel zwischen internationalen Entwicklungen und deutschen Denkvorräten bei der Einführung des Begriffs „Nachhaltigkeit" zeichnet Tremmel nach. Auf Aspekte dieses Vorgangs wird später zurückgekommen werden., Tremmel, J.: Nachhaltigkeit als politische und analytische Kategorie. Der deutsche Diskurs um nachhaltige Entwicklung im Spiegel der Interessen der Akteure. München, 2003.

Aus der Tatsache, dass Sustainability bzw. Nachhaltigkeit Ergebnis relativ junger politischer Vereinbarung ist, und dass sie hinsichtlich der Gegenstände, Blickwinkel und Ebenen auf mannigfaltige Weise mit den besprochenen Folgen der Unübersichtlichkeit bzw. Widersprüchlichkeit zur Anwendung kam, schließt nun Ninck, die Bedeutung der Worte sei nicht langsam gewachsen.

Gründe zu widersprechen macht eine etymologische Analyse deutlich. Diese hat ihren Ausgangspunkt nicht in der ersten Benutzung des Adjektivs oder der Substantivbildung. Ihr letztlich begründender Zugang liegt in dem Verb, aus dem das jeweilige Wort hervor gegangen ist.[65] Sprachwissenschaftler weisen Verben als den Ausdrücken für Tätigkeiten, Geschehen und Zustände zentrale Bedeutung zu.[66]

Wesentliche semantische Merkmale sowie Strukturen der Syntax werden durch die Verben bestimmt. Und: Die ursprünglichen Tätigkeiten oder Verhalten, in denen sie etymologisch wurzeln, behalten im aktuellen Gebrauch Bedeutung. Unter anderem daher bezieht Sprache Kontinuität. Es lassen sich daraus keine allgemeingültigen, streng wissenschaftlichen Definitionen ableiten, durch deren Gebrauch Wahrheitswerte feststellbar oder streng logische Schlüssigkeit erreichbar wären. Aber es finden Appelle an jeweils bestimmte Emotionen statt, es werden Assoziationen innerhalb bestimmter Felder ausgelöst. Nach Salmon geschieht das regelhaft: „... wenn eine Übereinkunft, die die Bedeutung eines Wortes bestimmt, sich informell entwickelt hat, ... (ist) die Definition weder wahr noch falsch; sie ist eher eine Regel als die Feststellung von Fakten."[67]

Es gibt keine langsamer gewachsenen und deshalb prägenderen sprachlichen Übereinkünfte, als sie in den etymologischen Wurzeln der in Logismen enthaltenen Verben zu finden sind. Da sie über Anklänge an die Merkmale der in ihnen gespeicherten Tätigkeiten und Verhaltensweisen den emotionalen Haushalt

---

65 Hier relativierend zu bemerken: Zwar entsteht die Bedeutung von Wörtern aus dem allgemeinen Sprachgebrauch, doch die Bedeutungen erfahren durch Begriff Normierung. Da politischen Akteuren weitreichende mediale und direkte Öffentlichkeiten zur Verfügung stehen, können sie leichter als andere auf Begriffe ein- und damit auf Umgangssprache rückwirken. Darauf verweist Bergsdorf: Bergsdorf, W.: Zur Entwicklung der Sprache der amtlichen Politik in der Bundesrepublik Deutschland, in: Liedke, F./Wengeler, M./Böke, K. (Hrsg.): Begriffe besetzen. Strategien des Sprachgebrauchs in der Politik, Opladen, 1991, S. 22. Doch das heißt erstens nicht, dass nicht allgemeinsprachliche Bedeutung erhalten bleibt, und dass diese zweitens nicht auch auf politische Akteure wirkt.

66 So geht zum Beispiel die auf Lucien Teniere zurück gehende Dependenzgrammatik, die die Hierarchie und Struktur von Sätzen untersucht, davon aus, dass zwischen den Teilen oder Gliedern von Sätzen wechselseitige Abhängigkeiten bestehen, und dass dabei die zentralen Abhängigkeiten vom Verb ausgehen.

67 "... when the convention governing the meaning of a word has developed informally ... the definition is neither true nor false; it is more like a rule than like a statement of fact.", Salmon, W.C.: Logic, Prentice-Hall, 1984, S. 145.

1.2. Wanderung zwischen Polen

handelnder Subjekte beeinflussen – das heißt: ihre Urteile über positiv/negativ, angenehm/unangenehm, oder zu wiederholen/zu vermeiden -, üben sie Wirkung auf Verhalten aus.

Diese Eigenschaft teilen sie mit den vereinbarten Normen und Werten von Gesellschaften, auch wenn letztere sehr viel komplexer als emotionale Substanz kristallisiert sind.[68]

Ebenfalls zu verweisen ist auf den Zusammenhang, der zwischen der gewachsenen Bedeutung von Verben und menschlichen Wahrnehmungs- sowie Erkenntnisprozessen besteht. Beim Sprechen Lernen wird quasi von den Eltern geerbt, was Worte bedeuten. So gesehen können die langsam gewachsenen Wortbedeutungen im Sinne von Kant als a priori vorhandene geistige Strukturen (Kategorien) gelten, denen Wissensbildung, Urteile und Handlung folgen, also Institutionen innerer Regelwerke.[69] Als solche üben sie urteils- und handlungsleitenden Einfluss aus.

---

68 Die Umsetzung von geltenden Normen in individuell moralkonformes Verhalten wird über Emotionen wie Schuld, Scham, Entfremdung, Stolz, Freude oder Glück vermittelt und gesteuert. Darüber, in welchem Maße Emotionen Handlungen beeinflussen und im Gegensatz zu rationalem Verhalten stehen oder nicht, gibt es eine lange und alte wissenschaftliche Debatte. Zusammengefasst z. B. durch: Heidbrink, H.: Einführung in die Moralpsychologie, Weinheim, Basel, 2008, S. 142-162. Hier soll im Blick sein, *dass* es diesen Zusammenhang überhaupt gibt: "For the moral identity, it is important to examine emotions that are not simply negative or positive but that are moral emotions. Much attention has been given to studying the emotions of guilt and shame .... Guilt and shame are self-critical emotions in that individuells bcome an object to their own actions and they evaluate their behavior in light of their standard or goals ... .To the extent that actors feel responsible for failing to live up to their standards or goals, they will feel guilt or shame. Shame is an intense feeling experienced for the violation of a moral standard in which 'the whole self' is seen as responsible. ... In contrast guilt concerns a particular behavior individuals have committed.", Stets, J.E.: The Social Psychology of the Moral Identity, in: Hitlin, S./Vaisey, S. (Hrsg.): Handbook of the Sociology of Morality, New York, 2010, S. 398.

69 Vgl. Kant. Kritik der reinen Vernunft. Band III. Berlin, 1968: „Ein Mannigfaltiges, das in einer Anschauung, die ich die meinige nenne, enthalten ist, wird durch die Synthesis des Verstandes als zur nothwendigen Einheit des Selbstbewusstseins gehörig vorgestellt, und dieses geschieht durch die Kategorie. Diese zeigt also an: dass das empirische Bewußtsein eines gegebenen Mannigfaltigen Einer Anschauung eben sowohl unter einem reinen Selbstbewusstsein a priori, wie empirische Anschauung unter einer reinen sinnlichen, die gleichfalls a priori Statt hat, stehe." S. 116; vgl.: Kant. Kritik der praktischen Vernunft, Kritik der Urtheilskraft. Band V. Berlin, 1908: „Es gibt gar keinen Gebrauch unserer Kräfte, so frei er auch sein mag, und selbst der Vernunft (die alle ihre Urtheile aus der gemeinschaftlichen Quelle a priori schöpfen muss), welcher, wenn jedes Subject immer gänzlich von der rohen Anlage seines Naturells anfangen sollte, nicht in fehlerhafte Versuche gerathen würde, wenn nicht andere mit den ihrigen ihm voran gegangen wären, nicht, um die Nachfolgenden zu bloßen Nachahmern zu machen, sondern durch ihr Verfahren andere auf die Spur zu bringen, um die Prinzipien in sich selbst zu suchen und so ihren eigenen, oft besseren Gang zu nehmen." S. 134. – „Nun ist den Kategorien, sofern sie auf jene Ideen angewandt werden sollen, zwar kein Object in der Anschauung zu geben möglich; es ist ihnen aber doch, dass ein solches wirklich sei, mithin die Kategorie als eine

Die im Begriff „Nachhaltigkeit" gespeicherte und gegebene Grundhaltung zum Überleben der Gattung Mensch ist statisch, konservativ und defensiv. Das englische „Sustainability" hingegen trägt deutlich dynamischere, aktivere, offensivere Züge.

Das wird sichtbar, wenn für die hier vorzunehmende Analyse die Eigenschaft der Verben heran gezogen wird, die neben Sprachwissenschaftlern auch besonders für Sprachkünstler von Bedeutung ist:

Da sie die unterschiedlichsten Tätigkeiten, Geschehnisse und Lebenssituationen bezeichnen, die durch Menschen ausgeübt werden, die auf sie einwirken, bzw. in denen sie sich befinden, tragen sie unterschiedliche Charaktere, besitzen sie unterschiedliche Temperamente. Je nach der Tätigkeit oder dem Verhalten, das sie bezeichnen, sind sie unter anderem Ausdruck von Aktivität oder Passivität, von Dynamik oder Statik, von Offensivität oder Defensivität.

Das deutsche „nachhaltig": Für das deutsche Wort „Nachhaltigkeit" hat Klauer das entscheidende Verb in den Mittelpunkt seiner Untersuchungen über den deckungsgleichen Bereich der unterschiedlichen Verständnisse und Gebräuche gestellt. Er sagt:

> „Die Gemeinsamkeit aller Nachhaltigkeitsdefinitionen ist der Erhalt eines Systems bzw. bestimmter Charakteristika eines Systems, sei es die Produktionskapazität des sozialen Systems oder des lebenserhaltenden ökologischen Systems. Es soll also immer etwas *bewahrt* (Hervorhebung E.R.) werden zum Wohl der zukünftigen Generationen."[70]

Der mit Tätigkeiten und Verhalten verbundene Bedeutungsgehalt des Verbs „bewahren" bestimmt nicht beiläufig oder lediglich nebensächlich die – wahrscheinlich überwiegend unbewussten, unwillkürlichen – Assoziationsketten für und Reaktionen auf das auf seiner Basis gebildete „Nachhaltigkeit", sondern vielmehr in starkem Maße.[71]

---

bloße Gedankenform hier nicht leer sei, sondern Bedeutung habe durch ein Object, welches die praktische Vernunft im Begriffe des höchsten Guts ungezweifelt darbietet, die Realität der Begriffe, die zum Behuf der Möglichkeit des höchsten Guts gehören, hinreichend gesichert, ohne gleichwohl durch diesen Zuwachs die mindeste Erweiterung des Erkenntnisses nach theoretischen Grundsätzen zu bewirken.". S. 283.

70 Klauer: Was ist Nachhaltigkeit und wie kann man eine nachhaltige Entwicklung erreichen? In: Zeitschrift für angewandte Umweltforschung. Jg. 12. Heft 1. Bonn, 1999.

71 Exkurs: Nach Ablauf mehrerer Jahrhunderte lässt sich schwerlich rekonstruieren, was genau in den Köpfen derjenigen vorgegangen ist, die das Postulat vom Nachhalten zu Beginn des 18. Jahrhunderts erhoben bzw. förderten und billigten. Aber die Situation, in der sie agierten, lässt sich beschreiben, und sie lässt Rückschlüsse zu. Wesentliche Merkmale dieser Situation sind unter anderem: Die mittelalterliche Kleineisenherstellung, die Bergbau- und Montanunternehmen sowie Salinen hatten für ihren Betrieb großer Mengen Holz bedurft, dafür die Baumbestände unkontrolliert ausgebeutet und zu massiven Verlusten an Waldfläche geführt. (Hasel, K./Schwartz, E.: Forstgeschichte. Ein Grundriss für Studium und Praxis, Kessel,

Seiner Herkunft nach finden sich zu dem Wortstamm „halten" zwei sehr unterschiedliche Gruppen von Tätigkeiten. Das althochdeutsche „haltan", das gotische „haldan" oder das englische „to hold" gehen auf die indogermanische Wurzel „*kel" zurück, womit ursprünglich Rufen, Lärmen, Schreien und Treiben in Kontexten von Tierhaltung benannt wurden. „Bewahren" hingegen taucht erst unter der althochdeutschen Präfixbildung „bihaltan" auf, das im Sinne von „Hindern" oder „Aufhalten" eher statische Aspekte von Viehzucht erfasst. „Bewahren" selbst, das nach Klauer den Kern des allgemeinen Verständnisses von „Nachhaltigkeit" ausmacht, ist als zweiter Strang der Verschmelzung eine der Ableitungen aus der indogermanischen Wurzel „*uer" (mit einem Flechtwerk, Zaun, Schutzwall umgeben, verschließen, bedecken, schützen), wozu auch das althochdeutsche „weri" für Schutzwall und das altenglische „warian" (moderne Bedeutung: Krieger) zählen. Die aus dieser Wurzel gebildeten Wörter bezeichnen Sinnzusammenhänge im Kontext verteidigender Tätigkeiten wie „behüten", „schützen", „aufbewahren", „beibehalten", „erhalten" – von Dingen und Gegebenheiten, die bereits existieren.

Tätigkeiten wie „schöpfen", „schaffen", „herstellen", „gestalten" liegen dem fern und könnten als geradezu entgegengesetzte Sinn- und Assoziationszusammenhänge gelten.

Remagen, 2002). Der Durchbruch der industriellen Produktionsweise war noch etwa einhundert Jahre entfernt. Im Zeitalter von Handwerk und Manufaktur war der wahrnehmbare Unterschied zwischen Waldwirtschaft einerseits und Landwirtschaft/Handwerk andererseits größer als der zwischen der Verarbeitung nachwachsender und nicht nachwachsender Ressourcen. Der entscheidende Wahrnehmungsunterschied bestand in den längeren Zeiträumen, für die man abhängig von der Waldregenerationszeit zu planen hatte. Wahrgenommene, gefühlte Verwandtschaft zu bäuerlichen Verhaltensweisen hätte nahe gelegt, wie die Landwirte, die Korn und Kartoffeln aus der einen Ernte als Saat und Voraussetzung für die nächste aufheben, also Vorräte anlegen und „Vorsorge" tragen zu wollen. Diese Wortbildung ist seit dem 17. Jahrhundert gebräuchlich; sie hat (laut Duden-Herkunftswörterbuch, S. 684) die Bedeutung „Bemühung um Abhilfe" und damit dynamischen, aktiven Gehalt. Die gemessen an menschlichen Lebenserwartungen und Vorhersagemöglichkeiten langen Lebenszyklen von Wäldern lassen erwarten, dass ihnen mit Vorsicht gegenüber getreten wurde. Daraus kann nicht geschlossen werden, dass das besonders den Deutschen zugeschriebene romantische Waldbewusstsein, das ihn als „Wesen an sich" mystifiziert, damals schon vorhanden oder ausgeprägt gewesen wäre. Die Literatur weist es in die geistig-kulturellen Kontexte, die sich als Gegenbewegung zum französischen Stadtleben etwa einhundert Jahre später entwickeln. (vgl. Lehmann, A.: Mythos deutscher Wald, in: Landeszentrale für politische Bildung Baden-Württemberg (Hrsg.): Der deutsche Wald, Heft 1/2001, S. 4-9). – Insgesamt scheint eher anzunehmen als auszuschließen zu sein, dass gesellschaftliche Debatten und Entwicklungen mit anderen Emotionen sowie anderen Assoziationen verbunden und deshalb von anderem Verlauf wären, würden Carlowitz oder die Übersetzer von „sustainable/sustainability" auf das Wort „Vorsorglichkeit" gekommen sein.

Das englische „sustainable":Das Online-Herkunftswörterbuch für die englische Sprache weist eine bemerkenswerte Ambivalenz auf.

Einerseits wird für den substantivierten (politischen) Ausdruck gesagt: "Sustainability is *defined as a* requirement of our generation to manage the resource base such that the average quality of life that we ensure ourselves can potentially be shared by all future generations. ... Development is sustainable if it involves a non-decreasing average quality of life." Damit bezieht sich die Darstellung auf Meadows/Meadows. Statt wie in der Brundtland-Definition ein Konzept der globalen sozialen Gerechtigkeit – Priorität für die Bedürfnisse der Weltärmsten – einzubeziehen, spricht man lediglich ein allgemeines Schrumpfungsverbot für die durchschnittliche Lebensqualität aus. Der sprichwörtlich im Durchschnitt einen Meter tiefe See, in dem die Kuh durchaus ertrinken kann, bleibt erhalten.

Analog zu Bedeutungsinterpretationen für „Nachhaltigkeit" sucht man dabei deren etymologische Verständniswurzel in sehr jungen Zeitschichten.

Die etymologische Entschlüsselung des englischen Verbs „sustain"[72] enthüllt einen deutlich sowohl von der ausschließlich jung angesiedelten Interpretation der Substantivierung „sustainability" als auch vom deutschen „nachhalten, bewahren" unterschiedenen Wortcharakter. Langenscheidts allgemeinsprachliches Taschenwörterbuch bietet als gegenwärtige Übersetzungsmöglichkeiten an: (Last) „aushalten", (Leben) „erhalten", (Körper) „bei Kräften halten", (Bemühungen) „aufrecht" und (Wachstum) „beibehalten".[73] Bereits der Alltagsgebrauch lässt assoziieren, dass die verrichtenden Subjekte nicht schützen, verteidigen, verhindern oder aufhalten, sondern sich anstrengen, um etwas zu erreichen, und auch im Sinne von Nutzen, Gewinn oder Lohn erhalten.

Das Verb „sustain" stammt aus dem späten 13. Jahrhundert; es ist hervorgegangen aus dem altfranzösischen „sustenir", dessen Wortstamm *ten wiederum aus dem Indogermanischen kommt und in den lateinischen Bildungen „tenet", „tenere", „tendere" vorhanden ist.

---

72 "Sustain: late 13c., from O.Fr. *sustenir* „hold up, endure," from L. *sustinere* „hold up, support, endure," from *sub* „up from below" + *tenere* „to hold" (see tenet); tenet: „principle," properly „a thing held (to be true)," early 15c., from L. *tenet* „he holds," third person singular present indicative of *tenere* „to hold, to keep, to maintain" from PIE base *ten- „to stretch" (cf. Skt. *tantram* „loom," *tanoti* „stretches, lasts;" Pers. *tar* „string;" Lith. *tankus* „compact," i.e. „tightened;" Gk. *teinein* „to stretch," *tasis* „a stretching, tension," *tenos* „sinew," *tetanos* „stiff, rigid," *tonos* „string," hence „sound, pitch;" L. *tendere* „to stretch," *tenuis* „thin, rare, fine;" O.C.S. *tento* „cord;" O.E. *thynne* „thin"). Connection notion between „stretch" and „hold" is „to cause to maintain." The modern sense is probably because *tenet* was used in M.L. to introduce a statement of doctrine; www.etymonline.com/index.php?term=tenet&allowed_in_frame=0, August 2011.
73 Langenscheidt: Taschenwörterbuch Englisch, Berlin, München, 2007, S. 754.

1.2. Wanderung zwischen Polen

Das indogermanische „*ten" bedeutet „dehnen, ziehen, spannen", das lateinische „tendere" „hinstreben, zuneigen, abzielen, auf etwas ausgerichtet sein." Zusammen mit dem Präfix „sus", der eine Bewegungsrichtung bezeichnet, nämlich von unten nach oben, ergeben sich hier Assoziationen zu dynamischen, aktiven, nach vorn gerichteten Prozessen. Auch die als „to cause to maintain" benannte Vorstellung der Verbindung von „Dehnen" (to stretch) und „Halten" (to hold) im Verb sustain geht über das lateinische „manu tenere" (in der Hand halten) auf die Wurzel *ten zurück. Die althochdeutsche Präfixbildung „bihaltan" mit ihrem ins Statische verschobenen Charakter spielt keine Rolle.

1.2.4 Ignorieren oder Bestimmen. Kritik der Widersprüchlichkeit – zwei Reaktionstypen

Der etymologische Vergleich von „Nachhaltigkeit" und „sustainability" deutet darauf hin, dass ein offensiver Anspruch zur Neugestaltung der Mensch-Natur-Verhältnisse im Deutschen weit stärker als im Englischen gegen den geheimen „Geist" des allgemeinen Wortverständnisses zu behaupten ist, unter dem er öffentlich verhandelt wird – bzw. verhandelt werden muss, da es sich inzwischen um einen nicht nur eingeführten, sondern omnipräsenten Logismus handelt.

Nach den vieljährigen Debatten um den Begriff, gibt es jedoch ein sich deutlich artikulierendes Bewusstsein für seine Ambivalenz. Zum Umgang damit zeigen sich zwei unterschiedliche Wege.

Erstens der z. B. von der deutschen Bundesregierung beschrittene. Er besteht in dem Bestreben, den politischen Begriff mit Bedeutungen zu füllen, die den defensiven allgemeinsprachlichen Konnotationen entgegenwirken.

Die deutsche Bundesregierung benutzt „Nachhaltigkeit" und ist gleichzeitig bemüht, übermäßig konservierenden Interpretationen vorzubeugen. Ihre Web-Site „Dialog Nachhaltigkeit" leitete sie ein mit den Sätzen: „Über Nachhaltigkeit entscheidet, wer investiert, produziert und konsumiert. Dabei geht es jedoch nicht um eine Ethik des Verzichts. Vielmehr sind Phantasie, Kreativität und technisches Know-how gefragt, um umweltverträgliche und ressourcensparende Produktions- und Konsummuster voranzutreiben. Hierfür müssen alle, Beschäftigte und Unternehmen, Gewerkschaften und Wirtschaftsverbände, Hochschulen und Forschungseinrichtungen, die offensive Gestaltung des Strukturwandels zu ihrer eigenen Sache machen."[74]

Zweitens wird versucht, sich in den Debatten um strategische Weichenstellungen und Konzepte dem Bedeutungshof von „Nachhaltigkeit" ganz zu entzie-

---

74 www.bundesregierung.de/Webs/Breg/nachhaltigkeit/DE/Nationale-Nachhaltigkeitsstrategie/Nationale-Nachhaltigkeitsstrategie.html, 10. Mai 2011.

hen. Unterschiedliche Akteure plädierten und plädieren dafür, „Nachhaltigkeit" durch Bezeichnungen und Begriffe wie „Zukunftsfähigkeit", „Zukunftsverträglichkeit" oder ähnlich konstruierte Wortbildungen zu ersetzen.[75]

Den implizierten Bedeutungen der Vorschläge nach sprechen Argumente dafür; die Ergebnisse von Untersuchungen zum politischen Sprachgebrauch jedoch sprechen gegen ein Gelingen solcher Bestrebungen.

Aus dem Blickwinkel politologischer Sprachanalyse gehört zu den Ursachen der semantischen Unübersichtlichkeit von „Nachhaltigkeit", dass heterogene gesellschaftliche und politische kollektive Akteure den Begriff aus jeweils eigenen Interessen nach außen und innen benutzt und ihn zu besetzen[76] versucht haben. „Begriffe besetzen" bedeutet unter anderem auch, durch Umdeutungsbestrebungen um die Definitionsmacht für „Hochwertwörter" zu konkurrieren."[77] Den Unterlegenen bzw. Minderheiten Bildenden des Definitionswettbewerbs steht, gerade weil sie die Unterlegenen oder Unterzähligen sind, nicht die Möglichkeit zur Verfügung, den vorhandenen Assoziations- und Bedeutungsraum mit einer anderen Überschrift zu versehen. Sonst hätten sie ihn ja besetzen, also inhaltlich bestimmen können. Das gilt generell.

Für „Nachhaltigkeit/Sustainability" ist der Deutungsprozess in umgekehrter Richtung verlaufen, und es resultiert aus der Autorität der dazu getroffenen internationalen Übereinkünfte und permanent stattfindenden Kommunikation besondere Unangreifbarkeit des im Ergebnis erreichten Begriffs[78] selbst.

In diesem Fall bliebe theoretisch die Möglichkeit, einen neuen Begriff zu prägen. Dies ist nach Klein aber eine Art Initiationsvorgang; Begriffe werden für Dinge geprägt, die noch nicht vorhanden sind, deren Idee noch neu ist.[79] Das

---

75 Beispiele sind der 1995er Bericht „Zukunftsfähiges Deutschland" des Wuppertal Instituts oder „zukunftsverträgliche Entwicklung" als zentraler Begriff im Bericht der Enquete-Kommission „Globalisierung" des Deutschen Bundestags, Erhard Eppler benutzt in den Kontexten der Debatten um die Agenda 2010 „durchhaltbare Entwicklung".
76 Dazu Innerwinkler: „Es geht also darum, dass bestimmte Parteien, Interessenvertretungen oder Institutionen Wörter für sich beanspruchen und gleichzeitig über deren Interpretation bestimmen." Innerwinkler, S.: Sprachliche Innovation im politischen Diskurs, Frankfurt a. M., 2010, S. 46. Vgl. auch Klein, J.: Kann man „Begriffe besetzen"? Zur linguistischen Differenzierung einer plakativen politischen Metapher, in: Liedke, F./Wengeler, M./Böke, K. (Hrsg.): Begriffe besetzen. Strategien des Sprachgebrauchs in der Politik, Opladen, 1991.
77 Zu den Folgen: Kuhn, F.: Anmerkungen zu einer Metapher aus der Welt der Machbarkeit, in: Liedke, F./Wengeler, M./Böke, K. (Hrsg.): Begriffe besetzen. Strategien des Sprachgebrauchs in der Politik, Opladen, 1991 S. 101f.
78 Ninck, a. a. O.
79 Klein, J.: Kann man „Begriffe besetzen"? Zur linguistischen Differenzierung einer plakativen politischen Metapher, in: Liedke, F./Wengeler, M./Böke, K. (Hrsg.): Begriffe besetzen. Strategien des Sprachgebrauchs in der Politik, Opladen, 1991, S. 51-68.

trifft auf keinen der Vorschläge zu. Die durch sie benannten wünschenswerten Entwicklungen sind als Entwürfe alle seit Jahrzehnten bekannt.

1.3 Nicht von Ungefähr. Geistige und politische Kontexte als Bedingungen der Begriffsbildung

Dass „Nachhaltigkeit" ein politischer Begriff ist, gilt im doppelten Sinne. Auch das in seiner Bedeutung langsam gewachsene Verb „Nachhalten" ging im Zusammenhang mit einer Regulierungsabsicht, nämlich unkontrollierten Holzeinschlag zu beenden, in den modernen Sprachgebrauch ein, und seine mögliche vormalige regional-umgangssprachliche Benutzung ist – was die Begriffsbildung betrifft – für den Sprung in die Gegenwart wenig von Belang.

Die Beschaffenheit der aktuellen Begriffslandschaft lässt sich nicht ohne Reflektion der politischen und gesellschaftlichen Situation erfassen, in der die Akteure handelten, die ihn in die Debatte und Auseinandersetzungen einführten.

Das kann hier nicht mit Anspruch auf Vollständigkeit im Sinne einer umfassenden Zusammenstellung erfolgen. Auch hat, da der für diesen Zweck zu erhellende Zeitraum eingegrenzt werden muss, eine gewisse Willkür beim Setzen des Anfangs zu walten.

„Sustainable" ist für die Allgemeinheit als umweltbezogener Logos erstmals mit dem zitierten Bericht an den Club of Rome, also 1972, aufgetaucht. Der Bericht kann als das Ereignis gelten, das für die Weltöffentlichkeit den rasch um sich greifenden Prozess von „Sustainability" bzw. „Nachhaltigkeit" initiiert hat. Da die Wissenschaftler um den Club of Rome und Meadows/Meadows zu diesem Zeitpunkt einen mehrjährigen internationalen Diskussions- und Arbeitsweg zurück gelegt hatten, ist es sachlich angemessen, hier relevante Merkmale und Entwicklungen für die 1960er und 1970er Jahre analytisch zu beleuchten.

Rückblickend fällt für diese Zeit besonders für (West)Deutschland eine ausgeprägte Bipolarität ins Auge.

Einerseits herrschte im Blick auf die alltäglichen Lebensumstände und Wahrnehmungen ein Zustand, der fast euphorische Züge von Zukunftsglauben in sich barg: Deutschland stand noch unter dem Eindruck der Wirtschaftswunderzeiten. Nach Ablauf von wenig mehr als zwanzig Jahren hatten die Kriegsfolgen im Alltagsleben von Mehrheiten Erinnerungsstatus eingenommen. In der realen, ständig wahrnehmbaren Welt des ganzen westlichen Mitteleuropa schlug sich das kräftige Wirtschaftswachstum dieser Dezennien in der um sich greifenden Ausstattung der Haushalte mit Kühlschränken, Waschmaschinen, Fernsehgeräten und Telefonen nieder. Auslandsreisen, Flüge, selbst Interkontinentalflüge wurden bis in die Mittelschichten zur alltäglichen Realität, mindestens zur realistischen Möglichkeit. Computer hielten Einzug in die allgemeine Wahrnehmung. Man hatte die ersten Menschen den Mond betreten sehen. Trotz Kaltem Krieg und Kuba-Konflikt: Der mit Verlässlichkeit sich entwickelnde und mit spürbaren Verbesserungen des Alltagslebens (z. B. Mobilitätserleichterungen, Vervielfältigung des Waren- und gastronomischen Angebots) vor sich gehende europäische Integrationsprozess und die – scheinbare – Omnipotenz der Supermacht USA bewirkten Vertrauen in Sicherheit. Solche massenhafte Alltagserfahrung legt Optimismus, Fortschritts- und Zukunftsglauben als Grundhaltung zum Leben nahe.

Ebenso gleichzeitig wie entgegengesetzt wurden in der 68er Bewegung[80] bzw. den anderen europäischen und amerikanischen Studentenunruhen im Innern der westlichen Industriestaaten Antikriegsbewegungen formiert und die bekannten tiefgehenden Kultur- und Generationenkonflikte[81] ausgetragen. Seit März 1965 befanden sich die USA im Vietnamkrieg. Die Erfahrung der Atombombe hatte das durch Nobel institutionalisierte Misstrauen in die technologische und wissenschaftliche Potenz der Menschheit exponentiell gesteigert. Woodstocks „Make Peace not War" ist – sichtbar in dem Symbol, das für viele Jahre die Straßenbilder von Protesten bestimmte und bestimmt – zentral auch durch Atomwaffengegnerschaft geprägt.

Unter den sozialen Trägern dieser für Jahre massiven Kultur-, Zivilisations-, Wirtschafts- und Fortschrittskritik spielten Studenten eine maßgebliche Rolle.

Starken Einfluss auf die universitären Auseinandersetzungen in Deutschland und zum Teil auch in den USA haben die Geisteshaltung, die gesellschaftskritischen Debatten und Intellektuelle im Umfeld der Frankfurter Schule ausgeübt,

---

80 Vgl. Gilcher-Holtey: Die 68er Bewegung: Deutschland, Westeuropa, USA. München, 2001. S. 25 ff und 35 ff.
81 Den Tiefgang dieser Konflikte macht z. B. Wolf Wagner augenfällig: „Die Studentenrevolte von 1967/68 führte mich in meinem Amerikabild in einen tieferen Konflikt als der deutsche Antiamerikanismus der fünfziger Jahre. Die rebellierenden Studentinnen und Studenten benutzten Formen des Protests, die sie der amerikanischen Bürgerrechtsbewegung abgeschaut hatten. Sie kämpften gegen die undemokratischen autoritären Strukturen, unter denen ich seit meiner Rückkehr aus den USA so litt. ... Trotz der großen Nähe zu amerikanischen Formen des Protests war die Studentenbewegung inhaltlich zutiefst anti-amerikanisch. Sie war vor allem links und antikapitalistisch. Amerika galt als der Inbegriff des Kapitalismus. ... Man konnte nicht bei der Revolte mitmachen und Amerika toll finden. Zumal inzwischen nicht nur die deutschen Eliten, sondern der gesamte Mittelstand bis hinunter ins Kleinbürgertum auf die Orientierung an Amerika eingeschwenkt war." Wagner. Fremde Kulturen wahrnehmen. Erfurt, 1997, S. 61f.

1.3 Nicht von Ungefähr 41

so Erich Fromm[82], Herbert Marcuse[83], Max Horkheimer[84], Theodor W. Adorno[85] und Jürgen Habermas, der erst einer der geistigen Impulsgeber, dann kritischer Begleiter und schließlich pointierter Kritiker des radikalen Teils der Studentenbewegung war.[86]

Die französischen Unruhen bezogen sich intellektuell u. a. auf Merleau-Ponty, Jean-Paul Sartre, Simone de Beauvoir, Henry Lefebvre.[87]

Die Anfänge des europäischen Zukunftsdiskurses – europäisch in dem Sinne, dass sie Einfluss auf europäische Institutionen wie z. B. zunächst den Europarat ausübten – waren eng mit Robert Jungk[88] verbunden und bewegten sich ebenfalls im Dunstkreis der politischen wie intellektuellen Gesellschaftskritik.

Die Aktionen ebenso wie die intellektuellen Auseinandersetzungen dieser Bewegungen waren gekennzeichnet durch ein Mit- und Nebeneinander von Kultur-, Gesellschafts- und politischer Kritik, von Antimilitarismus, von Antikapitalismus, von Konsumkritik (in Frankreich: Protest gegen den „Materialismus" der Wirtschaftswunderjahre), von Fortschritts- und Industriekritik. Vorbehalte gegen technologischen oder wissenschaftlich-technischen Fortschritt waren weit stärker als positive Erwartungen in denselben ausgeprägt.

Der Beginn des Nachhaltigkeitsprozesses ist mit dieser letzteren Strömung verbunden. Die Umweltanliegen des Club of Rome[89], die in sozial wie kulturell deutlich unterschiedenen Kontexten formuliert worden waren, die Idee der „Susta-

---

82 Besonderen Einfluss auf die Debatten hatten seine Werke „Haben oder Sein" und „Anatomie der menschlichen Destruktivität".
83 Marcuse beeinflusste die 68er Bewegung besonders mit den Werken „Triebstruktur und Gesellschaft", „Der eindimensionale Mensch", „Repressive Toleranz".
84 Zur zentralen Bedeutung von Horkheimer als Mitbegründer und Schlüsselfigur der Frankfurter Schule vgl. Schmidt./Altwicker (Hrsg.): Max Horkheimer heute – Werk und Wirkung. Frankfurt, 1986.
85 Zum ambivalenten Verhältnis zwischen Adorno und der 68er Studentenbewegung vgl. u. a. Kraushaar (Hrsg.): Frankfurter Schule und Studentenbewegung. Von der Flaschenpost zum Molotow-Cocktail. Hamburg, 1998. Habermas, J.: Die Zeit hatte einen doppelten Boden. Der Philosoph Theodor W. Adorno in den fünfziger Jahren. Eine persönliche Notiz, in: Feuilleton Die Zeit v. 4.9.2003.
86 Habermas, J.: Protestbewegung und Hochschulreform. Frankfurt a. M., 1969, S. 187 ff.
87 Ein lebhaftes Zeitbild zeichnet Cohen-Soleil: Sartre 1905-1980. Hamburg, 1988. S. 679-732. Die Unterschiede der französischen zur deutschen Studentenbewegung berühren nicht die zentralen inhaltlichen/politischen Konfliktpunkte; siehe dazu: Gilcher-Holtey: Die Nacht der Barrikaden, in: Neidhart (Hrsg.): Öffentlichkeit, Öffentliche Meinung, Soziale Bewegungen. Sonderheft 34 der Kölner Zeitschrift für Soziologie und Sozialpsychologie. Köln, 1994. S. 375-392.
88 Erfinder der Zukunftswerkstätten (1964), Gründer des Wiener Instituts für Zukunftsfragen
89 Gründer: Aurelio Peccei, italienischer Industrieller, hochrangiger Manager bei FIAT und Olivetti, Alexander King, schottischer Chemiker, Diplomat, Politiker.

inability", erlangten ihre Massenbasis durch die und mit der radikal gesellschaftskritischen Bewegung der 1960er und 1970er Jahre.

Zu einer der wichtigsten und dauerhaftesten Institutionen mit Bedeutsamkeit sowohl für die weltmediale Wahrnehmung und Kommunikation als auch für die ersten inhaltlichen Ausrichtungen entwickelte sich sehr früh Greenpeace. Es wurde 1971, acht Jahre vor seiner formalen Gründung als internationale Organisation, durch amerikanische und kanadische Atomwaffengegner, Pazifisten und Friedensaktivisten in Vancouver, Kanada, gegründet. Fast überall in Westeuropa schlossen sich in den 1970er Jahren ähnlich ambitionierte Aktivisten zusammen. Atomwaffen- und -energiegegnerschaft, Pazifismus und Ökologie können als internationaler Konsens dieses Aufbruchs genommen werden.

Auch die zunächst ausschließlich ökologische und radikal pazifistische politische Partei „Die Grünen" in der alten Bundesrepublik Deutschland, die sich mit dem Willen zur Entwicklung eines neuen Typs von Partei[90] gegründet hat, ist unmittelbar aus der 68er Bewegung gewachsen.

Dass „Sustainability" in den Folgedezennien gesamtgesellschaftliche Rezeption, Diskussion und konzeptuelle Realisierung erfuhr, hatte politische Lagerüberschreitung zur Voraussetzung und Bedingung.

Anknüpfungspunkte zwischen den radikalen Gesellschafts- und Systemkritikern und den „Wirtschaftsparteien" – in Deutschland CDU/CSU und FDP – haben sich anfangs nicht zu den (wirtschafts)dynamisch-fortschrittsorientierten Vertretern oder Flügeln der letzteren, sondern – dem christlichen „Bewahren der Schöpfung" zuneigend – zu deren konservativ-defensiven Mitgliedschaftslagern entwickelt.[91]

Zentrale Elemente des politisch-praktischen Umgangs mit „Nachhaltigkeit"/ „Sustainable Development" fußen wesentlich auch auf der inneren Logik dieser Überlappung bzw. politischen Kommunikations- und Übereinstimmungsmöglichkeit:

Außerhalb der Brundtland-Definition formuliert lautet/e die zugrunde liegende Absicht: möglichst viel von der natürlichen Umwelt des Menschen zu erhalten oder wieder herzustellen, wie sie ohne das Zutun des Menschen vorhanden war/

---

90 Vgl. Ostendorf: Die programmatische Entwicklung der „Grünen" von den 1980er bis Anfang der 1990er Jahre. Ursachen und Folgen des Wandels von Weltbild und Politikverständnis. München, 2010.
91 Zu „Bewahrung der Schöpfung" weist allein google-books im März 2011 61.700 Treffer für Buchtitel aus. Bei Hinzufügung der Stichworte „Politik", „Wahl", „Programm" lassen sich für unmittelbar politische Kontexte auf Anhieb knapp 19.000 Verweise finden. Als faktischer Beweis für die Bindungskraft von „Nachhaltigkeit" bis in die konservativsten Bereiche von Politik und Gesellschaft steht das bereits erwähnte seit 1982 existierende bayrische Landesumweltministerium.

wäre. Im Kern geht es um die Minimierung der Risiken und Nebenwirkungen von industriemäßiger Produktion (einschließlich Landwirtschaft), Massenkonsum und Massenverkehr. Es handelt sich um ein Grundkonzept der quantitativen Einschränkung, nicht um ein solches der grundsätzlichen qualitativen Veränderung. Dem entsprechen zwei Grundrichtungen abgeleiteter politischer Maßnahmen. Sie zeigen sich – neben der Bildung neuer Institutionen und Entscheidungsstrukturen – auf der symbolischen Ebene bislang im Wesentlichen: in Appellen an Moral und Vernunft, mit denen auf geringeren Verbrauch von Material und Energie bzw. auf die Entscheidung für umweltfreundliche Produkte, Beförderungsweisen usw. gezielt wird (auf deutlich explizierte Appelle zum Konsumverzicht muss aus wirtschaftlichen Gründen verzichtet werden); sachpolitisch als Regulierungsmaßnahmen der Begrenzung respektive Verhinderung, so beispielsweise in der Anlage von Naturschutzgebieten[92], in der Festlegung von Grenzwerten für Schadstoffe und der Bestrafung von deren Überschreitung oder in der Förderung von Energieeinsparungskonzepten.

Energiepolitisch wird seit der Jahrtausendwende auf dem Weg von Fördermaßnahmen zur Erschließung und Nutzung alternativer und regenerativer Energiequellen, womit gleichzeitig Probleme der Knappheit und der Schadstoffbelastung tatsächlich dauerhaft lösbar sind, ein konzeptueller Ansatz verfolgt, der die defensiven und konservativen Gehalte des ursprünglichen Verständnisses und Paradigmas von „Nachhaltigkeit" praktisch verlässt. Auf Material-Ressourcen trifft das noch nicht zu.

1.4 Wie die Alten summen, so zwitschern auch ...
Zwei Grundtendenzen der Auseinandersetzungen um „Nachhaltigkeit"

In der englischsprachig geführten Auseinandersetzung um „Sustainability" treten deren diametrale Positionen, die in von einander unterschiedenen Diskursen entstanden sind, scharf hervor. Sie erscheinen als Gegensatzpaare, darunter Preservationists versus Conservationists[93], biozentriert versus kulturzentriert und ökozentriert versus technozentriert.

---

92 ... in denen die Tier- und Pflanzenwelt vor dem Menschen geschützt und dieser faktisch für außerhalb der Natur stehend erklärt wird.
93 Da hier keine hinreichend eindeutige Übersetzung in einem Wort gelingt, wird bei den englischen Originalbezeichnungen geblieben.

Simons/Warfield, Robinson und Kagan[94] stellen die Grundzüge der Lagerbildung so dar: Es gab von Anfang an (seit den 1970er Jahren) zwei stark voneinander abweichende ideelle Zugänge zu Umweltfragen.

Der eine nimmt Natur als eine Kunstform mit eigener spiritueller Dimension und gibt dem Nicht-Menschlichen Priorität. Ihm folgen die Preservationisten. Traditionell erstrebten sie den Schutz natürlicher Gegenden, die sie als unberührt, jungfräulich wahrnahmen. Sie verlangten spirituelles Erwachen für die Heiligkeit der Natur. Die ganze lebendige Welt wird hier als die Gemeinschaft (community) gesehen, in der *unter anderem auch* Menschen leben. Radikale Vertreter schreiben der natürlichen Umwelt inhärente Rechte zu.

Der andere, Conservationismus genannte Zugang, würdigt die Nützlichkeit der Natur für den Menschen und misst letzterem erste Priorität zu. Hier geht es um eine ressourcen-erhaltende Ethik, die auf die Minimierung von Umweltschäden zielt, damit gesichert ist, dass Menschen kontinuierlich Nutzen aus der Umwelt ziehen. Naturschutz gilt als pragmatisches Ziel, das Menschen aus aufgeklärtem Selbstinteresse verfolgen sollten. Die Conservationisten werden als Inspiratoren des Mainstreams der gegenwärtigen Umweltbewegung – bis hin zu dessen radikal sozial-ökologisch orientierten Ausläufern – gesehen.

Aus den ideellen Wurzeln der Preservationisten und Conservationisten haben sich die aktuellen Perspektiven „biozentrisch" und „kulturzentriert"[95] entwickelt. Kagan hat eine schematische Darstellung von Unterscheidungspunkten der beiden Richtungen von Simons/Warfield übernommen[96], die auch hier auszugsweise herangezogen wird:

Die biozentrische Perspektive wird gekennzeichnet durch:

- Orientierung auf lokale, ortsspezifische, geschlossene Systeme,
- Darstellung der Natur als eigentliche Kultur, wie z. B. im Bild von Aborigins als „Edlen Wilden",
- Annahme von grundsätzlich möglicher Stabilität, Friedlichkeit,
- Bewertung der menschlichen Möglichkeiten als endlich,
- Theoretische Unabhängigkeit von Ökosystemen gegenüber anderen Systemen,
- Pessimismus wegen der unveränderlichen Grenzen von Wachstum,

---

94 Robinson, J.: Squaring the Cicle? Some Thoughts on the Idea of Sustainable Development, in: Ecological economics, 48, 2004, S. 369-384. Simons, D./Warfield,K.: The Biocentric and Culture-centric Orientations of Cultural Ecology, heran gezogen nach Kagan 2011; Kagan, S.: Art and Sustaiability. Connecting Patterns for a Culture of Complexity, Bielefeld, 2011, S. 9-12.
95 Kultur steht hier für Zivilisation.
96 Kagan, 2011, S. 11 (Simons/Warfield, 2007, S. 10).

- Kulturverständnis im Sinne von Kunst, Schönheit,
- Schutz und Bewahrung als Lösungs-Strategie.

Kennzeichen der kulturzentrischen Perspektive sind nach der Quelle im Gegensatz dazu:

- Orientierung auf offene Systeme,
- Diskursives Verständnis von Natur/Kultur,
- Annahme von grundsätzlicher Instabilität bzw. Konflikthaftigkeit,
- Bewertung der menschlichen Möglichkeiten als unendlich,
- Ökologische Systeme werden in Interaktion mit anderen Systemen und als durch diese veränderlich gesehen,
- Optimismus auf Grund von Ressourcenfülle,
- Kulturverständnis schließt Industrie und Nützlichkeit ein,
- Erweiterung und Wachstum als Lösungs-Strategie.

(Ende der übernommenen, frei übersetzten Passage)

Der Begriff „Nachhaltigkeit" sollte, wofür die Implizierung global-sozialer Erfordernisse und die Festlegung auf „Development" in der Brundtland-Definition stehen, anfänglich dazu dienen, den zwischen den beiden oben skizzierten Prinzipien sichtbaren Widerspruch von Umwelt und Entwicklung durch Reformprozesse zu lösen, seine Be- und Aushandlung auf neue Grundlagen zu stellen. Die Dynamik seiner gleichzeitigen Ausweitung und breiten Durchsetzung im Nachhaltigkeitsprozess führte stattdessen dazu, dass die Inhalte anderer Diskurse ebenso gleichzeitig absorbiert und als eigenständige Themen verdrängt wurden.[97]

Unter anderen Überschriften, nicht nach bio- und kulturzentriert unterschieden, finden sich die beiden gegensätzlichen Positionen nach wie vor auch in den deutschen Debatten und machen den inneren Widerspruch der nationalen Nachhaltigkeitsstrategie aus. Dieser verliert allerdings zwischen den zahlreichen gleichzeitig behandelten Themen an Sichtbarkeit. Kaum oder unvermittelt wie vor Jahrzehnten wird auf der einen Seite Wachstum ausgeschlossen, auf der anderen als Notwendigkeit menschlich-gesellschaftlichen Lebens gesehen.

Tremmel befasst sich nicht mit diesem inneren Konflikt von „Nachhaltigkeit/Sustainability", sondern geht aus einer Perspektive der Entgegensetzung von

---

97 Siehe dazu auch: Brand, U./Görg, C.: „Nachhaltige Globalisierung"? Sustainable Development als Kitt des neoliberalen Scherbenhaufens, in: Görg, C./Brand, U.: Mythen globalen Umweltmanagements, Münster, 2002, S. 13f.

interessegeleiteter („also politischer") und ideen-basierter („also analytischer") Definition der Frage nach, welche von beiden sich durchsetzt.[98]

Resümierend stellt er fest: Weder die eine noch die andere kann in diesem Prozess, der aus zahlreichen Wechselwirkungen Eigendynamik bezieht, hegemoniales Übergewicht gewinnen; trotz einer Vielzahl von Umdeutungsversuchen verschiedener Akteure, unter denen er die Bundesregierung als den relevantesten sieht. Er konstatiert und prognostiziert:

> „... dass sich mittelfristig die sehr weite Definition der Regierungen durchsetzen wird. Die Umweltfraktion hat die Schlacht um den Begriff ‚Nachhaltigkeit' verloren. Eine Rückkehr zur engen Definition hält der Autor für ausgeschlossen...", auch, „da – wie gezeigt – die Mehrheit der Wissenschaftler inzwischen der Definition eines ‚Konzeptes für inter- und intragenerationelle Gerechtigkeit' zuneigt."[99]

Daraus wäre zu folgern: Die (deutsche) Sozialwissenschaft akzeptiert in der Wachstumsfrage implizite mehrheitlich auch die oben unter „biozentrisch" dargestellte Position. Sie verschiebt wesentliche Teile ihres Wirkens in den Bereich der Ethik. Unter der Überschrift „Generationengerechtigkeit" erscheint „Umwelt" als einer von mehreren Untersuchungsgegenständen. Auseinandersetzungen um Mensch und Natur könnten damit für den Hauptkonfliktpunkt kaum mehr in Kontexten von „Nachhaltigkeit" geführt werden, sie wären entweder aufzugeben oder unter neuen Begriffen bzw. Leitmotiven zu verhandeln.

1.5 Zeitversetzt auf der Seite der guten Beschützer.
Nachhaltigkeit in kulturpolitischen Debatten

Es soll hier ausdrücklich um Kulturpolitik gehen, die sich selbst als Gesellschaftspolitik definiert, und also nicht um Abgleiche von kulturpolitischen Positionierungen, die im Parteienspektrum unterschiedlich oder unterschiedlich gewichtet ausfallen.

Unter „Geistige und politische Kontexte" von Nachhaltigkeit haben wir kurz soziale Muster beschrieben, in denen auch die Ursachen für jetzt vorzufindende Konfigurationen von Ideen über Nachhaltigkeit liegen. Daran anknüpfend werden hier Dokumente – als Belege geteilter Überzeugungen – genannt und kurz erörtert, in denen die Neue Kulturpolitik als Leitmotiv-Bildnerin und als indirekte geistige Mitautorin z. B. der nationalen Nachhaltigkeitsstrategie oder – ebenso

---
98 Tremmel, J.: 2003, S. 15.
99 Tremmel, J.: 2003, S. 169f.

1.5 Zeitversetzt auf der Seite der guten Beschützer

mittelbar[100] – des Schlussberichts der Enquete-Kommission „Wachstum, Wohlstand, Lebensqualität" erkennbar wird.

Für (damals: West-)Deutschland kommt gesellschaftspolitischer Anspruch der Kulturpolitik erstmals im Zuge der Formulierung der „Neuen Kulturpolitik" zum Tragen.

Was die Debattenzusammenhänge betrifft, erwuchs sie im Wesentlichen aus drei Wurzeln:

- aus der Gesellschafts- und Kulturkritik, wie sie in der Studentenbewegung der 1960er Jahre geübt wurde;
- aus dem demokratischen, kulturellen und sozialen Aufbruch, den die Sozialdemokratie mit Willy Brandt unter kritischer Reflexion der Studentenbewegung politisch artikulierte und repräsentierte;
- den kulturpolitischen Diskussionen im Umfeld des Europarates, die das zunächst erbezentrierte Kulturverständnis der Europäischen Kulturkonvention (1954) sprengte und ausweitete.[101] [102]

Eines der bedeutendsten Dokumente der Entwicklung europäischer Kulturpolitik ist die Abschlusserklärung der Konferenz von Art et Senans (1972) „Zukunft und kulturelle Entwicklung".[103]

Darin heißt es: „Sich selbst überlassen, erschöpft *industrielles* Wachstum die natürlichen Reserven der Erde und wendet sich schließlich gegen den Menschen. … Deshalb darf man nicht länger … das unkontrollierte Wachstum des technologischen Sektors zulassen…", statt dessen ist „den menschlichen Grundbedürfnissen Vorrang vor jedem zweitrangigen Bedarf einzuräumen. … Es kann nun nicht darum gehen, das Wirtschaftswachstum einfach anzuhalten – schon wegen der Lage in der Dritten Welt ist das nicht möglich. Es müssen sich aber *kulturel-*

---

100 Direkt haben Kulturpolitiker hier nicht mitgewirkt. Weder sind sie von die Initiatoren und Entscheidungsträgern der Kommission gefragt worden, noch haben sie eigenaktiv ihren Einfluss erstritten.
101 Einen komprimierten Überblick gibt: Schwencke, O.: Staatsziel Kultur. Abriss einer Ideen-Geschichte der Kulturpolitik in der Bundesrepublik Deutschland, in: derselbe et al.: Kulturpolitik von A-Z, Berlin, 2009, S. 14ff.
102 Olaf Schwencke, Mitbegründer der Kulturpolitischen Gesellschaft, illustriert auch in seiner Person, in wie bestimmender Weise der Geist der Kritischen Theorie die Aufbruchstimmung der auf die Bühne drängenden Neuen Kulturpolitik prägte. Ein Tagebucheintrag aus dem Jahr 1972 liest sich so: „Bei Habermas, Marcuse und – allen anderen voran – Bloch habe ich gelernt, worauf es ankommt: die politischen Hoffnungen liegen jenseits der Muster des Bestehenden!" aus: Schwencke, O.: Hoffen lernen. Zwölf Jahre Politik als Beruf. Eine Zwischenbilanz, Stuttgart, 1985, S. 32.
103 Dokumentiert in: Schwencke, O.: Das Europa der Kulturen – Kulturpolitik in Europa. Dokumente, Analysen und Perspektiven – von den Anfängen bis zum Vertrag von Lissabon, Bonn, 2010, S. 70-73.

le Maßstäbe stärker durchsetzen, damit quantitatives Wachstum in verbesserte Lebensqualität überführt werden kann."[104]

Daraus wird als Aufgabe von Kulturarbeit abgeleitet, „alternative gesellschaftliche Entwicklungsrichtungen vorstellbar zu machen und in jedem Individuum den Sinn für das Mögliche zu wecken ... ihn zu befähigen ... nicht der Sklave, sondern Herr seiner Geschichte zu werden. Kulturpolitik kommt ohne ethische Begründungen nicht aus."[105]

Die Zusammenfassung bringt die Haltungen der damals fortgeschrittensten Kulturpolitik zu hier relevanten Fragen auf folgende zugespitzte Punkte:

- „Passive Konsumhaltungen sollen durch vielfältige kreative Aktivitäten ersetzt werden.
- Technologische Sachzwänge sind zugunsten menschlicher Freiheit und Verantwortung zu durchbrechen. ...
- Mensch und Umwelt sind wieder in ein tragbares Gleichgewichtsverhältnis zu bringen."[106]

Dieser Sichtweise folgt die zur Gründung der Kulturpolitischen Gesellschaft 1976 beschlossene Grundsatzerklärung.[107]

Es fällt auf, dass hier „industrielles Wachstum", der „technologische Sektor" bzw. „technologische Sachzwänge" und „passiver Konsum" gewissermaßen als die Antipoden demokratisch-freiheitlicher Zivilisations- bzw. Kulturentwicklung genommen werden. Das bedeutet nicht, dass der Neuen Kulturpolitik durchgängige Technologie- oder Industriefeindlichkeit unterstellt werden könnte. Eine wichtige Rolle in den damaligen Diskussionen spielte z. B. Erhard Eppler, der den Begriff der „Lebensqualität"[108] prägte. Er vertrat ganz und gar keine technikfeindliche Position, nimmt implizite eine deutliche Unterscheidung zwischen Ökonomie und Technik vor, was die Rigidität des oben Zitierten relativiert. In wirtschaftlichem Wachstum sah jedoch auch er keinen „Maßstab für Fortschritt".[109]

---

104 Ebd.
105 Ebd.
106 Ebd.
107 Vgl.: Röbcke, Th. (Hrsg.): Zwanzig Jahre Neue Kulturpolitik. Erklärungen und Dokumente, Essen, 1993, S. 183-190.
108 So protokolliert Olaf Schwencke, eben gerade zum ersten Mal in den Deutschen Bundestag gewählt, auf der Zugfahrt zur ersten Fraktionssitzung seine Vorhaben und Ziele für die neue Aufgabe. Dazu bemerkt er: „Nicht umsonst will ich Eppler (Quality of Life) studiert und begriffen haben!", Schwencke, O.: Hoffen lernen..., S. 32.
109 „Wir sprechen heute von Qualität des Lebens, obwohl wir nicht genau wissen, worin sie besteht, noch weniger, wie sie zu verwirklichen sei. Wir sprechen von Qualität, weil wir an der Quantität irre geworden sind. Am Anfang steht also auch hier nicht das Wissen, sondern der Zweifel. Wir zweifeln, ob dies gut für die Menschen sei: – immer breitere Straßen für

Insgesamt ist festzustellen: Zu den ursprünglichsten geistigen Begründungen der Neuen Kulturpolitik als Gesellschaftspolitik, gehört – da sie die ideellen und sozialen Wurzeln mit der Umweltbewegung in vielem teilt – eine prinzipielle, tiefe Irritation. Sie besteht zum einen darin, dass – mindestens für die „Dritte Welt" Wirtschaftswachstum gebraucht wird, es aber gleichzeitig – wie auch „Konsum" – dem Wesen nach pejorativ, mindestens nicht als Kernelement von Fortschritt genommen wird. Zum anderen kommt in der Formulierung „technologischer Sachzwang" unterschwellig etwas wie eine Art „Fremdenangst" vor der kaum durchschaubaren Gewalt von Ungekanntem zum Ausdruck.

Indem von einem Wirtschaftswachstum gesprochen wird, dass man nicht sich selbst überlassen dürfe, macht man eben dieses Wirtschaftswachstum nicht nur semantisch zu einem dem Menschen entgegengesetzten, selbständigen Subjekt.

Der Umgang mit den Worten „Qualität", „Quantität" und „Maßstab" zeugt insgeheim von unbearbeiteter Widersprüchlichkeit. Aus der Sicht der Logik scheint zunächst simpel, dass man für Qualitäten keine Maßstäbe definieren kann. Qualitäten können zwar zu messbaren Ergebnissen zu führen; sie selbst jedoch lassen sich nur anhand von Merkmalen oder Kriterien beschreiben bzw. definieren. Ließen sie sich buchstäblich messen, wären es ja Quantitäten. Mit „Maßstäben" werden – wörtlich genommen – Quantitäten gemessen. Die Wendung „kulturelle Maßstäbe" trägt als implizite Konnotation die Vorstellung, es könne die Industrie verändert werden, indem Kultur sie von außen kontrolliert und ihr Maßstäbe anlegt. Solcher Denkweise haftet etwas zutiefst Mechanisches, Unlebendiges an. Kultur nimmt die Funktion einer Grenze der Industrie ein, statt zu deren lebendigem, innerem, sich selbst organisierendem Informations- und Operationsvorrat zu gehören. Das wird später ausführlicher besprochen.

---

immer mehr Autos, – immer größere Kraftwerke für immer mehr Energiekonsum, – immer aufwendigere Verpackung für immer fragwürdigere Konsumgüter, – immer größere Flughäfen für immer schnellere Flugzeuge, – immer mehr Pestizide für immer reichere Ernten, – und, nicht zu vergessen, immer mehr Menschen auf einem immer enger werdenden Globus. ... Daß wirtschaftliches Wachstum nicht als Maßstab für den Fortschritt taugt, wird bald nicht mehr umstritten sein... Daß qualitative Maßstäbe unvergleichbar viel schwieriger zu finden sind als quantitative, ist kein Grund, nicht danach zu suchen. So verstehe ich auch die Anregung von Sicco Mansholt in dem Brief, den er am 9.2.1972 an Malfatti schrieb. Mansholt will bekanntlich den Begriff der „*utilité nationale brute*" an die Stelle des Bruttosozialprodukts setzen. Neue Maßstäbe brauchen wir auch für Wissenschaft und Technik. Das kann nicht heißen, daß Affekte gegen Wissenschaft und Technik uns weiterhelfen, erst recht nicht ein romantisches „Zurück zur Natur". Es kommt nicht darauf an, den menschlichen Erfindungsgeist zu frustrieren, sondern ihn auf neue Aufgaben zu lenken. Wie es eine umweltfeindliche Technik gibt, so kann es auch eine umweltfreundliche geben." – Eppler, E.: Maßstäbe für eine humane Gesellschaft. Lebensstandard oder Lebensqualität? Stuttgart, 1974, S. 18-3; vgl. auch Eppler, E.: im Interview, Anlage 1, S. 49.

1998 hat die Kulturpolitische Gesellschaft ein neues Programm beschlossen. Unter der Überschrift „Naturzerstörung und zukunftsfähige Entwicklung" formuliert es Positionen und Aufgabenstellungen. Ausdrücklich wird darauf verwiesen, dass die „Entgegensetzung von Natur und Kultur" zu überwinden ist. Allerdings wird dies in den Konsequenzen nicht weiter ausgearbeitet, und die Grundirritationen aus dem alten Programm bestehen trotz einiger Akzentverschiebungen fort.[110]

Es sieht zudem aus, als hätte deutsche Kulturpolitik die Themenfelder Umwelt und Nachhaltigkeit in einer Art stotternder Aktivität bearbeitet. Sie sind ihr in den zwischen Mitte der 1960er bis anfangs der 1970er Jahre geprägten Entstehungskeim der Neuen Kulturpolitik als Gesellschaftspolitik eingeschrieben. Jedoch konstatiert Olaf Schwencke nach Ablauf von ca. dreißig Jahren:

> „Mit dem Verhältnis von Kulturpolitik und *Nachhaltigkeit* hat es seine eigene Bewandtnis: Einerseits ist das Prinzip der Nachhaltigkeit bereits den frühesten Schritten zur Formulierung einer neuen Kulturpolitik anfangs der siebziger Jahre immanent. Andererseits wird sich die Kulturpolitik dieser Tatsache erst jüngst im Kontext der Ökologiedebatte und vergleichsweise zögernd bewusst. Das ist kein Zufall. In ihrer Eigenschaft, gleichzeitig in enger Verbindung zu künstlerischen und wissenschaftlichen Eliten zu existieren *und* Teil der Funktionseliten zu sein, ist die Kulturpolitik durch eine Doppelnatur geprägt. Dies führt dazu, dass kulturpolitische Diskurse oftmals ihrer Zeit voraus eilen, später jedoch gelegentlich Mühe haben, auf hohem Niveau den Anschluss an die allgemeine gesellschaftliche Debatte zu finden, wenn ihre ureigensten Anliegen von einer breiteren Öffentlichkeit diskutiert werden."[111]

Dem ist aus struktureller Sicht hinzuzufügen: Die Neue Kulturpolitik hatte sich im Zuge ihrer Erfolgsgeschichte nach innen mit ihrer eigenen Gestaltnahme in Institutionen und Bewegungsweisen als „selbstreferenzielles System" auseinander zu setzen, und nach außen um angemessene Positionierung[112] im politischen System zu ringen.

---

110 „Um die Maßstäblichkeit für gegenwärtiges Handeln zurückzugewinnen und in Verantwortung für die nachfolgenden Generationen ein den natürlichen Ressourcen angepaßtes Wirtschaften zu entwickeln, steht auch die Kulturpolitik in einer neuen Verantwortung. Eine solche Veränderung des gesellschaftlichen Naturverhältnisses setzt ein Kulturverständnis voraus, das die strikte Entgegensetzung von Natur und Kultur überwindet. Wie wir leben wollen, ist auch eine Frage der Kultur. Deshalb hat Kulturpolitik die Aufgabe, ökologische Verantwortung zu thematisieren und Nachhaltigkeit und Ressourcenschonung, Verlangsamung und Mußefähigkeit zum Gegenstand kulturpolitischen Handelns zu machen.", Programm der Kulturpolitischen Gesellschaft, Kulturpolitische Mitteilungen 83, Heft IV/98, S. 21.
111 Schwencke, O.: Die Kunst, in die Zukunft zu handeln – Nachhaltigkeit als kulturpolitisches Prinzip. Robert Jungk anlässlich seines neunzigsten Geburtstages zu ehren, in: Kulturpolitische Mitteilungen Nr. 100, I/2003, S. 41.
112 So brauchte es z.B. beinahe ein Vierteljahrhundert, bevor der Bereich Kultur als politisches Ressort Aufwertung durch die Einrichtung eines eigenen Staatsministeriums erfuhr.

1.5 Zeitversetzt auf der Seite der guten Beschützer

Aus der gesichteten Literatur[113] wird deutlich: Das Thema „Nachhaltigkeit" hat mit dem Zusammentreffen sozialdemokratischer und „grüner" Denkinhalte, Positionen und politischen Absichten während der „rot-grünen Koalition" 1998-2002 sowohl massivere Zuwendung als auch gesteigerte Dynamik unter Kulturpolitikern und Kulturwissenschaftlern erfahren.[114] Allein die Anzahl entsprechender Veröffentlichungen lässt sich inzwischen kaum noch erfassen.

Hildegard Kurt und Bernd Wagner geben für die Autoren einer Publikation einen Überblick über den inhaltlich qualifizierten Raum, der in den Texten ausgeschritten wird, und der stellvertretend für die allgemeine Debatte stehen kann:

> „Als charakteristische Merkmale einer Kultur der Nachhaltigkeit, wie der vorliegende Band sie überwiegend aus Perspektiven der Kulturpolitik und –praxis sowie der kritisch gesellschaftsorientierten Gegenwartskunst beleuchtet, seien fürs Erste skizzenhaft konturiert:
>
> - Ein Verständnis von Nachhaltigkeit, das gleichberechtigt mit den ‚drei Säulen' ... Ökonomie, Ökologie und Soziales auch Kultur als querliegende Dimension umfasst; das die auf Vielfalt, Offenheit und wechselseitigem Austausch basierende Gestaltung der Bereiche Ökonomie, Ökologie und Soziales als kulturell-ästhetische Ausformung von Nachhaltigkeit versteht und verwirklicht.
>
> - Ein Kulturbegriff, der von der Naturzugehörigkeit des Menschen ausgeht und grundsätzlich den Mensch und Natur gleichermaßen umfassenden Lebenszusammenhang mitdenkt.
>
> - Eine Verständigung auf Grundwerte, von denen Gesellschaften zusammengehalten werden. Hierzu zählen: Gerechtigkeit – zwischen den jetzt weltweit lebenden Menschen, im Blick auf die künftigen Generationen und im Blick auf die Natur; das Prinzip Verantwortung; Toleranz; der Schutz der Schwachen sowie die Wahrung kultureller und biologischer Vielfalt.
>
> - Ein hohes Maß an Partizipation in allen gesellschaftspolitischen Entscheidungs- und Gestaltungsfragen einschließlich der Demokratisierung aller Aspekte des fortschreitenden Globalisierungsprozesses.
>
> - Ein hoher politischer und philosophischer Stellenwert der Frage nach dem guten Leben und die Pflege einer zukunftsfähigen Lebenskunst.
>
> - Eine Rückführung der Kunst aus ihrer Randposition in die Lebenswelt.

---

113 Absoluter bzw. mit größerer Gewissheit können hier keine Aussagen getroffen werden. Es wäre schon eine zu umfangreiche Arbeit gewesen, überhaupt eine vollständige, aktuelle Bibliographie zu erstellen, geschweige denn alle Literatur zu sichten.

114 Parallel dazu hat der Anspruch/das Leitmotiv „Nachhaltigkeit" sich quer durch die Wissengebiete und sozialen Zusammenhänge ausgebreitet, die dann jeweils für sich eine „Kultur der Nachhaltigkeit" debattieren. www.google.de wirft im April 2011 knapp 900 000 Treffer für das Begriffspaar „Kultur Nachhaltigkeit" aus. books.google.de meldet über 82 000 Titel. Die Durchsicht der ersten ca. 500 Nennungen ergab, dass sich nur selten ein themenferner Titel in die Liste verirrt hat, und dass mehr als 90 Prozent der Bücher nach 2000 erschienen sind.

- Interkulturelle Kompetenz im Dialog der Kulturen, da in einer eng verflochtenen Welt eine Zukunftsperspektive nur gemeinsam gesichert werden kann."[115]

Im Anschluss stellen sie fest, dass die Debatte um Nachhaltigkeit und Kultur parallel auf zwei grundverschiedenen Ebenen stattfinde. Primär gehe es – auf der Basis eines anthropologischen Verständnisses von Kultur – um die intellektuellen und werthaften Grundlagen einer zukunftsfähigen Moderne. Außerdem gehe es auch schwerpunktmäßig um die spezifischen Potenziale des ästhetischen und künstlerischen Gestaltungswissens – dies auf der Grundlage eines relativ eingegrenzten Verständnisses von Kultur als gesellschaftlichem Teilbereich, wobei die unterschiedlichen Verständnisse von Kultur mitunter in eins gesetzt bzw. verwischt würden.[116]

Eine Antwort darauf, wie Kulturpolitik den Spagat zwischen beiden Kulturverständnissen schaffen kann, und was ihre Aufgaben sind, formuliert Max Fuchs unter der Überschrift „Kulturpolitik als Politik des Kulturellen mit den Mitteln des Ästhetischen und der Kunst" zusammengefasst sinngemäß so: Die Kulturpolitik teile mit allen Politiken als zentrales Ziel das „Projekt des guten, gelungenen, glücklichen Lebens"; in entsprechenden Debatten, Meinungsbildungsprozessen und Verhandlungen sei zu fragen, welche gesellschaftlichen Bedingungen vorliegen müssen, damit jeder Einzelne, der ‚seines Glückes Schmied' werden wolle, dies auch könne und tue. Kulturpolitik als Gestaltung des symbolischen Diskurses habe mit Ästhetik/Kunst die geeigneten „flexiblen Mittel in ihrem Zuständigkeitsbereich, um symbolisch das Ganze zu erfassen."[117]

In beiden Zitaten geht es um die Kommunikation von Leitbildern, Normen, Werten. Die Frage, in welcher Weise das Nachhaltigkeitsverständnis des Kulturbereichs in die Gesellschaft wirkt, beantwortet Olaf Schwencke damit, dass hier die sinnlichen und intellektuellen Grundlagen für kritische Reflexion gelegt, Werte debattiert und aktiv vermittelt werden.[118] Dazu bemerkt Fuchs, bescheidenheits-

---

115 Kurt, H./Wagner, B. (Hrsg.): Kultur-Kunst-Nachhaltigkeit. Die Bedeutung von Kultur für das Leitbild Nachhaltige Entwicklung, Bonn/Essen, 2002, S. 13f.
116 Ebd.
117 Fuchs, M.: Kulturpolitik als gesellschaftliche Aufgabe. Eine Einführung in Theorie, Geschichte, Praxis, Wiesbaden, 1998, S. 17.
118 „Der zentrale und grundlegende Ausgangspunkt von Nachhaltigkeit besteht ... in kritischer Reflexion. Es machte einen Teil des Wesens von Kunst aus, gesellschaftliche und individuelle Gegebenheiten zu Bildern und Assoziationsketten zu verdichten." Er zitiert Robert Jungk – mit der Feststellung, große Veränderungen kündigten sich zuerst immer in der Kunst an, sie sei die bessere Prognostikerin als Wissenschaftler und Wirtschaftler – und setzt später fort: „Man kann sagen, Kunst schafft sinnliche und intellektuelle Voraussetzungen für nachhaltiges Denken und Handeln. Da die Frage nach der Kultur immer die ‚Wie-Frage' ist, also nicht, was tun die Menschen, sondern wie tun sie es, ist die ethische Begründung von Nachhaltigkeit nichts anderes als im Kern eine kulturelle Frage. Das heißt, auch auf dieser Betrachtungsebene

gebietend, es seien natürlich die kulturpolitisch gestalteten kulturellen Prozesse nur ein sehr geringer Teil dessen, was kulturell in der Gesellschaft geschehe.[119] Das ändert jedoch nichts an dem Fazit, dass dort, wo Neue Kulturpolitik sich zu Umwelt und Nachhaltigkeit artikuliert, sie dies stark konsum-kritisch, auf äußerliche Weise industrie- und technologie-kritisch und mit ihrem Standbein im konservativ-defensiven, naturzentrierten Strang der Nachhaltigkeitsbewegung tut.

1.6 Kulturpolitik bestimmt nicht. Prioritäten von Umweltaktivisten – und in kulturpolitischen Debatten

Um die tatsächliche Relevanz von Kulturpolitik für die Umweltbewegung festzustellen und um aus best practices durch kulturpolitische Akteure bewirkbare potentielle Beschleunigungsmomente zu filtrieren, hat Monika Griefahn eine Expertenbefragung durchgeführt.[120] Mit dieser qualitativen Analyse war mehreren Herausforderungen Rechnung zu tragen:

Es mussten Persönlichkeiten gewonnen werden, deren Umweltengagement durch gesellschaftliche Bedeutsamkeit und Erfolg gekennzeichnet ist. Die Bewertung von Erfolg durfte dabei nicht subjektivem Urteil überlassen, sie hatte einleuchtend objektiviert zu sein.

Zwar sollten Handlungsmöglichkeiten innerhalb Deutschlands ausgelotet werden, dies aber für eine global gestellte und nur global zu lösende Aufgabe. Deshalb waren auch Praxen, Interessen und Reflektionsweisen außerhalb der westlich-industrialisierten Erdregionen angemessen zu repräsentieren.

Daraus wiederum folgte, dass unter der Bedingung sehr unterschiedlicher Verständnisse und Begriffe von Kultur nach kulturpolitik-relevanten Gegebenheiten zu fragen war. Die deutsche Kulturpolitik besitzt bereits am Maßstab der Kulturpolitiken in westlichen Demokratien deutliche Eigenheiten; vergleichbare Handlungsbedingungen zu Kulturpolitiken in Schwellen- oder Entwicklungslän-

---

hängt es in doppelter Weise von Kulturpolitik ab, inwieweit das Prinzip der Nachhaltigkeit zum gesellschaftlich bestimmenden entwickelt werden kann. Sie hat entscheidenden Einfluss auf die sinnlichen und intellektuellen Voraussetzungen für nachhaltiges Denken und Handeln und auf das wirksam Werden des entsprechenden Wertekanons. So fällt der Kulturpolitik nicht nur in ihrer Doppelnatur von geistigen und Funktionseliten als aktive Vermittlerin Verantwortung für Nachhaltigkeit zu. Sie ist gewissermaßen als deren Seele zu verstehen und hat eben begonnen, sich dessen bewusst zu werden.", Schwencke, O.: Die Kunst, in die Zukunft zu handeln – Nachhaltigkeit als kulturpolitisches Prinzip. Robert Jungk anlässlich seines neunzigsten Geburtstages zu ehren, in: Kulturpolitische Mitteilungen Nr. 100, I/2003, S. 44.
119 Fuchs, M.: ebd.
120 Ausführlich: www.diss.fu-berlin.de/diss/receive/FUDISS_thesis_000000094421, S. 112-174.

dern unterstellen zu wollen, verbietet sich. Ähnliches trifft auf die vorhandenen Vorstellungen, Anwendungen und Begriffe von „Kultur" zu.

Gleichzeitig hat die Auseinandersetzung mit dem Begriff und der Entwicklung von „Nachhaltigkeit" gezeigt, dass hier ebenfalls die Vorstellungen und Interpretationen bis zur partiellen Gegensätzlichkeit divergieren.

Soweit es sich um deutsche Experten handelt, wurde als Maßstab für Erfolg genommen, dass die zu befragende Persönlichkeit in langjährigem Wirken entweder selbst eine Institution bzw. ein Netzwerk aufgebaut hat oder langjährig in Schlüsselpositionen von Politik, Zivilgesellschaft, Wissenschaft oder Wirtschaft tätig war.

Experten aus anderen Ländern bzw. von anderen Erdteilen wurden aus der Gruppe und dem Umfeld des Alternativen Nobelpreises gewonnen. Hier bieten der offene Prozess der Unterbreitung von Vorschlägen und die demokratischen Verfahren zur Auswahl der Preisträger durch die Jury die Gewähr dafür, dass mindestens unter den Aktivisten ein Konsens über die jeweilige Tatsache „Erfolg" besteht und damit eine Objektivierung gegeben ist.

Insgesamt wurden 24 Experten befragt. Davon haben/hatten neun den Mittelpunkt ihres Lebens bzw. Engagements in Deutschlands. Sechs weitere kommen aus der sogenannten westlichen Welt – also aus ähnlichen bzw. leichter vergleichbaren politischen, strukturellen, kulturellen und sozialen Bedingungen: konkret aus Schweden, zweimal aus Kanada, aus Großbritannien, aus den USA und aus Neuseeland. Die Anzahl der Experten von anderen Kontinenten wurde mit neun in gleicher Höhe wie die aus Deutschland festgelegt. Die Interviewpartner kommen hier aus Bangladesh, aus Malaysia, aus Kongo, aus Chile, zweimal aus Indien, aus Neuseeland und aus Russland.[121]

Bei der Gestaltung des Fragespiegels war zu berücksichtigen: Der Gegenstand „Kulturpolitik" befindet sich nicht im Aufmerksamkeitszentrum der Inter-

---

121 Weitere Fakten zu den Interviewten: Acht von ihnen waren/sind Politiker oder wirken im engen politischen Bereich, sechs davon in Deutschland, eine in Schweden und einer in Großbritannien. Parallel dazu engagieren sich alle in NGO's bzw. in umweltorientierten Institutionen. Das Engagement von sechzehn Interviewpartnern ist wesentlich durch die Realisierung unmittelbar praktischer Projekte gekennzeichnet. Knapp die Hälfte, elf, der Befragten sind Träger des Alternativen Nobelpreises. Mit einer Ausnahme verfügen alle Experten über eine akademische Ausbildung, zum Teil über mehrere unterschiedliche. Elf von ihnen haben ökonomische Abschlüsse erworben, acht im weitesten Sinne geistes- bzw. sozialwissenschaftliche. Naturwissenschaftliche Studien absolvierten sechs der Partner. Ihrer Konfession nach untergliedern sie sich in zwei Muslime, zwei Atheisten bzw. Agnostiker, drei Hindu und 15 Christen; von zweien ist die Glaubensrichtung nicht bekannt. Einen biographischen Bezug zum Kulturbereich weisen indirekt zwei der Persönlichkeiten als ehemals Kunstausübende auf, einer davon war Opernsänger, einer war Komponist und Sänger. Keiner der Befragten besitzt eine technische oder ingenieurwissenschaftliche Ausbildung.

1.6 Kulturpolitik bestimmt nicht

viewten. Allein bei den Worten, erst recht bei den Begriffen „Kulturpolitik" und „Kultur" war davon auszugehen, dass sie für die Befragten verschiedene Bedeutungen bzw. Inhalte besitzen. Diese reichen in unterschiedlichen Gewichtungen vom Sinnzusammenhang Zivilisation über spezifische Gestalten jeweils nationaler oder religiös geprägter Gepflogenheiten und Umgangsweisen, Ethik- und Wertezusammenhänge bis zur umfassenden Definition durch die UNESCO, auf die sich auch, soweit es um parteiübergreifende Vereinbarungen geht, die deutsche Kulturpolitik bezieht.[122] Das legte für die Auswertung massive Probleme beim Verstehen und der Interpretation des tatsächlich Gemeinten nahe.

Für westliche Demokratien leiten sich allein aus dem unterschiedlichen Staatsverständnis auch unterschiedliche Vorstellungen und Praxen von Kulturpolitik ab. Münch unterscheidet vier Typen der politischen Steuerung: Etatismus (z. B. in Frankreich) mit dem Merkmal der Regelung auch und besonders von Kulturpolitik durch eine zentrale Macht; Kompromiss (z. B. in Großbritannien) mit der Dominanz des pragmatisch ausgeübten Einflusses durch das Subsystem Gemeinschaft; Wettbewerb/Markt (z. B. in den USA) mit der Steuerung durch das Medium Geld, woran viele konkurrierende Akteure beteiligt sind.[123]

Auf dieser heterogenen Grundlage finden in Europa (durch das Wirken der UNESCO auch darüber hinaus) seit den 1950er Jahren intensive kulturpolitische und spätestens seit 1970er Jahren kulturtheoretische Debatten statt[124], die im politischen Bereich zu Annäherungen bis hin zu vereinbarten Definitionen führen, die allerdings Ausstrahlung und integrierende Wirkung hauptsächlich auf die Akteure und Experten des Feldes Kultur/Kulturpolitik sowie auf Wissenschaftler ausüben, wovon allerdings die Interviewten nicht oder kaum betroffen sind.

Außerhalb der westlichen Demokratien nimmt aus Sicht der staatlichen Steuerung die Heterogenität noch zu. Um die verfolgten Kulturpolitiken wenigstens im Überblick zu erfassen, wäre eine eigene Studie nötig. Für unseren Zweck ge-

---

122 „Die Kultur kann in ihrem weitesten Sinne als die Gesamtheit der einzigartigen geistigen, materiellen, intellektuellen und emotionalen Aspekte angesehen werden, die eine Gesellschaft oder eine soziale Gruppe kennzeichnen. Dies schliesst nicht nur Kunst und Literatur ein, sondern auch Lebensformen, die Grundrechte des Menschen, Wertsysteme, Traditionen und Glaubensrichtungen.", Weltkonferenz über Kulturpolitik. Schlussbericht der von der UNESCO vom 26. Juli bis 6. August 1982 in Mexiko-Stadt veranstalteten internationalen Konferenz, hrsg. von der Deutschen UNESCO-Kommission. (UNESCO-Konferenzberichte, Nr. 5), München, 1983, S. 121.
123 Münch, R: .Risikopolitik, Frankfurt a. M., 1996, zusammengefasst nach: Fuchs, M.: Kulturpolitik als gesellschaftliche Aufgabe, Wiesbaden, 1998, S. 244.
124 Siehe dazu: Fuchs, M.: Kulturpolitik, Wiesbaden, 2007, S. 67-79.; Deutscher Bundestag – 16. Wahlperiode: Schlussbericht der Enquete-Kommission „Kultur in Deutschland", DS 16/7000, 2007.

nügte es davon auszugehen, dass die Wahrscheinlichkeit eindeutig richtigen Verstehens von direkt kulturpolitische Aspekte berührenden Antworten weiter sinkt.

Ebenfalls im Blick zu behalten war der Umstand, dass sich hier die Orte des Umwelt-Engagements in verschiedenen Stadien zwischen Vormoderne und Postmoderne befinden, woraus sich divergierende Weltbilder, religiöse Praktiken und Interpretationen, Gewohnheiten, soziale Strukturen und Selbstbewertungen ergeben.[125]

Da sich, siehe oben, die stattfindenden kulturtheoretischen und kulturpolitischen Debatten an Experten und Akteure des eigenen Feldes richten bzw. unter ihnen ausgetragen werden, und deren Reichweite sich mit den Feldgrenzen verliert, war auch für das Verständnis und den Begriff von „Kultur" in der Gruppe der Interviewten von großer Unterschiedlichkeit auszugehen.[126]

Trotz der vorauszusetzenden Unübersichtlichkeit sollte zu Schlüssen und Antworten gelangt werden, die für deutsche Kulturpolitik von Belang sein können, wobei diese sich selbst innerhalb von Europa mit den Prinzipien der Subsidiarität und Föderalität, mit den engen Verzahnungen zwischen Politik und – institutionalisierter – Zivilgesellschaft als Spezialfall darstellt.[127]

Um Missverständnissen und Fehlinterpretationen vorzubeugen, fiel zunächst die Entscheidung, nicht direkt nach Kulturpolitik zu fragen, sondern zwischen „Kultur" und „Politik" zu trennen, und durch kontextversetzte Wiederholungen der jeweiligen Fragen Kontrollen einzubauen. Darüber hinaus wurde im unmittelbaren Verlauf der Gespräche auf jede Art von Nachfrage verzichtet, die bestimmte Antworten hätten suggerieren können. Für Deutschland wie für alle sogenannt „westlich" sozialisierten Experten war davon auszugehen, dass „kultiviert Sein" einen Kristallisationspunkt darstellt, in dem eine Persönlichkeit glaubwürdig und nachvollziehbar für einen gesellschaftlich zu verfolgenden Wert steht. Wir mussten damit rechnen, dass in dem Moment, in dem sie nach ihrer höchst eigenen Verbundenheit mit Kultur befragt werden, in den Experten ein mindestens unbewusstes Rechercheprogramm abläuft, das darauf zielt, mög-

---

125 Vgl. dazu: Fuchs, M.: 1998, S. 57-60.
126 Fuchs sagt über den Kulturbegriff, dieser sei „offenbar ein Totalitätsbegriff, der noch die letzte Lebensäußerung – , materiell und geistig, normativ und empirisch – umfasst, in: Fuchs, M.: 1998, S. 113. Zur Totalität des Einzugsbereichs kommt, wie u. a. Schwencke feststellt, seine Dynamik, in: Schwencke, O./Bühler, J./Wagner M.K.: Kulturpolitik von A Z, Berlin, 2009, S. 11.
127 Den praktischen Erfahrungen der Autorinnen in europäischen Kontexten nach kommt hier eine besondere Qualität der Debatten hinzu, die sich als sehr stark gesellschafts-politisch pointiert beschreiben lässt und möglicherweise daher rührt, dass die „Neue Kulturpolitik" aus der engen Verbindung von Kulturaktivisten mit den bundesdeutschen politischen Reformbewegungen der ausgehenden 1960er und der 1970er Jahre entstanden ist.

lichst viele Anknüpfungspunkte an Kultur festzustellen. Stattdessen wurde also mit den Fragestellungen darauf gezielt, dass sich die Interviewten aus verschiedenen Blickwinkeln auf das konzentrieren, was tatsächlich relevant für ihre erfolgreiche Arbeit war und ist.

In summa kann davon ausgegangen werden, dass die Befunde der Gespräche[128] nicht durch subjektive Erwartungshaltungen der Interviewerin gefärbt oder gar verfälscht sind.

Sie überraschten uns immens und wirkten sich stark auf den Fortgang der Exploration aus:

Zwar wird Kultur im Allgemeinen sowohl für die persönlichen Werdegänge als auch als Umfeldbedingung für die Entwicklung und Durchführung von Projekten hohe Bedeutung zugesprochen.

Als unmittelbar konkrete Einflussfaktoren jedoch spielen im Probantenkreis Aspekte von Kunst und Ästhetischem bzw. Kunst als Medium eine marginale und nicht eindeutige Rolle.

Insgesamt wurden 24-mal sieben Fragen gestellt, in den Aspekte von Kultur oder Kulturpolitik hätten genannt werden können, wenn ihnen für Realisierung der jeweiligen Umweltprojekte Relevanz zukäme. Das sind 168 Möglichkeiten. Es gab ganze drei Erwähnungen.

Selbst innerhalb dieser verschwindend kleinen Anzahl sind in den Kulturaussagen keine zuordenbaren Grundtendenzen feststellbar; in irgendeiner Weise generalisierbare best practices ließen sich also überhaupt nicht ausmachen.

Als besonders überraschendes Ergebnis ist zu konstatieren: Die in Deutschland gegebene außerordentlich hohe Dichte von Kulturinstitutionen und die in deren Umfeld vorhandene hohe Debattenintensität hatten vermuten lassen, dass sich die aus Deutschland kommenden neun Experten mit hoher Wahrscheinlichkeit – gemessen an den von anderswoher stammenden – überdurchschnittlich häufig konkret auf Kulturakteure und Kulturaspekte beziehen würden. Das ist nicht eingetreten. Aus dieser Gruppe kam zu den sieben indirekt gestellten Fragen kein einziger konkreter Kulturverweis.

Bei allen Interviewpartnern spielten hinsichtlich der Kooperationen bzw. Auseinandersetzungen mit Politikern Ressorts wie Wirtschaft, Landwirtschaft, Finanzen oder Entwicklung (regional, europäisch, global) bestimmende Rollen; hinsichtlich der herangezogenen Wissensbereiche bzw. Erfahrungen handelte es

---

128 Die vollständige empirische Untersuchung siehe: Griefahn, M./Rydzy, E.: Der Grundwiderspruch der deutschen Nachhaltigkeitsstrategie. Cradle to Cradle als möglicher Lösungsweg. Ansatzpunkte und strategische Potentiale von Kulturpolitik: www.diss.fu-berlin.de/diss/receive/FUDISS_thesis_000000094421, S. 112-174.

sich um technische und Naturwissenschaftler sowie um Ökonomen, Unternehmer, Managementexperten.

Um festzustellen, wie sich dieses für Umweltengagement relevante Sach- und Fachwissen in kulturpolitischen Debatten wieder findet, haben wir eine empirische Stichprobe erhoben.

Dafür hinreichende Aussagefähigkeit zu erlangen, erforderte eine für kulturpolitische Debattenzusammenhänge repräsentative Institution, die idealerweise gleichzeitig Einblick in die Entwicklungslogik dieser Institution bieten sollte. Sie hatte also erstens für hinreichend lange Zeiträume eng mit den grundsätzlichen inhaltlichen Debatten der Neuen Kulturpolitik bzw. der Kulturpolitischen Gesellschaft verbunden zu sein; zweitens teilnehmeroffen und hinreichend weit entfernt von organisationsintern zu führenden Auseinandersetzungen.

Die Loccumer Kulturpolitischen Kolloquien erfüllen diese Bedingungen. Sie finden ohne Unterbrechung seit 1970 mindestens einmal jährlich in der Evangelischen Akademie Loccum statt, seit 1977 als Kooperation zwischen der Kulturpolitischen Gesellschaft und der Akademie.[129] Es kann davon ausgegangen werden, dass hier die zum jeweiligen Zeitpunkt kulturpolitisch für relevant genommenen, entweder bereits brisanten oder sich als künftig brisant abzeichnenden Themen in die öffentliche Debatte gebracht wurden.

Repräsentanten sowohl der artikulierten Themen, als auch der erwünschten und erreichten Zielgruppen sind die jeweils verpflichteten Referenten und Moderatoren[130]. Sie waren Gegenstand der Stichprobe. Bis einschließlich 2010 haben in Loccum insgesamt 54 Kulturpolitische Kolloquien stattgefunden. Davon lie-

---

129 „Laut Akademiegesetz von 1975 ist es Aufgabe der Evangelischen Akademie Loccum, der Verkündigung der Kirche in der Konfrontation moderner Weltprobleme mit dem Evangelium zu dienen. Außerdem will sie einen Beitrag zur verantwortlichen Planung zukünftiger gesellschaftlicher Entwicklungen leisten und den Menschen die Möglichkeit zur Beteiligung am Handeln der Kirche bieten." (Darin liegt die Übereinstimmung mit den Satzungs- und Programmzielen der Kulturpolitischen Gesellschaft. d.Verf.) „Die ... Loccumer Kulturpolitischen Kolloquien hatten an der Gestaltung der Neuen Kulturpolitik und der Eröffnung eines breiten gesellschaftlichen Diskurses über Kulturpolitik seit den 1970er Jahren wesentlichen Anteil. Im Kontext der kulturpolitischen Arbeit der Akademie wurde 1976 die Kulturpolitische Gesellschaft gegründet." Die Akademie-Veranstaltungen befassen sich außerdem „auch mit Problemen und Konflikten aus Politik und Gesellschaft, aus Wirtschaft, Wissenschaft und Umwelt..." Zitate aus: Schwencke, O. et al: Kulturpolitik von A – Z, Berlin, 2009, S. 136f.
130 Unter „Referent" werden hier auch Akteure geführt, die genau genommen als Moderatoren eingesetzt waren. Da es sich durchweg um jeweils fachlich qualifizierte Persönlichkeiten handelt, die in verschiedenen Kolloquien verschiedene Funktionen übernahmen, kann von einer Unterscheidung zwischen „Referenten" und „Moderatoren" als Gruppenbezeichnung abgesehen werden.

gen für 35 der Veranstaltungen Protokolle mit Angaben zu den Referenten vor.[131] Letztere haben wir hinsichtlich ihrer Bildung bzw. ausgeübten Berufe oder Tätigkeitsfelder acht groben Gruppen zugeordnet:

Politik und staatliche Verwaltung; Sozial- und Geisteswissenschaften; Institutionen kultureller und künstlerischer Praxis sowie Kulturvermittlung; NGO's; Künstler; Journalisten und Medienvertreter; Naturwissenschaftler, technische Wissenschaftler und Ingenieurswissenschaftler; Ökonomen und Unternehmer.

Während der 35 Kolloquien waren insgesamt 795 Referenten aktiv. Natur-, technische und Ingenieurswissenschaftler finden sich darunter in den vier Jahrzehnten siebenmal als Referenten. Es handelt sich in allen sieben Fällen um Architekten, wovon sechs auf der 1977er Tagung zum Denkmalschutz auftraten. Die Gruppe der Ökonomen und Unternehmer stellte genau einen Referenten – dies zu Stiftungsfragen. Als eindeutiges Ergebnis der Stichprobe bleibt festzuhalten:

Auf der Ebene von Diskurs und Debatte, auf der eine Verschränkung der feldinternen strategischen Anstrengungen mit denen von Gesellschaftspolitik stattfinden könnte, gibt es marginale bis keine Berührungen mit den Bereichen Wirtschaft, stoffliche Produktion sowie mit Natur-, technischen und Ingenieurswissenschaften. Gesellschaftliche Arbeitsteilung und funktionale Ausdifferenzierung haben hier zu nahezu undurchlässigen Trennlinien geführt.

1.7 Resümee

Im Ergebnis von knapp fünfzig Jahren Nachhaltigkeits- bzw. Ökologiebewegung sind entscheidende Erfolge sowohl hinsichtlich eines entwickelten gesellschaftlichen Problembewusstseins, als auch der Schaffung von erforderlichen regionalen, nationalen, europäischen und globalen Institutionen, als auch hinsichtlich faktischer Umweltsanierungen zu verzeichnen.

Gleichzeitig reicht die Geschwindigkeit, mit der ökologische Kurskorrekturen vorgenommen werden, für das zu erwartende globale Bevölkerungs- und Wirtschaftswachstum nicht aus.

Das Wort, der Begriff und die Bewegung „Nachhaltigkeit" hatten ihren Ausgangspunkt in Umweltfragen. Im Lauf der Jahrzehnte traten so viele Inhalte und Akteure hinzu, auf die „Nachhaltigkeit" angewandt wird bzw. die sie als Wert für sich beanspruchen, dass es hier nicht mehr um ein abgrenzbares Sachgebiet,

---

131 Seit 1997 sind die Protokolle – mit Ausnahme der 1998er Tagung im Internet abrufbar: www.loccum.de/protokoll/protokoll.html, aufgefunden im Juni 2012. Die früheren Protokolle bzw. Protokollauszüge wurden uns freundlicherweise von Frau Senne aus dem Archiv der Evangelischen Akademie Loccum zur Verfügung gestellt.

sondern um ein ethisches Prinzip geht. Nachhaltigkeit ist zum allgemeinen Korrektiv für die Kurzatmigkeit bei der Durchsetzung politischer und ökonomischer Interessen sowie Konsumbedürfnisse geworden.

Es werden dabei divergierende bis sich widersprechende Grundströmungen (biozentrisch/kulturzentrisch bzw. technologie-, wirtschafts-, wachstumsverneinend/-bejahend) überformt, eingeschlossen und gleichzeitig unsichtbar.

Die kulturpolitische Debatte findet in ihrem bestimmenden Teil auf der Seite des konservativ-defensiven, eher wachstumsverneinenden Flügels statt.

Für das konkrete Engagement von Umweltaktivisten sind Kultur und Kulturpolitik unmittelbar fast nicht von Belang.

Umgekehrt finden sich in kulturpolitischen Debattenzusammenhängen nicht die Sachwissen und spezifischen Erfahrungen, die Urteilsfähigkeit über konkrete Umweltstrategien erlauben würden.

Der Schwerpunkt liegt hier in Bereichen von Ethik, Leitmotiven und symbolischer Verhandlung.

2. Suche im Komplexen.
Politische Nachhaltigkeitsstrategie als analytischer Bezugs- und kulturpolitischer Handlungsrahmen

Betrachtet man „Nachhaltigkeit" in der vorn besprochenen politisch verabredeten Definition, dann ist sie ein ethisches Prinzip, und damit ein jeweils unmittelbar anzulegendes Entscheidungskriterium, das zwar langfristiges, aber zunächst nicht gleich strategisches Denken und Handeln erfordert. Sobald Umweltfragen bzw. die Mensch-Natur-Verhältnisse als intentionaler Ursprung von Nachhaltigkeit in den Blick genommen wird, ändert sich das grundsätzlich. Hier ist nach Strategie gefragt, denn es muss beantwortet werden, was konkret im Realen geändert werden soll, durch wen und wie; welche Faktoren und Sachverhalte sich fördernd, zielführend, hemmend oder verzögernd auswirken. Hier sollen zudem Ansatzpunkte für entsprechendes kulturpolitisches Handeln gefunden werden.

Mit der nationalen Nachhaltigkeitsstrategie (2002) „Perspektiven für Deutschland. Unsere Strategie für nachhaltige Entwicklung"[132] schließlich liegt ein Dokument über den umfassendsten demokratischen Konsens vor, der zum Zeitpunkt seiner Verabschiedung erreichbar war und bislang nicht grundsätzlich novelliert wurde, der auch für Kulturpolitik einen faktischen Bezugsrahmen darstellt.

Eine Annäherung an das in sich verzweigte Strategie-Problem erfolgt aus drei Blickwinkeln:

A) wird untersucht, worum es sich bei Strategie im Allgemeinen und bei politischer Strategie im Besonderen handelt. Dazu werden Eckpunkte der Theorie-Entwicklung und ausgewählte Schlüsselbegriffe des aktuellen Standes der politischen Strategietheorie herangezogen. B) wird gefragt, inwieweit Akteure der deutschen Kulturpolitik sinnvoll strategisches Subjekt sein können, und wie deren strategische Umgebung sich darstellt. C) schließlich wird die nationale Nachhaltigkeitsstrategie unter dem Aspekt der vorn dargestellten Ambivalenzen und unter strategietheoretischem Blickwinkel untersucht.

---
132 www.bundesregierung.de/Webs/Breg/nachhaltigkeit/DE/Nationale-Nachhaltigkeitsstrategie/Nationale-Nachhaltigkeitsstrategie.html, April 2011.

2.1 Quadratur des Kreises. Komplexität aus der subjektiven Perspektive von Akteuren

Der Überblick über die Ambivalenzen von Nachhaltigkeit hat gezeigt: Der Gesamtzusammenhang ist sowohl hinsichtlich seiner Verständnisse und Begriffe als auch hinsichtlich der handelnden Akteure an Heterogenität, Widersprüchlichkeit und Unübersichtlichkeit schwer zu übertreffen. Noch komplexer geht es kaum. Wie soll und kann welches politische Subjekt auch immer unter solchen Bedingungen langfristig handeln und tatsächlich die gewünschten Ergebnisse erreichen? Worin also besteht Strategie unter der Voraussetzung von Komplexität?

Der Psychologe Dietrich Dörner hat sich damit aus seiner Perspektive auseinander gesetzt.[133] Ausgehend vom Bild zweier Autofahrer – von denen der Ungeübte seine Umgebung als Konglomerat einer Unzahl von Einzelmerkmalen wahrnimmt und darüber in Schweiß gerät, während der Erfahrene gelassen bleibt, weil er über Komplexität reduzierende „Superzeichen" verfügt, die den jeweiligen Verkehrssituationen eine „Gestalt" geben – stellt er fest: „Komplexität ist keine objektive Größe, sondern eine subjektive."[134] [135] Mit anderen Worten: Sie hängt für ihn direkt von der Fähigkeit der Akteure zur Sinnbildung ab. In der Soziologie würde man von Deutungsmustern sprechen.

Ausgangspunkt seiner Charakteristik komplexer Systeme bzw. Situationen sind sehr viele miteinander vernetzte Variable, die sich untereinander mehr oder minder stark beeinflussen. Sie sind intransparent und weisen Eigendynamik auf. Die Akteure besitzen keine vollständigen Kenntnisse oder sogar falsche Annahmen über die Systemeigenschaften. „Komplexität, Intransparenz, Dynamik, Ver-

---

133 Dörner, D.: Die Logik des Misslingens – Strategisches Denken in komplexen Situationen, Hamburg, 2003.
134 Ebd., S. 63.
135 Neben diesem strikt subjektiven Zugang zu Komplexität muss Luhmanns aus systemtheoretischer Perspektive – das heißt: strikt vom Subjekt abstrahierend – vorgenommene Definition auf den ersten Blick der Dörnerschen geradezu entgegengesetzt wirken. „Als komplex wollen wir eine zusammenhängende Menge von Elementen bezeichnen, wenn aufgrund immanenter Beschränkungen der Verknüpfungskapazität der Elemente nicht mehr jederzeit jedes Element mit jedem anderen verknüpft sein kann. ... Komplexität (ist) ein sich selbst bedingender Sachverhalt ..." Luhmann, N.: Soziale Systeme, Frankfurt a. M., 1987, S. 46. – Beide Zugänge teilen den Aspekt der Unverbundenheit von Dingen. Dörner spricht selbst von „komplexen Systemen", ohne „System" allerdings als Begriff zu benutzen, sondern als Bezeichnung für Versuchsanordnungen, denen Probanden ausgesetzt werden, und die sich gerade dadurch auszeichnen, dass ihre Elemente miteinander verbunden sind, sich wechselseitig beeinflussen. Es liegt eine gewissen Inkonsistenz darin, dass er „komplex" in Bezug auf das Subjekt als Synonym für Unverbundenes, in Bezug auf deren objektive Umgebung für Verbundenes nimmt. Die Frage, wie aus Gründen von Wahrnehmung und/oder sozialer Konstellation Unverbundenes sinnvoll und zielführend in Beziehung gesetzt, zur Synthese gebracht werden kann, taucht auch an dieser Stelle als generelle auf.

2.1 Quadratur des Kreises

netztheit und Unvollständigkeit oder Falschheit der Kenntnisse über das jeweilige System: dies sind die allgemeinen Merkmale der Handlungssituationen. Damit muss man fertig werden."[136] [137]

Seine sach- und fachsprachlich getroffenen Aussagen über die Problemlage übersetzt Dörner in folgendes Bild:

Der Akteur gleiche einem Schachspieler, der mit einem Schachspiel spielen muss, welches sehr viele (etwa einige Dutzend) Figuren aufweise, die mit Gummifäden aneinander hängen, sodass es ihm unmöglich sei, nur eine Figur zu bewegen. Außerdem bewegen sich seine und des Gegners Figuren auch von allein, nach Regeln, die er nicht genau kenne, oder über die er falsche Annahmen habe. Obendrein befände sich ein Teil der eigenen und fremden Figuren im Nebel und sei nicht oder nur ungenau zu erkennen.[138]

Um das grundsätzliche Problem testgerecht nachzustellen, hat Dörner Computersimulationen für Regierungs- bzw. Entscheidungssituationen programmiert, in denen die Anzahl sich wechselseitig bedingender, von einander abhängiger, sich stärker oder weniger stark beeinflussender Einzelvariablen auf eine überschaubare Anzahl, auf ein begrenztes Gebiet und auf eine begrenzte Anzahl von Mit- und Gegenspielern reduziert ist. Für diese, verglichen mit der Realität, relativ einfache fiktive Situation hat er durchschnittlichen Versuchspersonen „Regierungsmacht" übertragen. Die Probanden scheiterten fast ausschließlich regelmäßig, d. h. ihre Handlungen zeigten unerwünschte und unerwartete Wirkungen. Der Grad der ungleich höheren Kompliziertheit, mit dem die später zu besprechende Nachhaltigkeitsstrategie der Bundesregierung umzugehen hat, zeigt sich bereits an der Anzahl der formulierten Indikatoren (Sie können als Einflussfak-

---

136 Dörner, D.: 2003, S. 59.
137 Das Bild trifft sich sinngemäß sehr genau mit einer Auskunft des Interviewpartners Ekins (UK): "So that is the main message from our world commission study on the urban environment: That here you have this highly integrated and interactive sets of human activities and very large concentrations of people, which are extremely difficult to change, because of what we perceive as a network of constrains. At some point we thought of it in terms of the six 'Is'. You've got infrastructure, which is built for a non-sustainable society, you've got incentives set up through markets and other institutions, which do not incentivise sustainable behaviour, you've got lack of information, people don't know how to make these things more sustainable, and then there were two or three other words that begin with 'Is'. Investment, lack of investment, lack of incentives for investment in the more sustainable kinds of living. So having to tackle all those at the same time, because the perception was that unless you do tackle them all at the same time – you could even have counterproductive effects, because this is a complex system that reacts in sometimes unforseen ways –. It is the challenge that we saw we needed to address.", Ekins, P.: im Interview, Anlage 1, S. 38.
138 Ebd., S. 66.

toren bzw. Variable gelten). Es sind mehr als 30. Die tatsächlichen Variablen sind nicht zu beziffern.[139]

Ursachen für das fast regelmäßige Scheitern seiner Probanden sieht Dörner in Dynamik und Intransparenz als Merkmalen komplexer Systeme. Er verweist auf die Unmöglichkeit, jemals alle Informationen über sich ständig entwickelnde Sachverhalte zu erwerben oder zu erhalten. Das Streben nach Vollständigkeit erzeuge Zeitdruck und am Ende Handlungsunfähigkeit oder -schwäche. Strategisches Denken, Entscheiden und Planen ist seinen Erkenntnissen nach auf das Erfassen der inneren Entwicklungslogik der Sachverhalte angewiesen.[140]

Unter anderem aus der Plausibilität dieser Folgerung ergab sich für die vorliegende Arbeit der methodische Anspruch, die unterschiedlichen zum Forschungsziel führenden Aspekte, soweit leistbar, je für sich historisch in ihrem Werden zu erfassen und zu verstehen.

Nach Dörner wohnt andernfalls dem Misslingen bzw. dem strategiespezifischen „Führungsversagen" in komplexen Situationen eine Logik inne. Als Fehlerquellen, die notwendig entstehen, wenn es nicht gelingt, auf die Berührungspunkte der jeweils inneren Entwicklungslogiken der unterschiedlichen Dimensionen und Elemente einer Strategie oder eines strategisch zu erreichenden Zustands zu zielen; und die seinen Worten nach „viel Ähnlichkeit mit der ‚real existierenden Realität' aufweisen", fasst er zusammen: Handeln ohne vorherige Situationsanalyse, Nichtberücksichtigung von Fern- und Nebenwirkungen, Nichtberücksichtigung der Ablaufgestalt von Prozessen, Methodismus: man glaubt, über die richtigen Maßnahmen zu verfügen, weil sich zunächst keine negativen Effekte zeigen, Flucht in die Projektmacherei, Entwicklung von zynischen Reaktionen.[141]

Das sind allesamt bekannte Reaktionsmuster.

Zusammenfassend ist zunächst konstatieren: In komplexen Gesellschaften sehen sich bereits auf dieser sehr einfachen Betrachtungsebene handelnde Subjekte resp. individuelle Akteure mit Herausforderungen konfrontiert, die sich per se als Überforderung erweisen, wenn versucht wird, Handlungssituationen additiv vollständig zu erfassen und auf dieser Basis auf sie zu reagieren. Sie benötigen zwingend strategiebezogenes Sachwissen, das zwei Qualitäten aufweist – Unterscheidungsvermögen für zentrale und prioritäre Elemente und Variablen sowie Kenntnis über deren innere Entwicklungslogik.

---

139 Vgl.: www.bundesregierung.de/Webs/Breg/nachhaltigkeit/DE/Nationale-Nachhaltigkeitsstrategie/Nationale-Nachhaltigkeitsstrategie.html, April 2011; vgl.: Statistisches Bundesamt, Nachhaltige Entwicklung in Deutschland, Indikatorenbericht 2010.
140 Dörner, D.: 2003, S. 62-64.
141 Ebd., S. 32.

Grundsätzlich wirft das sichtbare Dilemma die Frage auf, welches generalisierte oder generalisierbare Wissen über Strategiebildung es überhaupt gibt und wie es sich entwickelt hat, also die Frage nach Strategietheorie.

2.2 Management und Politik in Reihenfolge. Zur Geschichte und Entwicklung der Strategietheorie

Verglichen mit militärischer oder Management-Strategietheorie handelt es sich bei politischer Strategietheorie um ein erst seit relativ kurzem systematisch bearbeitetes Forschungsfeld.

Es lassen sich mit den verschiedenen Suchmaschinen im Internet unzählige Titel zu den Stichworten Politik und Strategie finden, allerdings nur sehr wenige, die auf Strategietheorie oder Strategieanalyse in politikwissenschaftlichen Kontexten deuten. Weder das deutsch- noch das englischsprachige Wikipedia verzeichnen bislang einen Eintrag zu diesem Thema.[142]

In Deutschland sind markante Punkte für die Entwicklung dieses Wissenschaftsgebiets: Die Promotion zum Thema „Politische Strategieanalyse" von Ralf Tils im Jahr 2005[143], „Politische Strategie: eine Grundlegung" aus 2007[144] (Raschke/Tils) und ein Workshop zu politischer Strategieanalyse im Jahr 2009, dessen Ergebnisse ebenfalls von Raschke/Tils publiziert wurden.[145]

In ihrer historischen Spurensuche zu Strategie und Strategieanalyse befassen sich Raschke/Tils mit „den Bedingungsfaktoren für Elaborierung". Dabei stellen sie Diskontinuitäten als vorherrschendes Merkmal des Prozesses fest, und sie „vermuten bei drei Komplexen besonderes Erklärungspotential: politisch-legitimer Bedarf der Praxis, reflexionswillige und –fähige Träger sowie öffentliche Diskurse."[146]

Als „Wegweiser" dient ihnen eine Begriffsgeschichte von Strategie. Praxis erscheint hier als Praxis der Strategiegewinnung. Aus dieser Perspektive werden von der Antike über die frühe Neuzeit bis zur Moderne Quellen analysiert. Wendet man sinngemäß den von Raschke/Tils vorgeschlagenen Begriff der „strate-

---

142 Stand Juni 2012.
143 Tils, R.: Politische Strategieanalyse – konzeptionelle Grundlagen und Anwendung in der Umwelt- und Nachhaltigkeitspolitik, Wiesbaden, 2005
144 Raschke, J./Tils, R.: Politische Strategie: eine Grundlegung, Wiesbaden, 2007.
145 Raschke, J./Tils, R.: Strategie in der Politikwissenschaft – Konturen eines neuen Forschungsfeldes, Wiesbaden, 2010.
146 Raschke, J./Tils, R.: 2007, S. 44.

gischen Umwelt"[147] auf ihre eigene Forschungsstrategie an, so findet man das Hauptgewicht auf seiner internen Dimension; der Fokus liegt auf Reflexions- bzw. Theoriezusammenhängen, deren „äußere" gesellschaftliche Bedingungen weniger bzw. punktuell in Betracht genommen werden.

Den Ausgangspunkt für die Erschließung des Forschungsfeldes „politische Strategie" sehen Raschke/Tils in „objektiv wachsende(m) Strategiebedarf. Je komplexer und instabiler die Bedingungen der Politik, desto schwieriger, aber gleichzeitig notwendiger werden die Berechnungen anspruchsvollerer Handlungsformen, zu denen die strategische gehört."[148]

In ihrer geschichtlichen Darstellung zeigen Raschke/Tils, bei der griechischen Antike, den zehn „strategoi" Athens (als Namensgebern) und Thukyides beginnend, dass zunächst in Politik und Militär die Erdenker und Nutzer von Strategie zusammen fielen. Die Anzahl der strategischen Akteure war begrenzt und der Bedarf an Strategie gering. Noch in der Antike, dann verstärkt in der frühen Neuzeit bzw. Renaissance, vollzogen sich Differenzierungen zwischen Politik und Militär, Differenzierungen zwischen Praxen und theoretischer Reflexion, Differenzierungen in den Naturwissenschaften und in der Ökonomie mit Rückwirkungen auf die Geisteswissenschaften, und nicht zuletzt Differenzierungen in Innen- und Außenpolitiken.

Auf diesem Hintergrund der Zunahme von Verzweigungen und Faktoren der realen Entwicklungen stellen Raschke/Tils für die militärische Strategietheorie bis zu Clausewitz' Arbeiten eine zunehmende innere Dichte und Differenziertheit an theoretischen Zugängen dar.[149]

Unter „Post-Skript nach 1945" wird knapp der jetzt „breitere Gebrauch des Strategiebegriffs, nun auch im ökonomischen und politischen Sinne" konstatiert; dazu seine „modisch(e) und inflationär(e)" Ausweitung auf fast alle Bereiche seit den 1980er Jahren sowie die seit den 1960er Jahren aufkommende Richtung des strategischen Managements. Als voraussetzende Entstehensbedingungen für letztere wird genommen: „Vor allem war es die zunehmende Turbulenz von Märk-

---

147 „Strategische Umwelt beschreibt den jeweils relevanten, sich dynamisch verändernden Kontextausschnitt, der für das strategische Handeln der Akteure in besonderer Weise Voraussetzung und Wirkungsfeld ist. Die Akteurumwelt besteht aus Interaktionsakteuren, Arenen, sowie sonstigen institutionell verfestigten und gelegenheitsoffenen Gegebenheiten. Beziehungsgrößen der Umwelt sind in erster Linie andere (Interaktions-)Akteure, nicht Institutionen. Interne Umwelt meint die eigene Organisationsumwelt, externe Umwelt den außerhalb der eigenen Organisation liegenden Kontextausschnitt.", ebd., S. 544.
148 Ebd., S. 11.
149 Ebd., S. 45-75.

2.2 Management und Politik in Reihenfolge

ten, die die Suche nach einer systematischer angelegten Unternehmensführung auslöste."[150]

Dem sind aus der Perspektive der wachsenden Komplexität, aus der des „strategische Umwelt"-Begriffs von Raschke/Tils und aus den wahrgenommenen Entwicklungssprüngen der Strategietheorie bzw. der strategischen Reflexion folgende Überlegungen hinzuzufügen:

Dafür, dass neben Militär und Politik während des Zweiten Weltkriegs und in den Jahren danach auch Wirtschaftsunternehmen die Notwendigkeit strategischen Planens und Handelns entwickelten, führen Raschke/Tils mit den Märkten eine aus der Position der Unternehmen vor allem äußere strategische Umwelt als Ursache an.

Tatsächlich haben in den USA, dem ursprünglichen Herkunftsort der Management-Strategietheorie, mehrere Faktoren zu Unternehmensvergrößerungen und zur Erhöhung der Anzahl der wirtschaftlichen Wettbewerbsteilnehmer geführt: lange Prosperitätsjahre nach dem Ersten Weltkrieg, Roosevelts New Deal als Reaktion auf die Weltwirtschaftskrise der ersten 1930er Jahre und der Eintritt der USA in den Zweiten Weltkrieg.[151] Hinzu kamen Unsicherheiten, die sich aus den strukturellen Reformen des New Deal ergaben.[152] Die äußere Unübersichtlichkeit und Unberechenbarkeit hat für Unternehmen zweifellos rapide zugenommen.

Auf diesen äußeren Komplexitätssprung in den 1910er bis 1940er Jahren reagieren Neumann/Morgenstern mit „Theory of Games" (1944), dem ersten konkreten strategietheoretischen Werk über wirtschaftliche Kontexte.[153] Raschke/Tils lehnen die Spieltheorie als politologisch unfruchtbar ab, unter anderem wegen Reduktionismus und ausschließlicher Orientierung auf das Handeln der Gegner bzw. Mitspieler[154], also auf einen Teil der äußeren strategischen Umwelten der Akteure.[155]

Nimmt man die inneren strategischen Umwelten der Unternehmen in den USA des ausgehenden 19. und des beginnenden 20. Jahrhunderts in den Blick, ändert sich das Bild von der Entstehungsgeschichte der Management-Strategietheorie.

---

150 Ebd., S. 76.
151 Vgl. Clemens, P.: Prosperity, Depression and the New Deal: The USA 1890-1954, London, 2008; Shlaes, A.: Der vergessene Mann: Eine neue Sicht auf Roosevelt, den New Deal und den Staat als Retter, Weinheim 2011.
152 Für Unternehmen vor allem aus der Reform des Finanzwesens, Neuregelungen von Firmenstrukturen, z. B. Verbot und Zerschlagung von mehr als zweistufigen Holdings.
153 von Neumann J./Morgenstern, O.: Theory of Games and Economic Behavior, Princeton University Press, 194.
154 Raschke, J./Tils, R.: 2007, S. 77.
155 Als weitere – von der Spieltheorie unberücksichtigte – strategische Bezugsgrößen werden genannt: indirekt beteiligte Adressaten politischen Handelns, mediale Öffentlichkeiten und materielle Problemlösungsaspekte.

Das Bedürfnis nach „systematischer angelegter Betriebsführung", wie Raschke/Tils es nennen, entstand zunächst aus den inneren Konflikten der Unternehmen und den Instrumenten, die die frühe Fabrikproduktion für deren Lösung bot. Bereits gut dreißig Jahre vor der „Theory of Games", 1911, erschien Taylor's „The Principles of Scientific Management"[156]. Taylor hatte zwischen Management und Arbeitern Machtkämpfe beobachtet. Beide Seiten sollten sich seiner Lehre nach statt dessen um das Wohl der Firma wie der Gesellschaft bemühen, sich gemeinsamer Interessen bewusst werden, und vor allem auf das objektive, unparteiische Scientific Management vertrauen. Es bestand wesentlich im Erwerb von Urteilsfähigkeit über die Arbeitsprozesse durch das Management und in Planung, Normierung, Standardisierung.[157] Die parallel arbeitsteilig organisierte Massenproduktion erlaubte es, entsprechende Messwerte zu gewinnen. Gleichzeitig fand mit Taylors zwischen Managern und Arbeitern angesiedelten „Arbeitsbüros", denen die Planung oblag, eine Ausdifferenzierung der unternehmensinternen Ebenen und Abläufe statt.

Hier soll festgehalten werden, dass zur Erklärung des Bedarfs an Managementstrategie – und in der Folge zur Entwicklung der Management-Strategietheorie – die äußeren strategischen Umweltbedingungen wie Markt, Politik und Konkurrenz nicht genügen. Vielmehr ist dieser Bedarf jeweils mindestens ebenso durch Ausdifferenzierungsentwicklungen der *inneren* strategischen Welten entstanden.

Die strategische Innenwelt von Unternehmen bildet sich im Wesentlichen aus den Anordnungen und wechselseitigen Beziehungen der Arbeitskräfte (im Sinne von human capital, einschließlich der diversen Ebenen von Management) und aus den verfügbaren bzw. genutzten Maschinen, Werkzeugen, Technologien. Letztere determinieren die Möglichkeiten für Produktionsabläufe.[158] Ohne

---

156 Taylor, W. F.: The Principles of Scientific Management, London, 1911, Nachdruck New York, 2006.
157 Vgl. Volpert, W./Vahrenkamp, R. (Hrsg.): Frederick Winslow Taylor: Die Grundsätze wissenschaftlicher Betriebsführung. Weinheim, 1977, S. X-XII.
158 Womack et al. beschreiben am Beispiel des französischen Autoherstellers Panhard et Levassor (P&L) plastisch und sinnfällig, worum es bei Taylor und dem von ihm beobachteten Machtkampf zwischen Arbeitern und Managern sowie vonstatten gehenden Ausdifferenzierungen im Kern ging: Endes des 19. Jahrhunderts traten die Auto-Fabrikanten in ein sehr frühes Stadium der Massenproduktion. P&L bauten 1884 einige hundert Autos jährlich, waren ansonsten hauptsächlich Hersteller von Metallsägen. Die frühen Maschinen erforderten ein hohes Maß an Nacharbeit. P&L's Beschäftigte waren deshalb nicht Arbeiter im heutigen Sinne, sondern exzellente Handwerker mit einem hohen Verständnis für mechanische Prinzipien. Die unter diesen Bedingungen herzustellenden Autos bestanden aus vielen Hundert Einzelteilen. Sie wurden zum geringsten Teil bei P&L selbst hergestellt, sondern hauptsächlich in kleinen Betrieben der Region Paris in Auftrag gegeben. Das Management war also damit befasst, Maschinen und Material zu beschaffen, Unteraufträge für Einzelteile zu vergeben, den Verkauf abzuwickeln sowie Arbeitskraft zu heuern, zu feuern, zu überwachen und zu bezahlen. Die

2.2 Management und Politik in Reihenfolge

ein Mindestmaß an Urteilsfähigkeit über diese – auch wesentlich technologieabhängigen – Produktionsabläufe in einem Unternehmen strategische Kompetenz entwickeln zu können scheint schwer vorstellbar.

Ebenso wenig scheint es möglich, ohne Grundkenntnisse dieser Art Urteilsfähigkeit über Bedingungsfaktoren der Ausarbeitungsprozesse von wissenschaftsgestützten Strategien und über Strategietheorie zu erwerben.

Die historische Illustration für die Keimzeit der Management-Strategietheorie drängt auch für die politische Strategietheorie die oben gestreifte Frage auf, inwieweit Sachwissen über den konkreten Gegenstand der jeweiligen Ziele von Bedeutung ist, und wie strategische Akteure unter diesem Gesichtspunkt zu relevantem Wissen kommen. Raschke/Tils erfassen ihn weder unter Strategiefähigkeit[159], noch unter Strategiekompetenz[160].

Zurück zur Management-Strategietheorie: Raschke/Tils messen öffentlichen Diskursen Bedeutung für die Entwicklung von Strategien und Strategietheorie zu.[161] Ein solcher öffentlicher Diskurs folgte bereits auf Taylors „Scientific Management", zunächst vor allem unter Unternehmern und Gewerkschaftern. Er spielte (zunehmend unter der Bezeichnung Industrial Engineering), auch im

---

Einzelteile wurden Auto für Auto spezifisch zueinander passend nachgefeilt und zusammen gesetzt. Kenntnisse über die Materialbeschaffenheit und die tatsächlich nötige Herstellungszeit hatten nur die Arbeiter. Insofern war, wie Taylor später fest stellte, das Management ihnen ausgeliefert. Allerdings arbeiteten immer mehrere Arbeiter parallel gleiche Arbeitsgänge nach den gleichen Bauanleitungs-Blueprints ab, so dass sich vergleichende Untersuchungen mit der Stoppuhr leicht durchführen ließen. Zu P&L vgl.: Womack, J.P./Jones, D.T./Roos, D.: The Machine that Changed the World, New York, 2007, S. 19ff.

159 „Strategiefähigkeit stellt ein Grundelement des Strategy-Making dar. Strategiefähigkeit besteht aus den drei konstitutiven Komponenten von Führung, Richtung und Strategiekompetenz. Politische Akteure verfügen über unterschiedliche Grade der Strategiefähigkeit. Drei markante Trends kennzeichnen moderne Party-Government-Systeme: Zentrierung bei der Führung, Entideologisierung in der Richtungsdimension, Professionalisierung bei der Strategiekompetenz.", ebd., S. 273ff., S. 542.

160 In der Definition von Strategiekompetenz wird klar gestellt, dass es sich bei dem nötigen Wissen um Wissen über die Strategie, nicht um solches über den mit der Strategie verfolgten Gegenstand handelt: „Strategiekompetenz bezeichnet die Fähigkeit, Anforderungen an strategisch handelnde Kollektivakteure entsprechen zu können. Sie ist eine konstitutive Komponente der Strategiefähigkeit. Strategiekompetenz umfasst die Bestandteile von Wissen und Managementfertigkeiten. Wissen enthält die in der Praxis aufgebauten strategischen Kenntnisse sowie das professionelle Strategiewissen. Managementfertigkeiten zeigen sich in ausdifferenzierten Kompetenzfeldern, die eine systematischere Verfolgung strategischer Ziele ermöglichen.", ebd., S. 542.

161 Ebd, S. 73f.

Kontext der keynesianischen Sozialpolitik des New Deal bis in die 1940er Jahre eine Rolle.[162] [163]

Parallel dazu erfuhren die industriellen Produktionsprozesse bereits seit dem Ersten Weltkrieg weitere Komplexitätsschübe. Die noch werkstätten- und handwerksähnlichen Verhältnisse aus Taylors Zeit fanden Ablösung durch stark standardisierte Massenproduktion, durch hochspezialisierte, viel genauere, monofunktionale Maschinen für sprunghaft mehr und neue Waren (Telefone, Radios usw.), durch neue Vertriebs-, Beschaffungs- und Kalkulationsanforderungen des Massenkonsums, durch wachsenden Innovationsdruck und durch unübersichtlichere Konkurrenz.[164]

Der Strategiebedarf von Unternehmern erhöhte sich wiederum aus Differenzierungen der äußeren und inneren strategischen Umwelten.

Beginnend mit den 1950er Jahren entwickelte sich, der Spieltheorie folgend und unter der Erkenntnis des Politischen als Teil des Geschäftlichen mit zunehmendem Tempo und zunehmender Breite die Management-Strategietheorie als wissenschaftlicher Diskurs.[165] Mintzberg et al. erfassen in ihrer systematischen Zusammenstellung aus dem Jahr 1998 unter der Bezeichnung „Wildnis" insgesamt 10 unterschiedliche Schulen mit jeweils zahlreichen Vertretern.[166]

Ein zweiter Komplexitätssprung in den strategischen Unternehmensumwelten fällt mitten in diese Boomzeit der neuen Theorie. Er findet ab den beginnenden 1970er Jahren mit dem Übergang zur postfordistischen Betriebsweise[167] statt.

---

162 Gaugler, E.: The Principles of Scientific Management: Bedeutung und Nachwirkungen. In: Gaugler, E. (Hrsg.): Taylor, Frederick Winslow: The principles of scientific management; Vademecum zu dem Klassiker der Wissenschaftlichen Betriebsführung. Düsseldorf, 1996, S. 29ff.
163 Bloemen, E.: The Moevement for Scientific Management in Europe between the Wars, in: Spender, J.-C./Kijne, H. J. (Hrsg.): Scientific Management: Fredrick Winslow Taylor's Gift to the World? Norwell,, 1996, S. 121f.
164 Vgl. Clemens, P.: Prosperity, Depression and the New Deal: The USA 1890-1954, London, 2008.
165 Vgl. Oliver, R. W.: *The Future of Strategy: Historic Prologue.* Journal of Business Strategy, 2002, Band. 23, Ausgabe 4, S. 8.
166 "The literature of strategic management is vast – the number of items we reviewed over the years numbers close to 2000 – and it grows lager every day.", in: Mintzberg, H./Ahlstrand, B./Lampel, J, Strategy Safary. A.: Guided Tour through the Wilds of Strategic Management, New York, 1998, S. 7.
167 Merkmale sind: Flexibilisierung der Arbeitsorganisation, Arbeitsgruppen, Aufgabenintegration, Produktion in kleineren Serien und starke Produktdifferenzierung, Einführung flexibler Mehrzweckmaschinen, Verbesserung der Qualifizierung der Arbeitskräfte, De-Hierarchisierung, Entbürokratisierung der Verwaltung , zunehmende Forschungsinvestitionen, die zunehmende Bedeutung geistigen Eigentums gegenüber materiellen Ressourcen und Produktionsmitteln, vgl.: Brand, U./Raza, W. (Hrsg.): Fit für den Postfordismus? Theoretisch-politische Perspektiven des Regulationsansatzes, Münster 2002; Hirsch, J./Roth, R.: Das neue Gesicht des Kapitalismus.

2.2 Management und Politik in Reihenfolge

Die inneren linearen, mechanischen, vertikalen Strukturen der fordistischen Massenproduktion werden durch effektivere, dynamischere, horizontale, aber auch weitaus kompliziertere und differenziertere Strukturen abgelöst. Nicht zufällig und nicht umsonst wachsen damit die Theoriengebäude zu Strategiefragen in Unternehmen.[168] Parallel zur inneren und äußeren Komplexität, die inzwischen durch die Globalisierungsprozesse verstärkt sind, nehmen die Unsicherheit der Manager und damit die Nachfrage nach verlässlichen Methoden und Algorithmen zur Strategieentwicklung weiter zu, worauf sich Raschke/Tils, siehe oben, als Hauptsache beziehen.

Mintzberg et al. beschreiben den Anspruch, vor dem Manager nun stehen, wenn sie mit Aussicht auf Erfolg Strategien entwickeln wollen. Sie stellen zusammenfassend fest:

> "Strategy formation is a complex space. ... Strategy formation is judgmental designing, intuitive visioning, and emergent learning; it is about transformation as well as perpetuation; it must involve individual cognition and social interaction, cooperation as well as conflict; it has to include analyzing before and programming after as well as negotiating during, and all of this must be in response to what can be a demanding environment. Just try to leave any of this out and watch what happens!"[169]

Mintzbergs Theorie bündelnde Sichtweise korreliert stärker mit dem strategischen Praxis- und Erfahrungswissen, das in den durchgeführten Experteninterviews zum Ausdruck gekommen ist, als sich das über den „relevanten Kontextausschnitt"[170] feststellen lässt, der bei Raschke/Tils den konkreten Handlungsraum ausmacht, und dem „Komplexitätsfilter von strategischer Einheit, strategischem Ziel und Orientierungsschema" vorausgegangen sind.[171] Bei den Interviewpartnern spielt implizit und explizit die wahrgenommene Tatsache „Komplexität" eine zentrale Rolle. Mooney (Kanada) spricht in Mintzberg ähnlichen Formulierungen davon, man habe sich ihrer bewusst zu sein und müsse sie in seine Kalkulationen einbeziehen.[172]

Vom Fordismus zum Postfordismus, Hamburg 1986; Rifkin, J.: Access, Das Verschwinden des Eigentums, Franfurt/Main 2007.
168 Vgl. Oliver, R. W.: *The Future of Strategy: Historic Prologue*. Journal of Business Strategy, 2002, Band. 23, Ausgabe 4, S. 8.
169 Mintzberg et.al.: 1998, S. 373.
170 Raschke, J./Tils, R.: 2007, S. 544
171 Ebd.: S. 153
172 "Think as widely as possible. Everything is connected to everything. There is no such thing as extraneous information. Look out behind you and below you and above you, because there are things going on that you have to be aware of and that you have to put into your calculation.", Mooney, P.: im Interview, Anlage 1, S. 70.

Aus den so nebeneinander gestellten Aussagen, die zweimal aus einem theoretischen, einmal aus einem Erfahrungszusammenhang gelöst wurden, lassen sich nicht einfach Schlüsse ziehen, zumal auch bei Mooney davon auszugehen ist, dass er für Handlungs- und Analyseentscheidungen nach Relevanz selektiert und folglich sinnentsprechend ebenfalls „Filter" anwendet.

Dennoch fragt sich hier: Wie gelangt das relevante Sachwissen durch die Komplexitätsfilter? Mindestens für die unten folgende Analyse der nationalen Nachhaltigkeitsstrategie der Bundesregierung muss – im Unterschied zu Raschke/Tils' Begriff von Strategiewissen, der ausschließlich direkt strategiebezogene Denk- und Handlungsweisen einschließt[173] – ein Verständnis von strategisch notwendigem Wissen benutzt werden, das auch Qualitäten wie gegenstandsbezogene Sachkunde und Urteilsfähigkeit umfasst.

Dabei steht gleichzeitig die Frage, wobei es sich bei der gegebenen Vielfalt von berührten Fakten und Wissensgebieten tatsächlich um relevantes Wissen handelt, und wie dieses durch die ideellen, sozialen und strukturellen Komplexitätsfilter in die politischen Aushandlungen gelangt.

2.3 Frucht von Versagen. Nachhaltigkeit als Antrieb für Theoriebildung

Oben wurde gezeigt, dass Raschke/Tils für das Entstehen der Managementstrategie-Theorie vor allem die komplizierter und turbulenter gewordene äußere strategische Umwelt als Ursache nehmen. Tatsächlich ist der Einfluss der entsprechenden dynamischen Veränderungen nicht zu bestreiten.

Doch auch faktische Zeitabläufe lassen zweifeln, ob es sich dabei um vorrangige Ursachen handelt. Wäre dem so, und ließe sich der Vorgang auf das Entstehen der politischen Strategietheorie übertragen, dann hätte diese früher entstanden sein müssen. Zu den äußeren strategischen Umwelten von Politik gehören alle gesellschaftlich relevanten Gegenstände und Akteure. In den ersten Jahren und Jahrzehnten nach dem Zweiten Weltkrieg war unter den Bedingungen von Kaltem Krieg und neu zu erwerbender staatlicher Souveränität Demokratie zu erlernen. Das Völkerrecht, die europäische Union und die transatlantischen Beziehungen entwickelten sich – mit Rückwirkungen auf die nationalen Politiken – um nur einige Faktoren für Dynamik, Komplexität und Erweiterung in den äußeren strategischen Umwelten von Politik zu nennen.

Daneben erscheinen die Strategiebedingungen in Wirtschaftsunternehmen einfacher, auch aus folgenden Gründen: die Eigendynamik der inneren Akteu-

---

173 Ebd.: S. 542.

2.3 Frucht von Versagen

re ist durch Weisungsrecht eingeschränkt. Ihr Handlungsfeld ist vergleichsweise begrenzt. Die Anzahl der im Innern zu lösenden Interessenkonflikte ist überschaubarer.

Raschke/Tils schreiben: „Die Verspätung von politischer Strategie und von politikwissenschaftlicher Strategieanalyse ist ein spannendes Thema – und es bleibt schwierig, gute Gründe zu finden, die den Verzug erklären können."[174]

An anderen Stellen verweisen sie darauf, dass in der Politik bereits während der Revolutionszeiten von 1789, 1848, der Pariser Kommune 1870/71 und 1917/18 große strategische Debatten stattgefunden haben[175], und dass in den 1960er und 1970er Jahren die Neue Linke mit Wortbildungen wie „Strategiekongress", „Doppelstrategie" oder „Strategiedebatte" zur Verbreitung des Strategiebegriffs beigetragen haben[176][177], woraus noch keine Ansätze für das Entstehen einer politischen Strategietheorie folgten.

Um einiges interessanter als Begründung der späten Geburt der politischen Strategietheorie ist aber ihr tatsächlicher Ausgangspunkt. Für die Entwicklung der Managementstrategie wird in der Literatur zunächst Bedarf an wie auch immer intelligenterem Management in der Unternehmenspraxis als Ursache bzw. Voraussetzung gesehen. Dieser Bedarf hat sich als „spezifisches Führungsversagen"[178] gezeigt. Es sieht aus, als wäre auch für die jüngste Entwicklung der politischen Strategietheorie eine Art „Führungsversagen" als Bedarfsindikator auszumachen.

Die erste Arbeit dazu, die dann rasch weitere theoretische Entwicklungen auslöste, stammt von Tils (2005). Er befasst sich in seiner Promotion – der Darstellung nach – mit allgemeinen Aspekten politischer Strategieanalyse. Im Kern – gewissermaßen im Herzen der Arbeit – steht die Auseinandersetzung mit Nachhaltigkeitsstrategien, zum einen mit der seit den 1970er Jahren auch theoretisch

---

174 Raschke, J./Tils, R.: 2009, S. 11.
175 Raschke, J./Tils, R.: 2007, S. 74.
176 Ebd.: S. 76.
177 Raschke/Tils nehmen unter anderem auch Bezug auf Marx und konstatieren für die Arbeiterbewegung insgesamt eine offene Strategiedebatte (2007, 76). Lenin, Bezugsperson von Teilen der Neuen Linken, der z. B. mit „Staat und Revolution" oder „Der linke Radikalismus" eine theoretische Auseinandersetzung mit politischer Strategie unternahm, erscheint in diesem Zusammenhang nicht. Es könnte aber interessant sein, sich damit zu befassen, dass die Strategie-Renaissance der Neuen Linken (unter anderem K-Gruppen, Anarchisten, Trotzkisten, Maoisten) in dieser Denktradition wurzelt. Die kritische Debatte der Sozialwissenschaften war in den 1960er und 1970er Jahren aber wesentlich durch die Frankfurter Schule geprägt. Daraus ergab sich eine sozusagen antipodische Konstellation: Der politik-praktische Gebrauch von Strategie ist mit totalitären Vorstellungen von der Möglichkeit zur planmäßigen Gestaltbarkeit von Gesellschaft verhaftet, während die Wissenschaft gerade daran Kulturkritik übt und sich mit den Schwierigkeiten herumschlägt, die sich aus demokratischer Selbstregulierung ergeben.
178 Wüthrich, H. A.: Neuland des strategischen Denkens. Von der Strategietechnokratie zum mentalen Management, Wiesbaden, 1991, S. 1f.

bearbeiteten von Jänicke, zum anderen mit der der Bundesregierung, die hier Gegenstand von Untersuchungen ist.

Worin könnten nun im Blick auf Nachhaltigkeitsstrategie mögliche Gründe für „spezifisches Führungsversagen" und für daraus folgenden analytischen und theoretischen Bedarf liegen?

Einer der zentralen Bedeutungsträger in Raschke/Tils Strategiedefinition ist die Bezeichnung „situationsübergreifend(e)" Ziel-Mittel-Umwelt-Kalkulation. „Situationsübergreifend" bezieht sich dabei auf zeitliche, sachliche und soziale Aspekte.[179] Gleichzeitig bestimmen sie: „Konstitutives Element der strategischen Einheit ist die Entscheidung der Akteure über Zeitraum oder Sachzusammenhang, für den es um eine Strategieentwicklung gehen soll."[180]

Unter der Voraussetzung dieser Determinanten von Strategie erscheint es höchst anspruchsvoll, eine Nachhaltigkeitsstrategie zu entwickeln, die tatsächlich eine Strategie ist und nicht nur die Bezeichnung trägt:

In der zeitlichen Dimension bleibt fast notwendig ein offener Teil, da in eine weithin unbestimmte Zukunft gehandelt wird. Planungsorientierungen wie kurz-, mittel- und langfristig stehen im Schatten von „generationenübergreifend".

Dass „Nachhaltigkeit" inzwischen von Akteuren quer durch alle Bereiche der Gesellschaft adoptiert wurde und jeweils für sich reklamiert wird, erschwert Entscheidungen über die für eine Strategie notwendigen sachlichen Eingrenzungen. In der sozialen Dimension sind einerseits die handelnden und interagierenden Akteure entsprechend heterogen, zunehmend unübersichtlich und in unterschiedliche Diskurse zersplittert, während andererseits die eigentlichen Adressaten von Nachhaltigkeit ungeboren und deshalb als Akteure nicht vorhanden sind.

Dazu kommt: Politik ist die Grundtendenz zu jeweils für vergleichsweise kurze Fristen zu vereinbarenden Strategien zum Machterwerb bzw. Machterhalt mithilfe nationaler Wählerschaften immanent. Nachhaltigkeit indessen bedeutet die Notwendigkeit und die Einsicht in die Notwendigkeit über Generationen hinaus und in globaler Arena Entwicklungen zu antizipieren, zu planen und zu operationalisieren.

Wird mit strategischem Anspruch mit Nachhaltigkeit umgegangen, trifft beides als Gegensatz aufeinander.

Damit existiert eine Vielzahl von Quellen für nachhaltigkeitsspezifisches „Führungsversagen".

Positiv ausgedrückt kann man feststellen, dass in der „Sache" Nachhaltigkeit selbst eine Herausforderung für Strategietheorie liegt.

---

179 Raschke, J./Tils, R.: 2007, S. 131.
180 Ebd: S. 132.

2.3 Frucht von Versagen

Als Tils in seiner Promotion konzeptionelle Grundlagen für politische Strategietheorie erarbeitete, waren seine fachlichen Begleiter mit Umwelt bzw. Nachhaltigkeit befasste Strategieexperten.[181] Bei der Beschreibung des Ausgangsforschungsstandes spricht er von Anknüpfungspunkten politischer Strategieanalyse und einem Anschlussfeld strategisches Management.[182]

Die in Nachhaltigkeitskontexten besonders klar kristallisierten Herausforderungen an politische Strategieentwicklung und -theorie schlagen sich in der Abgrenzung nieder, die Raschke/Tils zu den Vorläufertheorien vornehmen:

> „Da wir als Politikwissenschaftler spät dran sind, ist es sinnvoll, mit militärischer und ökonomischer Strategieforschung zu kommunizieren. Man kann von den theoretischen Zugängen und empirischen Erkenntnissen der militärischen Strategieanalyse und des strategischen Managements lernen. Aber, so unsere Position, politische Strategieanalyse muss ihre Grundlage in den Eigenarten von Politik finden. Dann ist klar, dass Politik nicht in Hierarchie oder Markt aufgeht, nicht vordergründig mit Gewalt- oder Tauschverhältnissen analogisiert werden darf, sondern ihren Platz im Spannungsfeld von Machtstreben und Problemlösung findet."[183]

Die Benennung von Problemlösung als einen der zwei Pole, zwischen denen politische Strategietheorie sich bewegt, bildet gleichzeitig die beabsichtigte Anschlussstelle an die politische Praxis.

In diesem Ansatz könnte eine erneuernde Dynamik für den deutschen Wissenschaftsbetrieb selbst stecken. Braungart[184], der das später zu behandelnde Cradle-to-Cradle-Prinzip entwickelte, beschreibt den deutschen Wissenschaftsbetrieb – im Unterschied zum amerikanischen – so:

> „… die Wissenschaft an Hochschulen als Ganzes ist mehr an der strukturellen Erforschung von Problemen als an Strategien des Wandels interessiert. Wissenschaftler werden gewöhnlich dafür bezahlt, Probleme zu untersuchen, und nicht, Lösungen zu finden. Es ist in der Tat so, dass normalerweise keine weiteren Forschungsgelder bewilligt werden, sobald eine Lösung für das zu untersuchende Problem gefunden wurde. Das bringt die Wissenschaftler, die sich – wie alle anderen auch – den Lebensunterhalt für ihre Mitarbeiter, Diplomanden und Doktoranden verdienen müssen, in eine seltsame Situation: Probleme werden für ‚ungeklärt' erklärt, um den akademischen Nachwuchs zu finanzieren; Politik und Industrie sind glücklich, denn solange geforscht wird, muss nicht gehandelt werden. Außerdem sind wir Wissenschaftler eher in der Analyse als in der Synthese ausgebildet."[185]

---

181 Martin Jänicke, FU Berlin, Forschungsstelle für Umweltpolitik, und Günther Bachmann, Rat für Nachhaltige Entwicklung Berlin; Tils, 2005, S. 5.
182 Raschke, J.: 2005, S. 42-47.
183 Raschke, J./Tils, R.: 2009, S. 11f.
184 Braungart, M./McDonough, W.: Einfach intelligent produzieren, Berlin 2003 (New York 2002).
185 Ebd.: S. 23.

2.4 Wollen und Können.
Potenzielle strategische Akteure in der Kulturpolitik

Strategie und Nachhaltigkeit sind also jede für sich komplizierte Angelegenheiten. Beide zusammen genommen gilt das erst recht. Obendrein lautet unsere Grundfrage, wie kulturpolitisch zu entsprechend gewünschten Entwicklungen beitragen kann. Das Feld Kulturpolitik zeigt sich selbst als weit verzweigtes, aus heterogenen Akteuren gebildetes. Nach potenziellen strategischen Subjekten aus diesem Bereich muss deshalb konkreter gefragt werden.

Tils für hat für politische Strategieanalyse grundsätzlich einen akteur- bzw. handlungstheoretischen Approach gewählt. Danach stellen die Intentionen, Situationsdeutungen, Wahlakte, Handlungen und Interaktionen der potentiellen Akteure die Hauptzugänge der Analyse dar.[186]

Welche kollektiven kulturpolitischen Akteure haben also die Absicht bzw. könnten sie haben, sich strategisch mit Mensch-Natur-Verhältnissen zu befassen; und inwieweit kann bei ihnen von gegebener bzw. erreichbarer Strategiefähigkeit bzw. Strategiekompetenz ausgegangen werden?

Die in Deutschland vorhandenen kollektiven kulturpolitischen Akteure sind in der Übersicht so zusammen zu fassen: der Staat/die Regierung(en) auf Bundes- und Landesebene; die Parlamente und Parlamentsfraktionen auf Bundes- und Landesebene; die kommunalen Vertretungskörperschaften und ihre Institutionen; Vereine und Verbände; indirekt, als Berater, Betroffene und Interessenträger: Institutionen von Kulturwissenschaft bzw. kultureller und kulturwissenschaftlicher Bildung sowie Institutionen des Kunst- und Kulturbetriebs; indirekt als Betroffene und Lobby: Stiftungen, Unternehmen der Kunst- und Kulturwirtschaft.

Die exekutiven und parlamentarischen Akteure bewegen sich innerhalb der Ressortaufteilung und sind – mit unterschiedlichen Gewichtungen – zuständig für die Rahmenbedingungen zur Ausübung von Kultur und Kunst, für das Betreiben eigener Kultureinrichtungen und für die Förderung von kulturellen Angeboten außerhalb staatlicher Trägerschaft. Dass sie über ihre festgelegte Zuständigkeit hinaus strategisch initiativ würden, ist theoretisch nicht ausgeschlossen, als ernsthafte Möglichkeit aber zu vernachlässigen.[187] Kommunen entfallen aus analogen Gründen.

---

186 Tils, R.: 2005, S. 62ff.
187 In die Enquete-Kommission des Deutschen Bundestages „Kultur in Deutschland" waren Kulturwissenschaftler, Experten, Vertreter von zivilgesellschaftlichen Vereinen und Verbänden einbezogen und gemeinsam mit Politikern damit befasst, sich über die länger- und langfristigen Aufgabenstellungen im Kulturbereich zu verständigen. Das wäre eine Möglichkeit gewesen, Verantwortung für andere gesellschaftliche Bereiche zu reklamieren. Diese wird in der Präambel des Abschlussberichts an die Gesellschaft verwiesen: „Kultur ist Teil unserer

2.4 Wollen und Können

Als potentielle strategische Akteure bleiben die Vereine und Verbände, die den organisatorischen Rahmen für den Diskurs zwischen Politikern, Künstlern, Kulturakteuren und Wissenschaftlern bieten. Von bundesweiter Bedeutung sind das konkret in Deutschland der Deutsche Kulturrat und die Kulturpolitische Gesellschaft.

Der Deutsche Kulturrat hat sich selbst als Lobbyisten des Kulturbereichs definiert[188], während die Kulturpolitische Gesellschaft ihre Vereinsziele auch wesentlich auf den allgemeinen öffentlichen Diskurs ausrichtet.[189] Im Grundsatzprogramm bestimmt sie: „Hauptaufgabe der Kulturpolitischen Gesellschaft ist es, Leitbilder und Zielsetzungen für Kulturpolitik, die auf die aktuellen gesellschaftlichen Herausforderungen bezogen sind und den Werten der kulturellen Demokratie entsprechen, zu entwickeln und an deren praktischer Umsetzung mitzuwirken."[190] Das Grundsatzprogramm enthält einen eigenen ausführlichen Abschnitt „Naturzerstörung und zukunftsfähige Entwicklung".

Damit ist bei der Kulturpolitischen Gesellschaft die wichtigste Voraussetzung eines kollektiven strategischen Akteurs erfüllt, nämlich dass er überhaupt eine entsprechende erklärte Intention besitzt.

Das bedeutet zunächst nur, dass die Kulturpolitische Gesellschaft als potenzielles strategisches Subjekt immerhin nicht von vorn herein ausgeschlossen ist; und es bedeutet nicht, dass sie als Gesamtorganisation als kollektiver Strategieakteur in Erscheinung treten könnte. Aber ihr ist mit ihrem intellektuellen Umfeld, mit ihrer parteifernen bzw. -übergreifenden Ausrichtung sowie mit ihren kom-

---

Gesellschaft, die ihre demokratische Qualität aus öffentlichen Diskursen gewinnt. Die Ergebnisse kultureller Auseinandersetzung mit der gesellschaftlichen Wirklichkeit, mit Natur und Technik, mit Geschichte und Zukunft tragen utopische und kritische Gehalte ..." Ihre eigenes Handlungsfeld beschreibt die Kommission unter Verweis auf die staatlichen Zuständigkeiten: „Eine föderalistisch organisierte, an den Prinzipien der Subsidiarität und Kooperation orientierte Kulturpolitik ist am ehesten geeignet, ein facettenreiches und vielfältiges kulturelles Leben zu sichern und zu fördern. *Die Enquete-Kommission „Kultur in Deutschland" steht in diesem Rahmen.* Der Bund, die Länder und insbesondere die Kommunen leisten ihren Beitrag, die Grundlagen unserer Verfassung mit Leben zu erfüllen." Beide Zitate: Deutscher Bundestag – 16. Wahlperiode: Schlussbericht der Enquete-Kommission Kultur in Deutschland, Drucksache 16/7000, 2007, S. 43.

188 In seiner Satzung weist er als Vereinszweck aus: „... der Kultur und den Künsten die gebührende Geltung zu verschaffen und die Voraussetzungen für ihre Entwicklung zu verbessern." In der darauf folgenden detaillierteren Aufgabenbeschreibung gibt es keinen Passus, der über den unmittelbaren Kulturbereich und dessen Interessen hinaus weist: www.kulturrat.de/detail.php?detail=169&rubrik=1, § 2.

189 Als Vereinszweck wird in der Satzung bestimmt:„Es ist die Aufgabe und Zweckbestimmung der Gesellschaft, alle Bestrebungen zu fördern, welche auf der Basis des Grundgesetzes der Bundesrepublik Deutschland, ... , geeignet sind, den Prozeß der kulturellen Demokratisierung voranzutreiben,...": www.kupoge.de/dok/satzung_2009.pdf, § 2.

190 www.kupoge.de/dok/programm_kupoge.pdf, S. 4.

munikativen und infrastrukturellen Voraussetzungen die Möglichkeit immanent, dass sich aus Anzahlen von Einzelakteuren ein strategisches Zentrum[191] bildet, welches Strategiefähigkeit sowie Strategiekompetenz erwirbt.

2.5 Widerspruch. Zur Nachhaltigkeitsstrategie der Bundesregierung

Vorbemerkung:

„Perspektiven für Deutschland", die nationale Nachhaltigkeitsstrategie der Bundesregierung, umfasst Positionierungen und Maßnahmen aus allen politischen Ressorts und nahezu allen gesellschaftlichen Bereichen. Sie liegt damit im Trend von Tremmels Feststellung, die Umweltpolitik habe den Kampf um den Begriff „Nachhaltigkeit" verloren. Da es im hier um die Gestaltung der Mensch-Natur-Verhältnisse geht, sind wesentlich die Umweltaspekte relevant und werden diskutiert. Andere Gebiete bleiben unberücksichtigt.

Raschke/Tils knüpfen in ihrer strategietheoretischen Grundlegung an Mintzbergs dynamische Prozessperspektive an, die von Emergenz ausgeht[192]: aus Interaktionen, diversen Such- und Experimentierprozessen entstehen strategische Muster (patterns) von Handlungen. Sie sehen wie Mintzberg, „dass Strategien kollektiver Akteure eher aus dem Zusammenspiel unterschiedlicher Akteure hervorgehen und nicht so sehr aus der bruchlosen, hierarchisch gesteuerten Umsetzung strategischer Pläne bestehen", plädieren aber dafür, „zwischen objektivem Muster und subjektiver Absicht zu unterscheiden – also an einem intentionalen Strategiebegriff festzuhalten. Vorhandene strategische Muster werden erst durch eine Aufnahme in die Intention des Akteurs zur Strategie."[193] Das vermittelnde Element zwischen Emergenz und Intention ist Offenheit „für sich verändernde Ausgangsbedingungen." Strategische Analyse führe nicht zu einem Masterplan politischen

---

191 Definition nach Raschke, J./Tils, R.: „Das strategische Zentrum ist ein informelles Netzwerk von sehr wenigen Akteuren, die in formellen Führungspositionen platziert sind und über privilegierte Chancen verfügen, die Strategie einer Formation zu bestimmen und denen für die gesamte strategische Linienführung des Kollektivakteurs zentrale Bedeutung zukommt.", Raschke, J./Tils, R.: 2007, S. 545.
192 Dabei beziehen sie sich auf Publikationen aus 1990 und 1995. In seiner 1998er Publikation resümiert Mintzberg allerdings die Diskussion der zehn unterschiedlichen Management-Theorieschulen mit der Feststellung, keine von ihnen sei in der Lage, vollständig zu erfassen, was Strategie ausmache. "... no real world strategy can be purely deliberate or purely emergent, since one precludes learning while the other precludes control. So the question becomes: what degree of each is appropriate, where and when?" Danach besteht in Raschke, J./Tils, R.: Abgrenzung zu Mintzberg eher eine Übereinstimmung, Mintzberg, 1998, S. 350-373, Zitat S. 363.
193 Raschke, J./Tils, R.: 2007, S. 133.

2.5 Widerspruch

Vorgehens im Sinne eines fertigen Handlungsprogramms, das sich durch übertriebene Rationalitäts-, Geschlossenheits- und Wirkungsannahmen auszeichne.[194] Damit ist Tils allgemeine theoretische „Erwartungshaltung" im Blick auf die kritische Würdigung der Nachhaltigkeitsstrategie[195] umrissen. Die spezifischen zeitlichen, sachlichen und sozialen Herausforderungen, die für Strategieentwicklung mit der Emergenz des Nachhaltigkeitsprozesses verbunden sind, wurden oben besprochen. Vor diesem Hintergrund sieht Tils als wesentliche Kritikpunkte an der Nachhaltigkeitsstrategie der Bundesregierung: Es bestehe möglicherweise ein Widerspruch, mit einer administrativ ausgearbeiteten Strategie einen gesamtgesellschaftlichen Prozess initiieren zu wollen; Über die eigentlichen Adressaten herrsche Unklarheit; Der Nachhaltigkeitsprozess „wird als ein weiteres administratives Parallelverfahren angesehen, in dem Bund-Länderauseinandersetzungen oder Ressortkonflikte unter neuen Vorzeichen in einem anderen Setting noch einmal neu verhandelt und ausgetragen werden können"; Es sei bislang nicht gelungen, Nachhaltigkeit im politischen Alltagsbetrieb und in den Köpfen der Spitzenpolitiker zu verankern; Die Strategie sei ungenügend mit der Agenda 2010 verknüpft[196]; Zwischen Alltagspolitik und Nachhaltigkeitspolitik werde getrennt, wobei Nachhaltigkeitspolitik als Sonntagspolitik erscheine; Das Schwerpunktfeld globale Verantwortung sei inkonsistent eingebunden; Das Ziel-Indikatoren-Verhältnis sei unklar; Rücknahmehindernisse für den Fall des Regierungswechsels seien nicht angelegt; Im Blick auf strategische Bündnisfragen gebe es Unklarheiten; Für eine breitere Öffentlichkeit fehlten Kommunikationselemente.[197]

Sein Fazit lautet: Das Grundmissverständnis der Strategen der Bundesregierung bestehe in der Vorstellung von Nachhaltigkeitspolitik als leicht modifizierter Ressortpolitik. Es sei ein administrativ-exekutiv orientiertes, von der Struktur her additives Ressortkonzept mit einem Widerspruch von Inhalt und Form.[198]

Unter den Aspekten der hier vorliegenden Arbeit sind Tils' Kritik Ergänzungen im Blick auf die Rolle der Ziele hinzu zu fügen. Seiner Definition nach sind strategische Ziele „Zustände, die Akteure anstreben und mit Hilfe strategischer Operationen (unter Ausschöpfung ihrer strategischen Handlungsmöglichkeiten)

---

194 Ebd.: S. 134.
195 Tils, R.: 2005, S. 213-287.
196 Konzept zur Reform des deutschen Sozialsystems und Arbeitsmarkts, das in der Regierungserklärung von Bundeskanzler Gerhard Schröder im März 2003 verkündet und von 2003 bis 2005 von der aus SPD und Bündnis 90/Die Grünen gebildeten Bundesregierung weitgehend umgesetzt wurde: archiv.bundesregierung.de/bpaexport/regierungserklaerung/79/472179/multi. htm, Juni 2011.
197 Tils, R.: 2005, bes. S. 279ff.
198 Ebd.: S. 287.

zu erreichen suchen. Sie umfassen sowohl Macht- als auch Gestaltungsziele. ... Der Inhalt des Ziels soll die weitere Strategiebildung steuern können."[199] An anderer Stelle: „Die Besonderheit strategischer Ziele liegt in ihrer hohen Relevanz für den gesamten Strategieprozess. ... Das strategische Ziel steuert das Strategy-Making. ... Erste Voraussetzung tragfähiger strategischer Zielbildung ist die eindeutige Klärung des gewünschten Zustands."[200]

In seiner Evaluation der nationalen Nachhaltigkeitsstrategie „Perspektiven für Deutschland" befasst sich Tils unter strikt politologischen Gesichtspunkten mit der Ziel-Frage und stellt fest:

> „Sowohl gemäß einer Policy- als auch einer Politics-Perspektive müssen die bei einer so breit angelegten Nachhaltigkeitsstrategie zwangsläufig auftretenden Heterogenitäten und damit verbundenen Zielkonflikte strategisch bearbeitet werden. ... (Es) fehlen zum einen systematische Auflistungen der verschiedenen Zielkonflikte und zum anderen systematisierte Ideen zum strategischen Umgang mit ihnen. So werden etwa Disparitäten zwischen ökonomischen und ökologischen Zielen kaum intensiver behandelt und keine weiter führenden Vorschläge zu Zielauflösungen, -ausbalancierungen oder –verbindungen formuliert."[201]

Untersucht man die Nachhaltigkeitsstrategie inhaltlich unter dem Gesichtspunkt der zwei konfligierenden Grundtendenzen des Nachhaltigkeitsprozesses – bio-/ ökozentriert versus kulturzentriert/technologieoptimistisch –, fällt auf, dass sie auch hier als Widerspruch erscheinen.

In „Perspektiven für Deutschland" heißt es: „Wirtschaftlicher Wohlstand gehört ... zu den zentralen Zielen einer nachhaltigen Politik. Lebensqualität erfasst aber weit mehr als materiellen Wohlstand."[202] Mit anderen Worten: Es gehört nicht nur, aber im Kern unbedingt materieller Wohlstand zu den zentralen Zielen. Weiter wird gesagt:

> „Eine erfolgreiche wirtschaftliche Entwicklung ist integraler Bestandteil einer nachhaltigen Entwicklung. ... Innovationen sind Triebfedern für wirtschaftliches Wachstum, Beschäftigung und verbesserten Umweltschutz."[203] Wirtschaftswachstum wird auch hier als ausdrücklich erwünschtes Ziel angestrebt.

Der Weg, es umweltverträglich zu gewährleisten soll in der „Entkoppelung des Wirtschaftswachstums vom Energie- und Ressourcenverbrauch", in der „Effizienzstrategie" bestehen. Allerdings ist gleichzeitig klar: „Die Effizienzstrategie kann

---

199 Ebd.: S. 129, 544.
200 Ebd.: S. 144ff.
201 Tils, R.: 2005, 245f.
202 www.bundesregierung.de/Webs/Breg/nachhaltigkeit/DE/Nationale-Nachhaltigkeitsstrategie/ Nationale-Nachhaltigkeitsstrategie.html , S. 110.
203 Ebd.: S. 276.

2.5 Widerspruch

auf Dauer nur erfolgreich sein, wenn die Effizienzgewinne nicht durch wachsende Produktion, zunehmenden Verkehr und mehr Konsum aufgezehrt werden."[204] Wirtschaftlich gesehen ist Konsum[205] aber eine andere Bezeichnung für realisierte zahlungsfähige Nachfrage und damit *die* Voraussetzung für Wirtschaftswachstum. Insgesamt fünfmal wird in „Perspektiven für Deutschland" die Notwendigkeit zur Änderung von Lebensstilen und „Konsummustern" genannt, die jedoch „keinen Verzicht bedeuten muss." Bei der Definition von Lebensqualität[206] ist Konsum weder problematisiert noch als Element enthalten; er kommt nicht vor. Damit wird entweder ausgewichen oder implizit unterstellt, Konsumverzicht führe nicht zu Einbußen an Lebensqualität.

Es wird gesehen, dass „unsere Produktions- und Konsummuster unmittelbare Folgen für die globale Verfügbarkeit von Ressourcen" haben[207]. Wie Konsummuster geändert werden sollen, ohne dass dies Verzicht auf Konsum bedeutet, wird nicht weiter erklärt; aber „schneller und kurzfristiger Konsum"[208] erfährt Kritik.

In „Perspektiven für Deutschland" wird mehrfach auf Zielwertkonflikte hingewiesen, die – wie Tils das ebenfalls anführt – auszubalancieren seien. Man kann unterschiedlichen Zielen auch zeitlich versetzt Priorität einräumen, wie Mintzberg das für Managementstrategien darlegt. Beides geschähe nach der logischen Struktur: abwechselnd ein wenig mehr „A" zu Lasten von „B" und umgekehrt. Tils nennt oben „Auflösung" und „Verbindung" als weitere Varianten des strategischen Umgangs mit Zielkonflikten. Das wären dann alternative, innovative Lösungsansätze, die die Konflikte durch Systemüberschreitung aufheben würden.

Als solcher wird hier die „Effizienzstrategie"[209] betrachtet. Doch diese kann nur zum Ziel führen, wenn nicht, siehe oben, die Effizienzgewinne durch Wachstum in Produktion, Verkehr und Konsum aufgezehrt werden.

Was die Energieversorgung betrifft, gibt es im Prinzip einen Konsens über die strategische Lösung des Problems.[210] Es ist eine Frage politischer Auseinan-

---

204 Ebd.: S. 10.
205 Konsum soll hier hier als Güter und Dienstleistungen umfassend verstanden werden.
206 Ebd.: S. 14.
207 Ebd.: S. 4.
208 Ebd.: S. 6.
209 Einer der geistigen Väter der Effizienzstrategie ist Ernst-Ulrich von Weizsäcker. Wesentlich auch ihm ist es zu verdanken, dass es überhaupt den Anspruch und einen fortgeschrittenen politischen Verständigungsprozess zu einer Nachhaltigkeitsstrategie in Deutschland gibt. Schlüsselwerke: Weizsäcker, E. U. v./Lovins A. B./Hunter Lovins L.: Faktor vier: doppelter Wohlstand halbierter Verbrauch. Der neue Bericht an den Club of Rome, München, 1997; Weizsäcker, E. U. v./Hargroves, K./Smith, M.: Faktor fünf: Die Formel für nachhaltiges Wachstum, München, 2010.
210 Wie die polit-rhetorischen Anstrengungen in den Jahren 2010 und 2011 zu Atomenergiefragen – erst um die Laufzeit-Verlängerung für AKW, dann um deren Rücknahme und parallel um

dersetzungen, in welcher Zeit es gelingt, sie konsequent umzusetzen. Die grundsätzliche Lösung liegt allerdings nicht primär in der Effizienzstrategie, sondern in der Ablösung einer Generation der Energieproduktion durch eine andere – im perspektivischen Verzicht auf fossile Brennstoffe und Atomenergie. Die Rolle der Effizienzstrategie ist unter dieser Voraussetzung als sinnvoll unterstützende und ergänzende zu betrachten.

Hinsichtlich der mit der Effizienzstrategie angestrebten Minimierung des Ressourcenverbrauchs stellt sich die Situation anders dar. Die wegen des raschen Bevölkerungswachstums und zu erwartenden Wirtschaftsentwicklung ebenfalls rasch wachsende Ressourcennachfrage in Asien, Afrika und Lateinamerika ist durch Ressourcenverzicht der Industrieländer nicht abzufangen. Auch daran, dass dies nicht einmal als weiter zu bearbeitender Fakt erwähnt wird, macht sich die ungenügende Einbindung des Schwerpunktes globale Verantwortung bemerkbar, die Tils in seiner Kritik anspricht. Zudem zeigte sich in der nationalen Arena am Beispiel der „Abwrackprämie", dass sich der Minimierungskurs der Effizienzstrategie im Krisenfall nicht durchhalten lässt, weil Einbrüche im Wirtschaftswachstum sich bedrohlich auf das gesamte gesellschaftliche und politische Gefüge auswirken würden.

Das – bislang – strategische „Bermuda-Dreieck" mit den Eckpunkten Wachstum, Konsum und Verzicht wird in Kapitel 3 ausgeleuchtet.

Hier ist festzuhalten, dass – was den stofflichen Ressourcenverbrauch betrifft – Wachstum und Konsum in der nationalen Nachhaltigkeitsstrategie in einem Widerspruchsverhältnis stehen. Sie befinden sich nicht in einem Konflikt, der sich balancieren, oder dessen Lösung sich noch lange aufschieben ließe. Vielmehr handelt es sich um eine Zielkontradiktion, also eine logische Konstruktion, bei der gleichzeitig „A" und „nicht A" gelten soll, was logisch ausgeschlossen ist.

Raschke/Tils haben den Begriff „Strategisches Moment" eingeführt. Es „bündelt das zentrale Charakteristikum des Strategischen. ... (es) besteht ... aus dem Dreiklang des Kalkulatorischen, Übergreifenden und auf den springenden Punkt zielenden."[211] Hinsichtlich der getroffenen Umwelt-Aussagen besteht das strategische Moment der Nachhaltigkeitsstrategie in Stillstand, denn hier soll sprichwörtlich ein Pferd in zwei Richtungen auf einmal laufen. Gleichzeitig ist dieser jetzt lähmende Widerspruch potentiell der, dessen Lösung zum strategischen Moment einer dynamischen und erfolgreichen Strategie werden kann.

---

die Endlagerfrage – zeigen, gehört deren strategische Ablösung schon so weit zur political correctness, dass man ihr nicht mehr öffentlich direkt widersprechen kann.
211 Raschke, J./Tils, R.: 2007, S. 545.

Andernfalls bleibt es bei den Folgen, die Tils in seiner Strategie-Kritik beobachtet hat, und die Dörner auf mangelnde Einsicht von Akteuren in Zielkontradiktionen zurück führt: Sie „erlaubt lediglich Lösung der unmittelbar aktuellen Probleme, ihr folgen negative Neben- und Fernwirkungen, aus denen wiederum verbale Verblendung der Widersprüche, oder Verschwörungstheorien und Zielinversion erwachsen können. Aber damit kann man fertig werden: Die Zielinversion macht aus dem Ungewünschten das Gewünschte, die verbale Verblendung der Widersprüche vereinigt das Unvereinbare, und die Aufstellung einer Verschwörungstheorie macht aus dem Effekt eigenen Tuns ein Verschulden fremder Mächte!"[212], hier: des politischen Konkurrenten.

2.6 Resümee

In komplexen Gesellschaften sehen sich mit strategischem Anspruch handelnde Akteure mit Herausforderungen konfrontiert, die sich per se als Überforderung erweisen, wenn versucht wird, Handlungssituationen additiv vollständig zu erfassen und auf dieser Basis auf sie zu reagieren.

Sie benötigen strategiebezogenes Sachwissen, das zwei Qualitäten aufweist – Unterscheidungsvermögen für zentrale und prioritäre Elemente bzw. Variablen und Kenntnis derer inneren Entwicklungslogik der strategisch zu behandelnden Prozesse. .

„Nachhaltigkeit" stellt spezifisch hohe Anforderungen an Strategieentwicklung. Sie ergeben sich in der zeitlichen Dimension aus dem konstituierenden Attribut „generationenübergreifend" sowie aus dem Spannungsverhältnis zwischen den (zeitlich wegen des zur Gestaltung notwendigen Machterwerbs vorangehenden) kurzfristigen Rhythmen der Politik und der Langzeitperspektive von Nachhaltigkeit; in der sozialen Dimension aus der Erfassung aller wichtigen gesellschaftlichen Bereiche sowie politischen Ressorts und der daraus folgenden Akteursheterogenität; analog in der sachlichen Dimension aus der Erfassung aller gesellschaftlichen und politischen Handlungsbereiche.

Diese spezifisch hohen Anforderungen sind mögliche Quelle von „spezifischem Führungsversagen", und daraus folgend Ursache für politischen Strategiebedarf und damit treibende Kraft für politische Strategietheorieentwicklung.

Potentielle strategische Akteure aus dem Bereich der Kulturpolitik für Mensch-Natur-Belange sind Vereine und Verbände, die den Rahmen für den Diskurs zwi-

---

[212] Dörner, D.: 2003, S. 106.

schen Politikern, Künstlern, Kulturakteuren und Wissenschaftlern bieten, und zu deren Intentionen die Neugestaltung der Mensch-Natur-Verhältnisse gehört.

Ihr intellektuelles Umfeld, ihre kommunikativen und infrastrukturellen Voraussetzungen enthalten die Möglichkeit, dass sich aus Anzahlen von Einzelakteuren ein strategisches Zentrum bildet und Strategiefähigkeit sowie Strategiekompetenz erwirbt.

In den ökologierelevanten Aussagen der nationalen Nachhaltigkeitsstrategie der Bundesregierung treten die mit dem Nachhaltigkeitsprozess verbundenen Divergenzen und spezifischen Herausforderungen an Strategieentwicklung zu Tage. Sie äußern sich markant als Zielkontradiktion zwischen Wirtschaftswachstum und Konsumverzicht. Die tatsächliche Lösung dieser Kontradiktion kann den springenden Punkt für eine erfolgreiche Strategie zur zukunftssichernden Umgestaltung der Mensch-Natur-Verhältnisse darstellen.

3. Ganz von selbst.
Zur Schlüsselfrage Wachstum

Das vorangegangene Kapitel schloss mit der Feststellung, dass die Nachhaltigkeitsstrategie der Bundesregierung eine Zielkontradiktion enthält. Sie ist in Gestus und Tonart ausdrücklich optimistisch angelegt, plädiert ebenso ausdrücklich nicht für Verzicht als Mittel zur Lösung von Umweltproblemen und benutzt insgesamt 114-mal das Wort „Innovation" bzw. Ableitungen davon.

Jedoch: Die qualitative Zielbeschreibung von „Innovation" besteht in der Entkopplung von Wachstum und Ressourcen-/Energieverbrauch bzw. in der Minimierung derselben. Während einerseits Wirtschaftswachstum als unverzichtbare Bedingung für nachhaltige Entwicklung genannt wird, beinhaltet der Innovationsweg, auf dem es erreicht werden soll – die Effizienzstrategie – als Kernelement eine Grenzdefinition für eben dieses Wirtschaftswachstum. Es hat an dem Punkt zu enden, an dem wachsende Produktion, wachsender Konsum, Verkehr und Energieverbrauch die per Effizienz gewonnenen Einsparungen übersteigen würden. Qualitatives Wachstum bedeutet immaterielles hier immaterielles Wachstum.

Dafür wird der anonyme Bürger als Konsument in Verantwortung genommen. Er soll seine „Konsummuster" (die als Begriff keine explizite Erklärung finden) ändern. Implizit findet eine Abkopplung von Konsum und Lebensqualität statt. Die Möglichkeit, Verzicht zu vermeiden, kann nur realisiert werden, wenn Konsum nicht vorrangiger Maßstab für das Empfinden und Beurteilen von Lebensqualität ist.[213]

Da materieller Konsum, und damit die immer neue Abfolge von Produktgenerationen, nicht nur irgendeine, sondern eine zwingend *notwendige* Voraussetzung, eine conditio sine qua non für Wirtschaft und Wirtschaftswachstum ist[214],

---

213 Vgl.: Perspektiven für Deutschland, S. 110, 276, 10, 14, 4, 6.
214 Unter den Vorstellungen, Wirtschaftswachstum ohne stoffliche Produktionssteigerung oder –Beschleunigung sowie mit geringerem Energieverbrauch zu erreichen, kursiert auch die Idee, den tertiären Sektor, also den Dienstleistungsbereich zum Motor und quantitativ beherrschenden Träger von Wirtschaftswachstum zu entwickeln. Es ließ sich jedoch keine Erklärung finden, wie das ohne zusätzlichen Verbrauch von Immobilienflächen, Transportkapazitäten, Infrastruktur, Elektrizität, Brennstoffen, Materialien, Hilfsmitteln geschehen könnte. Friseure, Gastronomie und Hotellerie, IT-Anbieter, Werbe- und Veranstaltungsagenturen, Nagelstudios, Entertainer,

bedeutet reduzierter Konsum schrumpfende Wirtschaft und ein dem Wirtschaftswachstum entgegen gesetztes Ziel. Die nationale Nachhaltigkeitsstrategie läuft seit 2002 sozusagen janusbeinig.

2010 hat der Deutsche Bundestag dieses Konfliktfeld wieder aufgegriffen und – mit dem Ziel, noch vor Ablauf der Legislatur im Jahr 2013 aktuelle Antworten auf dessen zentrale Fragen zu erarbeiten – eine Enquete-Kommission „Wachstum, Wohlstand, Lebensqualität – Wege zu nachhaltigem Wirtschaften und gesellschaftlichem Fortschritt in der sozialen Marktwirtschaft" eingesetzt.[215]

Acht Jahre nach der Inkraftsetzung der nationalen Nachhaltigkeitsstrategie der deutschen Bundesregierung wird von dieser Enquete-Kommission als gegebene Situation konstatiert: dass in Verfolgung der Effizienzstrategie „Einsparungen an Ressourcen", aber gleichzeitig auch „Mehrverbrauche an anderen Stellen" zu verzeichnen sind, dass die „Orientierung auf Wachstum des Bruttoinlandsprodukts (BIP) nicht genügt", um „Lebensqualität, Wohlstand und gesellschaftlichen Fortschritt angemessen abzubilden", dass das Ziel der „Entkoppelung von Wirtschaftswachstum und Ressourcenverbrauch" weiter zu verfolgen ist, und dass zu fragen ist, „ob eine stabile Entwicklung auch ohne oder mit nur geringem Wachstum möglich ist." Am Nachhaltigkeitsbegriff wird dabei festgehalten.[216]

Pflegedienstleister, Wahrsager, Reparaturwerkstätten: Sie alle sind Konsumenten stofflicher Produktion und Bauleistung; sind Verbraucher von Energie und Transportkapazität. Sie sind nicht nur angewiesen auf antreibende wärmende und erhellende Energie, sondern ebenso auf die breite Palette der Materialien: Steine, Holz, Stahl, Beton, Farben, Teppiche usw. für Gebäude, Chemikalien für Frisuren, Fingernägel, Plakate, für die Reinigung von Textilien, Fenstern und Räumen, auf verzwickteste Materialkompositionen für medizinische Untersuchungs- und Behandlungsgeräte, Hightech-Materialien für IT- und Transport- -geräte und -maschinen. Mit anderen Worten: was den Stoff- und Energieverbrauch betrifft, unterscheidet sich der tertiäre in seinem Wesen nicht vom sekundären Sektor: Er nimmt beides stellvertretend für den Endverbraucher in Anspruch. Also: Auch der Konsum von Dienstleistungen bedeutet Konsum von Ressourcen und Energie.

215 Deutscher Bundestag, 17. Wahlperiode, DS 17/3853, 23.11.2010.
216 „All dies hat eine grundlegende Diskussion über gesellschaftlichen Wohlstand, individuelles Wohlergehen und nachhaltige Entwicklung angestoßen. Nicht nur in Deutschland, auch in anderen Industriestaaten gibt es eine Debatte darüber, ob die Orientierung auf das Wachstum des Bruttoinlandsproduktes (BIP) ausreicht, um Wohlstand, Lebensqualität und gesellschaftlichen Fortschritt angemessen abzubilden. Schon im Jahr 1972 hat der Club of Rome die Grenzen des Wachstums und die Entkopplung von Wirtschaftswachstum und Ressourcenverbrauch thematisiert. Angesichts der aktuellen Herausforderungen, zunehmender Ressourcenverknappung und der klimapolitischen Notwendigkeiten ist diese Debatte aktueller denn je. Zugleich entwickelt sich Ressourceneffizienz immer stärker zu einem zentralen Wettbewerbsfaktor. In den letzten Jahrzehnten hat die deutsche Wirtschaft bei der Steigerung der Energie- und Materialeffizienz signifikante Fortschritte erzielt. Realisierte Effizienzgewinne werden aber teilweise durch vermehrten Ressourcenverbrauch an anderer Stelle aufgezehrt (sog. Rebound-Effekte), wozu auch kulturelle Faktoren und individuelle Lebensstilentscheidungen beitragen. Deshalb stehen die Fragen auf der Tagesordnung, wie Stoffkreisläufe gestärkt

3. Ganz von selbst

Die Aufgabenstellung zielt direkt auf den Widerspruch zwischen Nachhaltigkeit resp. ökologischen Belangen und Wirtschaftswachstum.[217] Wo die nationale Nachhaltigkeitsstrategie implizit an die Bereitschaft zur Konsumreduktion appelliert und formuliert, dies müsse nicht Verzicht bedeuten, soll die Enquete-Kommission „Wachstum, Wohlstand, Lebensqualität..." einen „ganzheitlichen Wohlstands- und Fortschrittsindikator" zur Ergänzung des Bruttoinlandsprodukts als Orientierungsgröße für politische Entscheidungen entwickeln.[218]

---

werden können, die die Regenerationsfähigkeit der natürlichen Systeme gewährleisten, und wie die nachhaltige Nutzung von Naturgütern und Rohstoffen mit dem Ziel der Entkopplung von Wachstum und Ressourcenverbrauch erreicht werden kann. Unstreitig ist, dass das BIP soziale und ökologische Aspekte nicht hinreichend abbildet. Umweltkatastrophen führen durch kostspielige Gegenmaßnahmen sogar zu einer Steigerung des BIP. Außerdem gibt es in der internationalen wissenschaftlichen Diskussion eine Auseinandersetzung darüber, dass ab einem bestimmten Niveau die Steigerung der wirtschaftlichen Leistungsfähigkeit nur noch geringfügigen Einfluss auf die Lebenszufriedenheit der Menschen habe. Daraus ergeben sich die Fragen, ob das Wachstum des BIP als wichtigster Indikator einer erfolgreichen Wirtschaftspolitik gelten kann und welche Möglichkeiten es gibt, einen umfassenderen ergänzenden Wohlstandsindikator zu entwickeln. Die Institutionen des Sozialstaates geraten in Stagnations- oder Rezessionsphasen besonders schnell und stark unter Druck. Hinzu kommt, dass im Zuge des demografischen Wandels die Schulden von heute die politischen und gesellschaftlichen Gestaltungsmöglichkeiten von morgen beschränken. Hier ist zu fragen, ob eine stabile Entwicklung auch ohne oder mit nur geringem Wachstum möglich ist und wie eine generationengerechte Finanzpolitik und die langfristige Stabilisierung der sozialen Sicherung auf der Basis europäischer Sozialstaatsmodelle erreicht werden können. Nachhaltigkeit erfordert eine Wirtschaftsordnung, in der Wettbewerbsfähigkeit Arbeitsplätze und Wohlstand gesichert sind und die Raubbau an den natürlichen Ressourcen oder zu Lasten künftiger Generationen vermeidet.", ebd.: S. 1.

217 „Die Enquete-Kommission soll die programmatische Auseinandersetzung ... mit den Prinzipien, mit denen die ökonomischen, gesellschaftlichen und ökologischen Herausforderungen bewältigt werden können, voranbringen. Wirtschaftliche Effizienz, gerechte Lebenschancen und die Bewahrung der natürlichen Lebensgrundlagen müssen dabei miteinander in Einklang gebracht werden. Unser Wirtschaftssystem ist auf Wachstum ausgerichtet. Bleibt volkswirtschaftliches Wachstum aus, entsteht schnell eine Reihe von sozialen und wirtschaftlichen Herausforderungen. Vor diesem Hintergrund soll die Enquete-Kommission ... einen Beitrag leisten zur öffentlichen Diskussion über den Stellenwert von Wachstum in Wirtschaft und Gesellschaft sowie über die Wechselwirkung von Wachstum und nachhaltigem Wirtschaften ...", ebd.: S. 2.

218 „Um eine geeignete Grundlage zur Bewertung politischer Entscheidungen anhand ökonomischer, ökologischer und sozialer Kriterien zu schaffen, ist zu prüfen wie die Einflussfaktoren von Lebensqualität und gesellschaftlichem Fortschritt angemessen berücksichtigt und zu einem gemeinsamen Indikator zusammengeführt werden können. Insbesondere folgende Aspekte sind dabei zu beachten: der materielle Lebensstandard; Zugang zu und Qualität von Arbeit; die gesellschaftliche Verteilung von Wohlstand, die soziale Inklusion und Kohäsion; intakte Umwelt und Verfügbarkeit begrenzter natürlicher Ressourcen; Bildungschancen und Bildungsniveaus; Gesundheit und Lebenserwartung; Qualität öffentlicher Daseinsvorsorge, sozialer Sicherung und politischer Teilhabe; die subjektiv von den Menschen erfahrene Lebensqualität und die Zufriedenheit. Hieraus soll die Enquete-Kommission nach Möglichkeit einen neuen Indikator entwickeln, der nicht auf objektive Messbarkeit und Vergleichbarkeit verzichtet und das BIP ergänzt. Die Enquete-Kommission soll dazu bestehende Informationslücken identifizieren und

Im Sinne politischer Strategieanalyse erfährt damit ein Zielkonflikt strategische Bearbeitung.

Hier wird nun untersucht, inwieweit es bei der Aufgabenstellung und den inhaltlichen Grundlegungen für die Enquete-Kommission gelungen ist, auf den „springenden Punkt" als konstituierendes Element des „strategischen Moments" (Raschke/Tils) einer politischen Strategie zur Umgestaltung der Mensch-Natur-Verhältnisse zu zielen.

Dazu wird ein gleichzeitig breiterer und tiefer gehender Zugang zu „Wachstum" gewählt sowie zu Aspekten von Deutungsmustern in Beziehung gesetzt.

3.1 Quellen aus Differenzierung. Wirtschafts-Wachstum und Stoffe

Vorbemerkung: Da für den Energieverbrauch und die Energiebereitstellung die grundsätzliche strategische Entwicklungsrichtung hin zu erneuerbaren und alternativen Quellen bereits gefunden wurde und im Prinzip sogar als Mehrheitskonsens gelten kann, liegt im Folgenden der Schwerpunkt der Betrachtung auf den stofflichen Ressourcen.

Der Zusammenhang zwischen Wirtschaftswachstum und stofflichem Ressourcenverbrauch ist einer der zentralen Analysegegenstände der Enquete-Kommission „Wachstum, Wohlstand...". Nach einjähriger Arbeit wird von deren Vorsitzender und ihrem Stellvertreter bilanziert, das Thema sei in diesem einen Jahr durchaus kontrovers diskutiert worden. Die unterschiedlichen bzw. entgegengesetzten in der Debatte geäußerten Ansichten und Meinungen werden unter der Formulierung „problematisch gewordenes Wachstumsverständnis" subsumiert.[219]

---

den Aufbau statistischer Kompetenz in diesen Bereichen vorbereiten. Sie soll dabei auch auf die Erfahrungen mit bereits existierenden alternativen Wohlfahrtsindikatoren zurückgreifen.", ebd.: S. 2.

219 „Das große Thema der Kommission, nämlich die Bedeutung des Wachstums für unseren Wohlstand und unsere Lebensqualität, ist in diesem Jahr durchaus kontrovers diskutiert worden. Einerseits haben in den letzten zweihundert Jahren gerade die frühindustrialisierten Länder enorme Wachstumsschübe erlebt, die zu einem breiten gesellschaftlichen Wohlstand und einer deutlichen Zunahme der Lebensqualität geführt haben. Wachstum hat sich in der historischen Perspektive als segensreich für die Menschen erwiesen. Der Anspruch auf eine solche Entwicklung ist deshalb ein legitimes Recht all derjenigen Gesellschaften, denen bislang hoher Wohlstand und eine hohe Lebensqualität versagt geblieben ist. Andererseits ist in den letzten Jahrzehnten das Bewusstsein gewachsen, dass bestimmte Formen des Wachstums oder das Wachstum selbst zu einem Problem werden können: Die Zerstörung natürlicher Lebensgrundlagen, soziale Ungleichheiten, Verknappung von Ressourcen und Prozesse der Entfremdung der Menschen in ihrem Arbeitsleben und ihren sozialen Beziehungen, aber auch die Wirtschafts- und Finanzkrise seit 2008 sind häufig genannte Aspekte eines problematisch gewordenen Wachstumsverständnisses.", www.bundestag.de/bundestag/ausschuesse17/gremien/enquete/wachstum/drucksachen/73_thesen_ein_jahr.pdf, 07.03.2012, S. 2.

3.1 Quellen aus Differenzierung

Ausgetragen wird die Kontroverse um dieses „Wachstumsverständnis" hauptsächlich unter Volks- bzw. Betriebswirtschaftlern, Juristen, Politikwissenschaftlern und Soziologen bzw. Sozialwissenschaftlern. Naturwissenschaftler und Ingenieurwissenschaftler sind marginal vertreten.[220] Auf sinnlich-praktische und entscheidungsrelevante Erfahrungen mit den konkreten Prozessen, in denen Ressourcen oder Stoffe „fließen" bzw. umgewandelt werden, kann in der Kommission so gut wie nicht zugegriffen werden. Gegenstand der Debatten sind – wie im oben zitierten Thesenpapier bezeichnet – hauptsächlich theorienahe bzw. abstrakte Verständnisse und Bewertungen von „Wachstum".

Als eigendynamischer Prozess erscheint Wachstum lediglich bei zwei Sachverständigen:

Jänicke warnt vor vier Illusionen in Bezug auf Wachstum: erstens die Annahme, das ressourcenintensive Wachstum des 20. Jahrhunderts könne fortgesetzt werden, zweitens der Glaube, es könne mit den Mitteln der Politik längerfristig höheres Wachstum erzeugt werden, drittens die Illusion, höheres Wachstum könne der Lösung struktureller Probleme (Arbeitsmarkt, Rentenfinanzierung, Überschuldung) dienen, und viertens: Wachstumsverzicht könne eine Lösung der Umwelt- und Ressourcenprobleme erbringen. Worum es gehe seien radikale Schrumpfungen und radikales Wachstum.[221]

Der „Erfinder" der ökologischen Steuerreform, Binswanger, erklärt Wachstum als Eigendynamik der Geldschöpfung: Jeder Unternehmer benötige, bevor er zu produzieren beginnen könne, einen Kredit. Der Kredit komme über die Hausbank von der Zentralbank, die wiederum Geldpapier oder virtuelles Geld ohne ein Goldäquivalent oder Ähnliches herstelle. Der Unternehmer müsse zunächst Maschinen, Material, Energie und Arbeitskraft *ein*kaufen; erst nach der unter dieser Voraussetzung erfolgten Produktion könne er *ver*kaufen. Der Verkauf sei immer mit Risiken verbunden, weshalb der durchschnitt-

---

[220] Die Enquete-Kommission besteht aus 17 von den Bundestagsparteien entsandten Mitgliedern und deren 17 Stellvertretern (MdB) sowie 17 Sachverständigen (SV). Dem Ausbildungs- bzw. Forschungsschwerpunkt nach handelt es sich dabei um 23 Volks-/Betriebswirtschaftler (15 SV, 8 MdB), 9 Juristen (8 MdB, 1 SV), 9 Politikwissenschaftler (6 MdB, 3 SV), 8 Soziologen/ Sozialwissenschaftler (5 MdB, 3 SV). Ihnen stehen – (unter mehreren jeweils einmal vertretenen Berufs- und Fachrichtungen wie Sprachen, Pädagogik, Informatik, Maurer, Schlosser, Laborant, Psychologie, Theologie) – 1 Chemiker (SV), 2 Physiker (MdB), 1 Biologe (MdB), 3 Ingenieure bzw. Experten für Ingenieurwesen (2 MdB, 1 SV) gegenüber. Die Karrierewege der technisch-praktisch Ausgebildeten haben nicht in Forschungs-/Entwicklungsabteilungen bzw. strategiebildende/entscheidungstreffende Ebenen von Unternehmen geführt. Quelle: www.bundestag.de/bundestag/ausschuesse17/gremien/enquete/wachstum/mitglieder.html, 10. März 2012.

[221] www.bundestag.de/bundestag/ausschuesse17/gremien/enquete/wachstum/drucksachen/17_Statement_J__nicke.pdf, 06.02.2011, S. 1-3.

liche Gewinn höher ausfallen müsse als der durchschnittliche Verlust. Gleichzeitig verlange der Kreditgeber Zinsen, die ebenfalls erwirtschaftet werden müssen. Beides sei nur durch Wachstum in der jeweils nächsten Produktionsphase zu gewährleisten, woraus er schließt, dass die Kredit gebenden und somit geldschöpfenden Zentralbanken das Wachstum der Wirtschaft voran treiben.[222] Die philosophisch-historische Einordnung von Wachstum erfolgt durch Zimmer, in der Antike beginnend, mit Fokus auf Wahrnehmungs- und Reflexionsaspekten.[223] Ebenfalls mit Fokus auf der ideellen Seite erörtert Brand die Wachstums- und Fortschrittsdebatte in Gesellschaften seit dem 19. Jahrhundert.[224] Zeitlich ähnlich verortet Müller seine Bemerkungen zur Ideengeschichte des Fortschritts: in der europäischen Moderne.[225]

Es findet so erstens in der Kommission eine Betrachtung des Zusammenhangs von Wachstum und Ressourcenverbrauch bzw. Stoffflüssen aus einer umfassenden Perspektive von Zivilisationsgeschichte oder gesellschaftlicher Evolutionstheorie nicht statt. Zweitens beleuchtet die Kommission nicht, ob und inwiefern der materiellen Produktion als Ort der Stoffumwandlungen und Stoffflüsse Wachstumsdynamik als Existenzweise immanent ist. Beides erscheint aber relevant, wenn es darum geht, über Wachstumsprozesse sachliche und politische Urteilsfähigkeit zu gewinnen.

Bereits die theoretischen Grundlegungen und die Zusammensetzung der Kommission ließen schwerlich ein Ergebnis erhoffen, das man als Zerschlagung des gegebenen gordischen Knotens hätte bezeichnen können. Der vorgelegte Schlussbericht benennt dann auch eine ganze Anzahl grundsätzlich ungelöster Fragen. Trotz der damit bereits ausgewiesenen Unbestimmtheit wesentlicher künftiger Entwicklung fühlten zahlreiche Mitglieder der Kommission das Bedürfnis, stark abweichende Positionen zu verdeutlichen. Es kamen mit dem Schlussbericht mehr als 50 Sondervoten in die Öffentlichkeit. Medienkommentare begleiteten im Juni 2013 den im Vorgang mit einem deutlichen Maß an Schadenfreude und Häme. Er kann aber auch so gelesen werden, dass hier ein Konflikt zur Lösung drängt, dass es nicht mehr gelingt, ihn durch immer weiteres Auffüllen mit unterschiedlichsten Nachhaltigkeitsanliegen und den entsprechenden Kompromissformeln bis zur Unsichtbarkeit zuzuschütten.

---

222 www.bundestag.de/bundestag/ausschuesse17/gremien/enquete/wachstum/Protokolle/ 07_-_27_06_11.pdf, 27.06.2011, S. 9-18.
223 www.bundestag.de/bundestag/ausschuesse17/gremien/enquete/wachstum/drucksachen/29_ Fortschritt_als_b__rgerliche_Leitideologie_-_Dr__Zimmer.pdf, 04.04.2011.
224 www.bundestag.de/bundestag/ausschuesse17/gremien/enquete/wachstum/drucksachen/28_ Hintergr_und_Wachstum_-_brand.pdf, 05.04.2011.
225 www.bundestag.de/bundestag/ausschuesse17/gremien/enquete/wachstum/drucksachen/31_-_ neu3_Aufkl__rung_und_Fortschritt_-_M__ller.pdf, 09.05.2011.

Wachstum und Gesellschaftsentwicklung

Hier soll keine neue Evolutionstheorie versucht, sondern lediglich festgehalten werden: Gesellschaftliche Entwicklungen vollziehen sich – unterschiedlich sprunghaft – als solche von zunehmender Arbeitsteilung und Differenzierung.[226] Beginnend mit den ersten Arbeitsteilungen im Neolithikum und den später folgenden horizontalen Ausdifferenzierungen in verschiedene Berufe sowie vertikalen Ausdifferenzierungen in unterschiedliche soziale Schichten nahmen die durch Menschen bewegten Stoffströme zu.

Der Bau der Häuser und Zäune der ersten Sesshaften erforderte Material. Für die Lagerung und den Transport von Nahrungsmitteln und Gütern durch Händler waren Behältnisse nötig. Die Lagerung von Nahrungsmitteln und Werkzeugen bedurfte auch speziellen geschützten und umbauten Raumes.

Der Rang der entstehenden Oberschichten wurde symbolisch durch größere Häuser, mehr und bessere Kleidung, mehr und besseres Geschirr, mehr und kostbareren Schmuck symbolisiert. Religiöse Kultstätten und Tempel strahlten mittels Gebäudegrößen und –ausstattung Bedeutung aus…

Alle aus den ersten Berufen (Schmiede, Bauern, Töpfer) folgenden Spezialisierungen erforderten jeweils eigene Werkzeuge, eigene Häuser und Gebäude, mehr Händler mit mehr Transportbehältnissen. Analog gilt für die ersten Wissenschaften, die Urformen staatlicher Verwaltung, die Künste, die ausgebaute Religion und das Militär in frühen Hochkulturen, dass sie jeweils eigenen umbauten Raum, eigene Instrumente und Werkzeuge, stofflich umgesetzte Symbole für Macht und Ansehen mit sich brachten.

Zwischen den Bauern als Ernährer sowie einfachen Handwerkern und den Herrschern differenzierten sich Berufsgruppen abgestuften Ansehens (Händler, Weber, Maurer, Zimmerleute), und die Elite aus Schreibern, Astronomen, Architekten, Statthaltern, Priestern, Herrscherfamilien, mit jeweils eigenem Standesbewusstsein und Repräsentationsbedürfnis, welche sich gegenständlich in erhöhtem Stoffumschlag äußerten.[227]

---

226 Diesen Prozess fasst z.B. Luhmann unter „funktionaler Ausdifferenzierung", in: Luhmann, N.: Systemtheorie, Evolutionstheorie und Kommunikationstheorie, in: Soziologische Gids. 22/Nr. 3, 1975, S. 154-168.
227 Zu den wirtschaftlichen und sozialen Gliederungen in der Jungsteinzeit und in frühen Hochkulturen vgl. z.B. Hoffmann, E.: Geheimnisse der Steinzeit mit Blick auf die Evolution des Menschen, Books on Demand, 2011, S. 24-28; Ranz, A.: Inka und Azteken – Unterschiede und Gemeinsamkeiten zweier angloamerikanischer Hochkulturen, München, 2012, S. 17ff.; Tobisch, E.: Erkenntnis und Illusion, Grundstrukturen unserer Weltauffassung, Tübingen, 1988, S. 88ff.; Butschek, F.: Industrialisierung: Ursachen, Verlauf, Konsequenzen, Wien/Köln/Weimar, 2006, S. 19-26.

Die damaligen Stoffströme erscheinen aus heutiger Sicht unproblematisch. Wegen der zahlenmäßig geringen Bevölkerung, und weil keine außernatürlichen chemischen und physikalischen Stoffumwandlungen stattfanden, beeinflussten sie die ökologische Gesamtsituation nur marginal. Es zeigt sich aber bereits hier, dass auf der Seite der Produktion die Differenzierungen und Spezialisierungen der Arbeitsteilung, auf der Seite des Konsums zusätzlich als eigener Antrieb die sozialen Differenzierungen zu wachsendem Stoffbedarf und wachsender Stoffverarbeitung führen. Mit der Industrialisierung und der Massenproduktion haben sich die Quantität wie die Qualität der Ressourcenströme entscheidend geändert. Der grundsätzliche Zusammenhang zwischen wachsender Differenzierung und wachsendem Stoff- bzw. Ressourcenbedarf jedoch gehört zur Bewegungsweise menschlicher Gesellschaften. Er zeigt sich seit den frühesten Entwicklungsperioden, in denen der Austausch arbeitsteilig erbrachter Leistungen noch nicht mittels Geld erfolgte. Insofern ist für die stoffliche Seite von Wachstum hier zunächst unerheblich, ob mit dem Geld- und Kreditwesen – der „Geldschöpfung", wie Binswanger es in die Debatte bringt – eine weitere, womöglich beschleunigende Wachstumsdynamik wirkt. Jedenfalls aber ist es ein Fakt der sozialen Evolution, dass das Geld als allgemeines Wertäquivalent aus den Bedürfnissen arbeitsteiliger Produktion und anschließender Erfordernisse des Austauschs entstanden ist, nicht umgekehrt. Außerdem muss ja die Geldmenge in gewissem Umfang den Zuwachs an sozialer und professioneller Ausdifferenzierung abbilden.

Produktion und Stoffe

Der Einfachheit[228] der Darstellung halber findet hier eine Eingrenzung von Produktion auf stoffliche, unmittelbar materielle Produktion statt.

Jänicke (siehe oben) hat in der Enquete-Kommission „Wachstum, Wohlstand …" darauf verwiesen, dass es sowohl um „radikale Schrumpfung" als auch um „radikales Wachstum" gehe. Als Voraussetzung für eine Strategie zur Neugestaltung der Mensch-Natur-Verhältnisse und die dafür erforderliche konkrete Zielformulierung wäre daraus abzuleiten: es ist Urteilsfähigkeit darüber zu erwerben und es sind Entscheidungen zu treffen, inwiefern Wachstum als eigendynamischer Prozess stattfindet und ohne soziale bzw. wirtschaftliche Verwerfungen

---

228 Korrekt und vollständig genommen, lässt sich von Dienstleistungen über Kultur, Kunst bis hin zu Wissenschaften für jeden gesellschaftlichen Bereich, in dem auf unterschiedliche Art produziert wird, nachweisen, dass Differenzierungs- und Spezialisierungsvorgänge – zudem auf der parallelen Grundlage permanenter Produktinnovation – zu wachsenden Stoffbedarfen für Gebäude, Räume, Geräte, Werkzeuge, Instrumente, Ausrüstungen, Ausstattungen; Materialien und Hilfsmitteln führen.

Wachstum und Gesellschaftsentwicklung

Hier soll keine neue Evolutionstheorie versucht, sondern lediglich festgehalten werden: Gesellschaftliche Entwicklungen vollziehen sich – unterschiedlich sprunghaft – als solche von zunehmender Arbeitsteilung und Differenzierung.[226]

Beginnend mit den ersten Arbeitsteilungen im Neolithikum und den später folgenden horizontalen Ausdifferenzierungen in verschiedene Berufe sowie vertikalen Ausdifferenzierungen in unterschiedliche soziale Schichten nahmen die durch Menschen bewegten Stoffströme zu.

Der Bau der Häuser und Zäune der ersten Sesshaften erforderte Material. Für die Lagerung und den Transport von Nahrungsmitteln und Gütern durch Händler waren Behältnisse nötig. Die Lagerung von Nahrungsmitteln und Werkzeugen bedurfte auch speziellen geschützten und umbauten Raumes.

Der Rang der entstehenden Oberschichten wurde symbolisch durch größere Häuser, mehr und bessere Kleidung, mehr und besseres Geschirr, mehr und kostbareren Schmuck symbolisiert. Religiöse Kultstätten und Tempel strahlten mittels Gebäudegrößen und -ausstattung Bedeutung aus...

Alle aus den ersten Berufen (Schmiede, Bauern, Töpfer) folgenden Spezialisierungen erforderten jeweils eigene Werkzeuge, eigene Häuser und Gebäude, mehr Händler mit mehr Transportbehältnissen. Analog gilt für die ersten Wissenschaften, die Urformen staatlicher Verwaltung, die Künste, die ausgebaute Religion und das Militär in frühen Hochkulturen, dass sie jeweils eigenen umbauten Raum, eigene Instrumente und Werkzeuge, stofflich umgesetzte Symbole für Macht und Ansehen mit sich brachten.

Zwischen den Bauern als Ernährer sowie einfachen Handwerkern und den Herrschern differenzierten sich Berufsgruppen abgestuften Ansehens (Händler, Weber, Maurer, Zimmerleute), und die Elite aus Schreibern, Astronomen, Architekten, Statthaltern, Priestern, Herrscherfamilien, mit jeweils eigenem Standesbewusstsein und Repräsentationsbedürfnis, welche sich gegenständlich in erhöhtem Stoffumschlag äußerten.[227]

---

226 Diesen Prozess fasst z. B. Luhmann unter „funktionaler Ausdifferenzierung", in: Luhmann, N.: Systemtheorie, Evolutionstheorie und Kommunikationstheorie, in: Soziologische Gids. 22/Nr. 3, 1975, S. 154-168.

227 Zu den wirtschaftlichen und sozialen Gliederungen in der Jungsteinzeit und in frühen Hochkulturen vgl. z. B. Hoffmann, E.: Geheimnisse der Steinzeit mit Blick auf die Evolution des Menschen, Books on Demand, 2011, S. 24-28; Ranz, A.: Inka und Azteken – Unterschiede und Gemeinsamkeiten zweier angloamerikanischer Hochkulturen, München, 2012, S. 17ff.; Tobisch, E.: Erkenntnis und Illusion, Grundstrukturen unserer Weltauffassung, Tübingen, 1988, S. 88ff.; Butschek, F.: Industrialisierung: Ursachen, Verlauf, Konsequenzen, Wien/Köln/Weimar, 2006, S. 19-26.

Die damaligen Stoffströme erscheinen aus heutiger Sicht unproblematisch. Wegen der zahlenmäßig geringen Bevölkerung, und weil keine außernatürlichen chemischen und physikalischen Stoffumwandlungen stattfanden, beeinflussten sie die ökologische Gesamtsituation nur marginal. Es zeigt sich aber bereits hier, dass auf der Seite der Produktion die Differenzierungen und Spezialisierungen der Arbeitsteilung, auf der Seite des Konsums zusätzlich als eigener Antrieb die sozialen Differenzierungen zu wachsendem Stoffbedarf und wachsender Stoffverarbeitung führen. Mit der Industrialisierung und der Massenproduktion haben sich die Quantität wie die Qualität der Ressourcenströme entscheidend geändert. Der grundsätzliche Zusammenhang zwischen wachsender Differenzierung und wachsendem Stoff- bzw. Ressourcenbedarf jedoch gehört zur Bewegungsweise menschlicher Gesellschaften. Er zeigt sich seit den frühesten Entwicklungsperioden, in denen der Austausch arbeitsteilig erbrachter Leistungen noch nicht mittels Geld erfolgte. Insofern ist für die stoffliche Seite von Wachstum hier zunächst unerheblich, ob mit dem Geld- und Kreditwesen – der „Geldschöpfung", wie Binswanger es in die Debatte bringt – eine weitere, womöglich beschleunigende Wachstumsdynamik wirkt. Jedenfalls aber ist es ein Fakt der sozialen Evolution, dass das Geld als allgemeines Wertäquivalent aus den Bedürfnissen arbeitsteiliger Produktion und anschließender Erfordernisse des Austauschs entstanden ist, nicht umgekehrt. Außerdem muss ja die Geldmenge in gewissem Umfang den Zuwachs an sozialer und professioneller Ausdifferenzierung abbilden.

Produktion und Stoffe

Der Einfachheit[228] der Darstellung halber findet hier eine Eingrenzung von Produktion auf stoffliche, unmittelbar materielle Produktion statt.

Jänicke (siehe oben) hat in der Enquete-Kommission „Wachstum, Wohlstand ..." darauf verwiesen, dass es sowohl um „radikale Schrumpfung" als auch um „radikales Wachstum" gehe. Als Voraussetzung für eine Strategie zur Neugestaltung der Mensch-Natur-Verhältnisse und die dafür erforderliche konkrete Zielformulierung wäre daraus abzuleiten: es ist Urteilsfähigkeit darüber zu erwerben und es sind Entscheidungen zu treffen, inwiefern Wachstum als eigendynamischer Prozess stattfindet und ohne soziale bzw. wirtschaftliche Verwerfungen

---

228 Korrekt und vollständig genommen, lässt sich von Dienstleistungen über Kultur, Kunst bis hin zu Wissenschaften für jeden gesellschaftlichen Bereich, in dem auf unterschiedliche Art produziert wird, nachweisen, dass Differenzierungs- und Spezialisierungsvorgänge – zudem auf der parallelen Grundlage permanenter Produktinnovation – zu wachsenden Stoffbedarfen für Gebäude, Räume, Geräte, Werkzeuge, Instrumente, Ausrüstungen, Ausstattungen; Materialien und Hilfsmitteln führen.

3.1 Quellen aus Differenzierung

kaum oder nicht zu verhindern ist; wo Wachstum aus ökologischen und sozialen Gründen erwünscht, und wo es aus eben diesen Gründen vermeidenswert ist. Als Bereich erwünschten Wachstums sind in den Kommissionsdebatten Green Growth bzw. Green Economies Gegenstand.[229] Beide Begriffe stehen für einen Prozess international zunehmender Wahrnehmung ökologischer Belange als volkswirtschaftlichem Wachstumsfaktor. Zunächst von dem Industrie- und Dienstleistungssektor mit additiven, den Produktionsprozess nicht verändernden Angeboten für den Umweltschutz ausgehend, fanden Erweiterungen über Güter und Dienstleistungen zur effizienten Ressourcennutzung und zum Einsatz alternativer Rohstoffe und Energien bis zur Betrachtung als „integraler gesamtwirtschaftlicher Mechanismus" und zur Ausweitung auf sozialpolitische Fragestellungen statt.[230] Dabei bleibt die in der nationalen Nachhaltigkeitsstrategie unaufgelöste Konfliktlinie zwischen grundsätzlichen Bejahern und Verneinern von Industrie, Technologie, Wachstum, Fortschritt erhalten[231], und die Frage nach unerwünschtem Wachstum im Zusammenhang mit dem unmittelbaren Design von Produktionsprozessen unberücksichtigt. Den methodischen Kern des angestrebten Wandels bilden die Prinzipien der Effizienzstrategie.[232]

Hinsichtlich von – die Produktionsprozesse selbst und direkt betreffendem – unerwünschtem Wachstum finden seit den 1960er Jahren wissenschaftliche Untersuchungen, Debatten und politische Bewertungen sowie auch Regulierungen[233] zur Technik- und Technologiefolgenabschätzung statt, mittels derer die Interessen der Allgemeinheit gegenüber Entwicklungen in Produktionsprozessen artikuliert und gegebenenfalls durchgesetzt werden, um unsteuerbare bzw. unkontrollierbare Situationen sowie Katastrophen zu verhindern.

Es handelt sich dabei um politische Entscheidungen, von denen jeweils ganze Generationen und Familien von Produkten betroffen sind.

---

229 www.bundestag.de/bundestag/ausschuesse17/gremien/enquete/wachstum/drucksachen/17_Statement_J__nicke.pdf, 06.02.2011.
230 www.bundestag.de/bundestag/ausschuesse17/gremien/enquete/wachstum/Protokolle/06_-_09_05_11.pdf, S. 27-41. – Preparatory Committee for the United Nations Conference on Sustainable Development, First session: *Progress to date and remaining gaps in the implementation of the outcomes of the major summits in the area of sustainable development, as well as an analysis of the themes of the Conference.* Report of the Secretary-General, A/CONF.216/PC/2, 1. April 2010 (PDF). www.unep.org/greeneconomy/AboutGEI/WhatisGEI/tabid/29784/Default.aspx.
231 Jänicke zitiert die Kritik als „Fortsetzung des Wachstums mit ökologischen Mitteln", Protokoll 6, S. 35. Jackson, T.: Doing the math on the green economy, Nature 472, April 2011, S 295.
232 Ein signifikanter Begriff dafür ist „vermiedenes Negativwachstum", Jänicke, ebd., S. 33.
233 Vgl.: Ropohl, G.: Ethik und Technikbewertung, Frankfurt a. M., 1996; Westphalen, R. v.: (Hrsg.): Technikfolgenabschätzung als politische Aufgabe, Oldenbourg, München, 1997; Grunwald, A.: Technikfolgenabschätzung. Eine Einführung, Berlin, 2010.

Im Zusammenhang mit Management-Strategien behandelt Mintzberg Politik als deren notwendiges, inneres Element, um sich in den gegebenen äußeren Bedingungen strategisch zu platzieren.[234] In Unternehmen findet bereits unterhalb der Ebene gänzlich neuer Produkte bzw. unterhalb der Haupt-Technologien Produktpolitik statt.[235] Eines ihrer Elemente besteht in Produktinnovation. Innovation spielte – mindestens abstrakt – auch in der Enquete-Kommission „Wachstum, Wohlstand ..." eine zentrale Rolle, während deren Pendants „Produktverschlechterung" und „geplante Obsoleszenz" hier nicht vertreten sind.[236]

Insbesondere das unternehmenspolitische Instrument „geplante Obsoleszenz" übt aber massiven Einfluss auf den Stoffverbrauch aus. Es bedeutet im Kern die gezielte Verkürzung der Lebensdauer von Produkten, beispielsweise durch den Einbau von Verschleißteilen.[237] Damit wird Wachstum als künftige Nachfrage in Gestalt von Kaufzwang, mit den Folgen Abfall, Müll und Stoffverlust absichts-

---

234 Mintzberg et.al., 1998, S. 241-247.
235 Darunter fallen zusammen genommen insbesondere Markenpolitik sowie Sortiments- oder Programm-Politik, die sich zusammensetzt aus Politiken für die Innovierung, die Variierung, die Modifizierung, Diversifizierung, Differenzierung und Eliminierung von Produkten. Siehe dazu: Albers, S./Herrmann, A.: Handbuch Produktmanagement, Wiesbaden, 2002; Homburg, Ch./Krohmer, H.: Marketingmanagement: Strategie – Instrumente – Umsetzung – Unternehmensführung, Wiesbaden, 2009.
236 Im Juni 2012 hat die Enquete-Kommission „Wachstum, Wohlstand ..." auf ihrer Website insgesamt 17 Protokolle und 57 Kommissionsdrucksachen veröffentlicht. In keinem der Dokumente taucht das Wort „Obsoleszenz" oder „Produktverschlechterung" auf: www.bundestag.de/bundestag/ausschuesse17/gremien/enquete/wachstum/index.jsp .
237 Die ersten faktischen Beispiele für Obsoleszenz kamen zu Beginn des 20. Jahrhunderts auf den Markt. 1924 gründeten internationale Glühbirnenhersteller das Phoebuskartell, welches technische Normen so festlegte, dass die Lebensdauer der Glühbirnen zugunsten der Verkaufszahlen drastisch verkürzt wurde. Relativ gleichzeitig verfolgte General Motors eine ähnliche Strategie, indem an den produzierten Autos jährliche Veränderungen vorgenommen wurden, womit vorzeitiger Neukauf bewirkt werden sollte und wurde. Nach der Neuerfindung der ursprünglich unverwüstlichen Nylonstrümpfe, diesmal mit Laufmaschengarantie in den 1940er Jahren, reichen die bekannten dreisten aktuellen Obsoleszenz-Beispiele von speziell programmierten Chips in Druckern über Displays als Sollbruchstelle von MP3-Playern und Notebooks bis zu leistungsreduzierten und nicht austauschbaren Akkus in iPods. Geplante Obsoleszenz wird mittels einer ganzen Reihe von Instrumenten und Methoden erreicht: Einbau von Sollbruchstellen (physische Obsoleszenz), rasche Abfolge neuer Produktgenerationen/Mode (psychische Obsoleszenz), manipulierter Mehrverbrauch, z. B. durch Verbleib von Produktresten in Verpackungen von Lebensmitteln und Kosmetika, Angebot von neuen Zubehörteilen (Systemvariationen), Übertreuerung von Reparaturleistungen. Es entsteht also neben den Gebrauchswerten der Produkte ablösender Markt. Literatur: Krajewski, M.: Vom Krieg des Lichtes zur Geschichte von Glühlampenkartellen, in: Berz, P./Höge, H./Krajewski, M (Hrsg.): Das Glühbirnenbuch, Wien 2001, S. 173-193. Marsiske, H.-A.: Verstecktes Verfallsdatum: Wirkprinzipien der geplanten Obsoleszenz, in: C't 15/2012, S. 75. Wolkerstorfer, H.: Das große Verschwenden. Obsoleszenz als Wachstumstreiber – das kalkulierte Ablaufdatum von Produkten ... , in: Bestseller 3-4/2012, Perchtoldsdorf (A), S. 24-26. Slade, G.: Made to break: technology and obsolescence in America, Cambridge, 2006.

3.1 Quellen aus Differenzierung 95

voll erzeugt. Die volkswirtschaftliche Gesamt-Bedeutung des Vorgangs „Obsoleszenz", z. B. auch für den Arbeitsmarkt, bedarf gründlicherer Analyse, als sie hier erfolgen kann. Immerhin vermerkt werden soll aber: Sowohl in der nationalen Nachhaltigkeitsstrategie, als auch in der Wachstums-Enquete, als auch in der Literatur werden in diesem Zusammenhang die Ursachen und die Verantwortung für Wachstum eher bzw. einseitig bei den Bedürfnissen und im Verhalten des Konsumenten gesehen.[238]

Es fällt auf, dass die Debatte u. a. der Wachstums-Enquete da endete, wo unternehmerische, produktionsseitige Verantwortung anfängt. Ansonsten hätte wenigstens thematisiert werden müssen, dass es theoretisch möglich wäre, einige besonders drastische Weisen der Vergeudung von Stoffen und Energie relativ rasch zu beheben: Formel-1- Rennen, 50 000 Transportkilometer für Billigkleidung, die massenhafte Entsorgung genießbarer Nahrungsmittel durch Supermärkte...

Zudem ist festzuhalten: Die Konsummuster, die laut Aussage der nationalen Nachhaltigkeitsstrategie der Bundesregierung änderungsbedürftig sind, werden also auch und besonders durch unternehmenspolitische Produktionsstrategien zielstrebig herbei geführt.

Die Dimension der Wechselbeziehungen zwischen Produktion und Konsumption bleibt hier wie auch aus dem Spektrum der von der Enquete-Kommission „Wachstum, Wohlstand ..." diskutierten und verhandelten Fragen ausgeblendet,

---

238 Beispielsweise erklären unter dem Titel „Wachstumsart und Wachstumsbewusstsein" Marius Christen und Emilio Marti Wachstumsbewusstsein am Beispiel massenhaft verfügbarer Baumwollunterwäsche. Die Erfahrung in immer größerer Menge vorhandener – im Unterschied zu früheren Produkten nicht kratzender – Baumwollunterwäsche führe zu einer Erwartungs- und Verhaltensänderung; daraus folgend zu Wachstumsbewusstsein und zu einer Koppelung von Lebensqualität an Wachstum. (Im Ganzen handelt es sich hier um ein Plädoyer für sogenanntes qualitatives Wachstum), vgl.: Christen, M./Marti, E.: „Wachstumsart und Wachstumsbewusstsein", in Deutscher Studienpreis (Hrsg.), Ausweg Wachstum. Arbeit, Technik und Nachhaltigkeit in einer begrenzten Welt, Wiesbaden, 2007, S. 43. Bei diesem Versuch, Wachstumsbewusstsein aus Erfahrungen mit Produktbewegungen zu erklären, wird außerdem übersehen: Wachstumsbewusstsein ist längst positiv geprägt, bevor Menschen in Kontakt mit Produkten, Angeboten, Kaufmöglichkeiten und Kaufentscheidungen kommen. Die Entwicklung der grundlegenden Hirn-, Wahrnehmungs- und Urteilsstrukturen erfolgt in frühkindlichem Alter. In diesem Lebensabschnitt wird Wachstum als beinahe ebenso beglückend wie Liebe wahrgenommen. Man begrüßt jeden hinzugewonnen Zentimeter an Körperhöhe. Man sieht die Anzahl der Spielsachen wie die Größe der Schuhe und Hosen wachsen. Analoges gilt für die Vegetation, für Wettererscheinungen wie Schnee u. v. m.. Jedes „Mehr", auch jedes hinzugelernte Wort, ist Springquell von Endorphinen. Lange vor jeder bewussten Reflektion ist als Wahrnehmungs- und Urteilsmuster geprägt: Alles Lebendige wächst, solange es jung und energievoll ist, Schrumpfen, und Reduzieren stehen für Zustände und Abläufe nach dem Zenit, für Vergehen. Es fragt sich, ob man zutreffende Aussagen über Wachstumsbewusstsein treffen kann, ohne die ursprüngliche und existentielle Verbindung von menschlichem Glück und Wachstum in Rechnung zu stellen.

weil der Fokus „Produktion" aufgrund der Zusammensetzung der Kommission fast vollständig abwesend ist.

Lediglich durch einen Vertreter der Generaldirektion Umwelt der Europäischen Kommission (Falkenberg) wird der Zusammenhang zwischen Produktion und Konsumption unter dem Aspekt des Abfalls deutlich expliziert[239], er spielt aber in der inhaltlichen Zusammenfassung des Diskussionszeitraums eine untergeordnete Rolle.[240]

---

239 „Wir gehen auch davon aus, dass die Art und Weise, in der wir heute produzieren und konsumieren, in der Perspektive 2050 nicht mehr funktionieren kann. Mit dann 9Mrd. Menschen auf diesem Planeten, einem Bevölkerungswachstum, das nahezu vollständig in den Entwicklungsländern stattfindet und einem damit verbundenem exponentiell stärkerem Konsum-Nachholbedürfnis, in dieser Perspektive werden wir 2050 mit den natürlichen Ressourcen unseres Planeten nicht mehr auskommen. Mit natürlichen Ressourcen sind, von unserer Sicht aus, nicht nur Mineralien, die wir aus dem Boden graben, gemeint -sondern wir versuchen das Spektrum weit zu nehmen: Wir nehmen dazu die natürlichen Ressourcen Wasser, Luft, Boden und versuchen auch Ökosystemdienstleistungen mit einzubeziehen. ... Wir gehen davon aus, dass Wachstum in diesem Zusammenhang, nicht nur möglich sein wird sondern auch möglich ist, aber es wäre eben ein qualitativ anderes Wachstum. Wir können nicht so wie bisher produzieren und wegschmeißen, wir müssen hin zu einer Kreislaufwirtschaft. Die Abfallwirtschaft wird sehr viel stärker in den Mittelpunkt unseres wirtschaftlichen Handelns kommen müssen, als sie es bis jetzt gewesen ist. Wir werden einsehen müssen, dass städtische Minen, sog. urban mining, sehr viel effizienteren Umgang mit natürlichen Ressourcen ermöglicht als das Ausgraben aus dem Boden.": www.bundestag.de/bundestag/ausschuesse17/gremien/enquete/wachstum/Protokolle/09_-_19_09_11.pdf, S. 9-11.

240 Zunächst wird der Zusammenhang genannt: „Nachhaltige Entwicklung erfordert nicht nur eine massive Effizienzsteigerung bei der Ressourcen- und Energienutzung, sondern auch die dauerhafte Einordnung von Produktion und Konsum in den Kreislauf der Natur. Darüber hinaus sind individuelle Konsummuster und die Kultur der Verschwendung auf den Prüfstand zu stellen." (aus These 7) Bei der „Wegbeschreibung" wird einmal Produktion nicht genannt, d. h.: das „Wie" bleibt im Prinzip offen: „Entscheidend für die ökologische Tragfähigkeit von Wachstumsmodellen ist die Entkopplung von Wachstum und Ressourcenverbrauch. Diese Entkopplung im engeren Sinn wird unterschieden in eine relative Entkopplung (der Ressourcenverbrauch stagniert oder steigt zumindest nicht in dem Maße an wie das Wachstum) und eine Reduktion, bei der der Ressourcenverbrauch sinkt. (aus These 8)Im zweiten Teil der Wegbeschreibung erscheint aus den Produktionszusammenhängen lediglich die Seite der Arbeit unter strukturellen und ethischen Gesichtspunkten; die stoffliche Dimension bleibt ausgespart:„Entkopplung im weiteren Sinn wird verstanden als eine Entkopplung des Wohlstands und der Lebensqualität vom Ressourcenverbrauch. Zu einer solchen Entkopplung kommt es bei einer Änderung der gesellschaftlichen Wertepräferenzen, der Lebensstile und der Neuorganisation der Arbeitswelt. Diese eher langfristigen Prozesse können indirekt über Bildung und gesellschaftliche Selbstverständigung erreicht werden. Sie erfordern gesellschaftliche Diskurse über die Art, wie wir leben wollen ebenso wie über das, was uns als Individuen und Gesellschaft wichtig ist. Sie erfordern aber auch das kreative Nachdenken darüber, ob die Organisation der Arbeit im 21. Jahrhundert notwendig eine andere Balance von Arbeit und Freizeit und von abhängiger und selbständiger Arbeit erforderlich macht und ob die Trennung zwischen Erwerbsarbeit und unbezahlter (ehrenamtlicher) Arbeit weiterhin ein konstitutiver Bestandteil unseres Arbeitsverständnisses sein kann oder soll." (aus These 9): www.bundestag.

Aus der Perspektive des nötigen Sachzusammenhangswissens sind die Wechselbeziehungen zwischen Produktion und Konsumption als ein „springender Punkt" zu sehen, auf den eine Strategie zur Neugestaltung der Mensch-Natur-Verhältnisse zielen müsste. Insbesondere ist von Bedeutung, inwieweit die in den Kommissionsthesen problematisierte „Kultur der Verschwendung"[241] nicht nur aus der Konsumption, sondern ebenso aus der inneren Kultur von Unternehmen rührt und dem Design von Produktionsprozessen inhärent ist.

3.2 Potenz als Wesen. Wachstum aus dem Blickwinkel der Evolution

In der Nachhaltigkeits- bzw. Wachstumsdebatte gehen sowohl die Befürworter als auch die grundsätzlichen Kritiker von technologischem Fortschritt, Industrie und Wachstum davon aus, dass die bisherige Produktions- und Konsumptionsweise (der Industrieländer) nicht beibehalten werden kann. Dabei fußen sie auf drei zentralen Denk-Voraussetzungen:

- Die natürlichen Rohstoffe der Erde sind begrenzt.
- Die ökologische Tragekapazität der Erde ist begrenzt.
- Die Erdbevölkerung nimmt – bei zusätzlich aus veränderten Bedürfnissen steigendem Ressourcenverbrauch in Schwellen- und Entwicklungsländern – dramatisch zu.

Unsere nicht westlich sozialisierten Interviewpartner haben darauf verwiesen, dass sie überhaupt erst durch die Not ihrer Mitmenschen – beispielsweise in Indien und Bangladesh – den Impuls erhielten, sich mit Umweltfragen zu befassen.

Aus dem Erdbevölkerungswachstum und aus der in Asien, Afrika und Lateinamerika ebenso nötigen wie zu erwartenden Entwicklung wird ein Mehrbedarf an Ressourcen resultieren.

Fakten zur Illustration des Vorgangs:

- Den etwa sieben Milliarden Erdbewohnern des Jahres 2013 stehen etwa neun Milliarden im Jahr 2050 gegenüber.[242]
- Selbst unter der Voraussetzung, dass in Verfolgung der Effizienzstrategie die etwa 750 Millionen EU- und USA-Bürger ihren Energie- und Ressour-

---

de/bundestag/ausschuesse17/gremien/enquete/wachstum/drucksachen/73_thesen_ein_jahr.pdf.
241 Ebd., These 9.
242 reset.to/blog/neue-un-prognose-weltbevoelkerung-waechst-bis-2050-auf-9-1-milliarden-menschen.

cenverbrauch gegen Null entwickelten[243], würde dieser dennoch weltweit insgesamt steigen.

- Die nachholende Modernisierung in den Industrie- und Schwellenländern Asiens und Afrikas schlägt sich in hohen Wachstumszahlen nieder. Selbst in den Krisenjahren 2008 und 2009 erreichte China ein Wirtschaftswachstum von 9,6 und 8,7 Prozent.[244] Um seine Beschäftigungssituation stabil zu halten, benötigt es immer mindestens 8 Prozent Wachstum. 2010/2011 erreichten China jeweils ca. 10-, Indien ca. 8-, Lateinamerika, der mittlere Osten und Nord-Afrika ca. 4-prozentiges Wachstum. Bis 2013 wurde ein etwa in diesem Bereich bleibendes Niveau prognostiziert und auch erreicht.[245]

- Die Ökobilanz des Living Planet Report 2010 zeigt aufgrund von erhöhter Wirtschaftsleistung im Blick auf den „ökologischen Fußabdruck" wie auf den „Wasser-Fußabdruck" und die Bio-Diversität alarmierende Ergebnisse, die als verminderte Umweltqualität vor allem in tropischen und ärmsten Ländern spürbar werden.[246]

Im Living Planet Report 2010 werden als Ursachen „beispiellose Bedürfnisse nach Wohlstand und Lebensqualität" und als Lösung drastische Reduzierungen, also Verzichtsleistungen in den hochentwickelten Industrieländern benannt.[247]

Um mit dieser widersprüchlichen Fakten- und Wahrnehmungssituation überhaupt noch umgehen zu können, ist es notwendig, ganz von vorn anzufangen, also nicht nur Wirtschaftswachstum zu beleuchten, sondern auch Wachstum als Eigenschaft der Biosphäre und seine Qualitätsänderung in der menschlichen Population zu beleuchten.

Dabei wird gefragt, was Wachstum im allgemeinen Kontext von Leben bedeutet, worin seine Ursachen resp. Bewegungsweise liegen; ob es sich bei der ökologischen Tragekapazität der Erde, wie der Begriff es impliziert, tatsächlich um

---

243 Tatsächlich ist es allerdings leicht möglich, dass es aufgrund des demografischen Wandels schwierig werden wird, den Energieverbrauch privater Haushalte auf dem gegenwärtigen Level zu halten. Bislang werden dort knapp 70 % der verbrauchten Energie für Raumwärme eingesetzt. Mit der Alterung der Gesellschaft nimmt die Anzahl der Bewohner je Wohnung ab. Durch Dämmung eingesparte Heizenergie führt wegen der höheren zu beheizenden Quadratmeterzahl je Person keineswegs zwingend zu einem positiven Einsparungssaldo. Vgl.: Engel, K., Zur Energienachfrage von Haushalten, auf: www.fz-juelich.de/ief/ief-ste/datapool/page/307/STE-Preprint%2006-2009.pdf.
244 www.auswaertiges-amt.de/diplo/de/Laenderinformationen/China/Wirtschaft.html.
245 wko.at/statistik/jahrbuch/worldGDP.pdf , Juni 2012.
246 Er dokumentiert, dass die Ursache für den Artentod „im wachsenden Hunger nach Rohstoffen und natürlichen Ressourcen" liegt. Vgl.: World Wide Fund for Nature, Living Planet Report 2010 – Biodiversität, Biokapazität und Entwicklung, auf: www.wwf.de/fileadmin/fm-wwf/pdf_neu/Living-Planet-Report-2010.pdf.
247 Ebd., S. 4.

3.2 Potenz als Wesen

eine nach oben konstant begrenzte Größe handelt; wodurch die Wahrnehmung von „Grenzen" als kulturelles Muster geprägt ist; und inwieweit Konsumreduktion bzw. -verzicht als strategische Zielrichtung geeignet ist.

3.2.1 Immer mehr. Leben und Wachstum

Nachdem es Sarah Hörst und Roger Yelle von der University of Arizona gelungen ist, die Entstehung von Lebensbausteinen im Labor ohne flüssiges Wasser zu simulieren, sind die ersten Anfänge der irdischen Biosphäre weniger klar, als es bis vor kurzem schien.[248]

Für sicher kann genommen werden:

Auf der ansonsten nackten, anorganischen Erde entwickelten sich vor knapp vier Milliarden Jahren erste einfache, wenig strukturierte Zellen mit der Begabung zur Transformation, Kombination, Kooperation, Vermehrung, Kopierung, Veränderung und Erweiterung von Informationen per genetischem Code. Aus diesen wenigen Zellen entfaltete sich – unter den Voraussetzungen von flüssigem Wasser und Sonnenenergie – in den folgenden gut drei Milliarden Jahren eine reiche marine Fauna und Flora. Hauptsächlich mittels Photosynthese der Letzteren wurde die Erdatmosphäre mit Sauerstoff angereichert. Die Erben der ersten einfachen Zellen wanderten als Pflanzen und Tiere an Land, um sich dort sprunghaft zu vermehren.[249]

Es handelt sich hier von Anfang an um einen mehrdimensionalen Wachstumsprozess, nämlich unter anderem hinsichtlich: Komplexität, Diversität, Differenziertheit und in Biomasse messbarer stofflicher Quantität. Aus einer zu-

---

248 Sie mischten im Labor Stickstoff, Methan und Kohlenmonoxid, setzten diese Mixtur dann einer starken Radiostrahlung aus. Obwohl kein Wasser vorhanden war, bildeten sich die beiden Aminosäuren Glycin und Alanin, die auf der Erde zu den Grundbausteinen der Proteine gehören, sowie alle fünf Basiskomponenten der Nukleinsäuren RNA und DNA: Cytosin, Adenin, Thymin, Guanin und Uracil. Die Reaktionen sind komplett innerhalb einer gasförmigen Umgebung abgelaufen. Es ist also möglich, sehr komplexe Moleküle in den äußeren Schichten einer Atmosphäre zu erzeugen. Vgl Hörst, S. M. et al.: Origin of Oxygen Species in Titan's Atmosphere, auf ww.lpl.arizona.edu/~horst/Publications_files/europlanet2007poster_SMH.pdf.
249 Zu diesen Abläufen existiert eine Unzahl allein im WWW verfügbarer Quellen, z.B.: The History of Live on Earth, auf draget.net/hoe/index.php. – Gegenüber früheren Forschungsständen hat sich hauptsächlich geändert: Irdische Organic wird nicht mehr für so glücklich-zufällig, singular und verletzlich gehalten: "Life is tenacious, and it completely permeates the surface layer of the planet. We find life beneath the deepest ocean, on the highest mountain, in the driest desert and the coldest glacier, and deep down in the crustal rocks and sediments. There have been key discoveries that suggest life is simple, straightforward and easy if you have the right conditions. There is a remarkable change among scientists from just 20 years ago." Jakosky, B.M.,University of Colorado, American Astronomical Society, 10/14/98, zitiert nach o. a. Quelle.

nächst kaum Gramm wiegenden Menge organischer Substanz ist eine Biomasse gewachsen, die sich nach Schätzungen inzwischen auf insgesamt etwa 1,85 Billiarden Tonnen beläuft.[250]

Innerhalb dieses Wachstums an Biomasse variiert/e die Anzahl der daran beteiligten Arten.[251] Der weitaus größte Anteil der seit ihrem Bestehen auf der Erde beheimateten Arten ist wieder ausgestorben, während gleichzeitig die Gesamtzahl aller Lebewesen gestiegen ist. Es ist davon auszugehen, dass dieser Prozess sich unter der Voraussetzung der gedachten Nicht-Existenz von Menschen fortsetzen würde.

Die fortschritts-, industrie- und technologiekritische Bewegungstendenz des Nachhaltigkeitsprozesses geht davon aus, dass sich dies für die menschliche Gesellschaft seit dem Eintritt in das Industriezeitalter grundsätzlich geändert hat. Das kommt auch in der Vorstellung von einer begrenzten ökologischen Tragekapazität[252] der Erde zum Ausdruck.

In der zur Kenntnis genommenen Literatur zur Gesellschaftskritik aus der Perspektive der Ökologie bzw. zu „Grenzen des Wachstums" wird damit zusammenhängend häufig „Entropie"[253] heran gezogen um zu begründen, dass die Gattung Mensch über die Erdverhältnisse lebt.[254]

---

250 Vgl.: Li-Hung Lin et al: Long term biosustainability in a high energy, low diversity crustal biome, In: Science. Bd.314, Nr. 5798, 2006, S. 479-482.
251 Die Annahmen der Wissenschaft über die gegenwärtig auf der Erde lebenden Arten gehen relativ weit auseinander. Sie bewegen sich zwischen ca. 9 Millionen und 117 Millionen, wovon etwa 1,5 Millionen, darunter 500 000 Pflanzen, beschrieben sind. Für den Gesamtzeitraum, für den sichtbares Leben auf der Erde nachweisbar ist, belaufen sich die wissenschaftlichen Schätzungen auf 1 Milliarde Arten und mehr. Demnach ist davon auszugehen, dass zwischen 80 und 90 Prozent aller jemals lebendigen Arten wieder untergegangen sind. – Sitte, P./Weiler, E./Kadereit, J.W./Bresinsky, K./Körner, Ch.: Lehrbuch der Botanik für Hochschulen, Heidelberg, 2002, S. 10; Hammond, P.: The current magnitude of biodiversity. in: Heywood V. H./Watson R.T. (Hrsg.): Global Biodiversity Assessment, Cambridge, 1995, S. 113-138; Camilo Mora et al.: *How Many Species Are There on Earth and in the Ocean?* In: *PLoS Biol*, 9(8): e1001127; Kuhn-Schnyder, E.: Die Geschichte des Lebens auf der Erde. In: Mitteilungen der Naturforschenden Gesellschaft des Kantons Solothurn, 1977, S. 27.
252 Mit dem Begriff wird erfasst, „wie viele Menschen ein Lebensraum ökologisch zu tragen vermag. ... die Fähigkeit eines Ökosystems für eine Population auf unbestimmt lange Zeit Ressourcen und Senken bereit zu stellen, ohne dass es zu Störungen des Metabolismus oder zur Erschöpfung der Ressourcen und Senken kommt." Huber, J.: Allgemeine UmweltSoziologie, Springer, 2011, S. 35.
253 In Anwendung des 2. Hauptsatzes der Thermodynamik auf lebendige Systeme wird davon ausgegangen, dass diese zur Aufrechterhaltung ihrer Strukturen ihren jeweiligen Umgebungen Energie entziehen. Die Erde erscheint hier als die Biosphäre beinhaltendes Gesamtsystem mit erschöpflichen energetischen Ressourcen, woraus z. B. für das Wirtschaftswachstum physikalische Grenzen abgeleitet werden.
254 Siehe z. B.: Verbeek, B.: Die Anthropologie der Umweltzerstörung, Darmstadt, 1990, bes. S. 19ff. und 237-261; Schütze, Ch.: Das Grundgesetz vom Niedergang, München, Wien, 1989;

3.2 Potenz als Wesen

Aus der Sicht der Physik bezeichnet Schroedinger Lebewesen als offene Systeme, die wegen ihres hohen Ordnungsgrades niedrige Entropie besitzen, ihre Aufrechterhaltung bedürfe der Kopplung an Prozesse, die diese Energie liefern; Lebewesen seien zeit ihrer Existenz stets weit von thermodynamischen Gleichgewichten entfernt.[255]

Ergebnisse der Nichtgleichgewichts-Thermodynamik auf ökonomische Entwicklungen anwendend kommt Rauschenberg zu dem Ergebnis:

„Die naheliegende Konsequenz des Entropiegesetzes für die (Umwelt-) Ökonomie, das unumstößliches ‚es geht bergab', gilt so einfach nur in einer leblosen Welt, einer Welt in der Nähe des thermodynamischen Gleichgewichts. In unserer belebten Welt, in der sich viele Vorgänge fern vom thermodynamischen Gleichgewicht abspielen, steht dem der optimistische Pfeil der Zeit entgegen. Zu kennzeichnen ist dieser optimistische Pfeil der Zeit durch Begriffe wie Entwicklung und Evolution."[256]

Für menschliche Gesellschaften stellt Huber aus soziologischer Sicht fest:

„Die Tragekapazität steigt historisch mit dem Entwicklungsniveau der Produktivkräfte, insbesondere mit technologisch gesteigerter Arbeitsproduktivität und ausdifferenzierter Wirtschafts- und Verwaltungsorganisation. Mit der Aufstufung von primitiven zu archaischen und traditionalen zu modernen Gesellschaften ist die ökologische Tragekapazität jeweils gestiegen, anders gesagt, die jeweiligen ökologischen Grenzen des Wachstums wurden expansiv verschoben. ... Ein moderner Zeitgenosse verursacht pro Tag einen Stoffumsatz von etwa 1.320 Kilogramm, während sein steinzeitlicher Vorfahre mit 35 Kilogramm gelebt haben soll."[257]

Von einem naturwissenschaftlich beweisbaren und aus der menschlichen Populationsgröße ableitbaren generellen Zwang zur Reduzierung von Wirtschaftswachstum und Konsum kann nicht ausgegangen werden.

Festzuhalten bleibt: Leben – als Prozess und Ganzes – ist Wachstum.

Es ergeben sich als Fragen: Was ist das „innere Wesen" von Wachstum? Wie verhalten sich biologisches und gesellschaftliches Wachstum zueinander? Und: Worin kann die neue Generation von Produktivkräften (Huber) bestehen, die geeignet sind, die für die jetzige Produktions- und Konsumptionsweise gegebenen ökologischen Grenzen von Wachstum „expansiv zu verschieben."

  Müller, K.-W./Ströbele, W.: Wachstumstheorie, München, Wien, 1985, S. 1-2.
255 Schrödinger, E.: Was ist Leben?, München, 2001.
256 Rauschenberg, R.H.: Die Bedeutung des 2. Hauptsatzes der Thermodynamik für die Umweltökonomie, unter: www.wiwi.uni-frankfurt.de/~rainerh/Diplomarbeit/dbdzh.htm, 1990, 4. Schlussbetrachtung.
257 Huber J.: 2011, S. 35f.

3.2.2 Noch viel mehr – Über Wachstum, Informationen, Mensch, Gesellschaft

Es gibt diverse Möglichkeiten, Leben abstrakt zu beschreiben bzw. zu definieren. Als Eigenschaften, die gegeben sein müssen, damit von Leben gesprochen werden kann, werden meist genannt: Fortpflanzung, Selbstorganisation, Vorhandensein eines Stoffwechsels und Bildung eines nach außen abgeschlossenen Systems[258]. Inwiefern Lebewesen als nach außen abgeschlossene Systeme betrachtet werden sollten, bzw. ob eine Beschaffenheit des nach Außen Abgeschlossenseins Priorität bei der Betrachtung von Leben haben kann, ist fraglich.[259]

Für die hier vorliegende Arbeit wurde „Information"[260] als zentraler Zugang gewählt, um den Zusammenhang zwischen Leben und Wachstum zu erfassen. Vom genetischen Code über die Struktur und Arbeitsweise der qua Nahrungsaufnahme zu bildenden Zellen und Organe eines Lebewesens bis hin zum inneren und äußeren Stoffwechsel oder der Wirkungsweise von Nervensystemen beruht alles Leben auf einem kaum zu überblickenden Prozess des Austauschs von und der Operation mit Informationen.

Dass es sich seit dem Erscheinen lebendiger Materie auf der Erde bis zur Entwicklung menschlicher Gesellschaften im Kern um einen Prozess permanenter Vervielfachung von Informationen handelt, zeigen die Biologen Smith und Szathmáry in acht Übergängen zu jeweils wesentlich informationsreicheren und

---

258 Vgl.: Schrödinger, E.: Was ist Leben?, München, 2001.
259 Schrödinger selbst bezeichnet – siehe oben – Lebewesen als offene Systeme. Schon das Vorhandensein von Stoffwechsel verweist darauf, dass Offenheit nach außen Existenzvoraussetzung von Leben ist. Andernfalls würde jedes Lebewesen ersticken, verhungern, verdursten. Würde man biotische Wesen von innen, von ihrem lebendigen Keim her definieren, dann wäre besser von einer von außen wahrnehmbaren, eindeutig identifizierbaren Einheit gesprochen. Betrachtet man den Menschen als höchst entwickelte organische Materie, so wird die Existentialität der Offenheit nach außen noch deutlicher: Eine der schrecklichsten Foltermethoden nennt sich Deprivation. Sie besteht darin, alle Sinnesreize und damit allen Informationsaustausch mit seiner Umgebung von einem Menschen fern zu halten. Er muss in schalldicht isolierter Schwärze liegen, auf eine Weise gefesselt, die es ihm verbietet, sich selbst zu berühren. Es werden dabei nicht nur menschliche Psychen zerstört; selbst der Stoffwechsel kann sich ändern. Im Zusammenhang mit der Kritik von Verhörmethoden der CIA gibt es dazu eine Fülle von Literatur, vgl. z.B.: Rejali, D. M.: Torture and Democracy, Princeton, 2007, S. 369ff.
260 Hier würde ein Begriff von Information benötigt, der gleichzeitig den naturwissenschaftlichen Strukturbegriff bspw. der Neuroinformatik oder der mit Informationsverarbeitung befassten Hirnforschung beinhaltet. Eine entsprechende Definition ließ sich nicht finden. Obwohl „Wissen" im erkenntnis- oder informationstheoretischen Sinn nicht Fähigkeit noch Eigenschaft von Zellen, Molekülen, Neuronen ist, wird – sofern nicht anders oder genauer erklärt – unter „Information" das Übertragen und Vorhandensein von Wissen verstanden. Das kann sich auf codierte/entschlüsselte Bedeutung und Struktur wie auf operationales Wissen, also handlungs- oder prozessauslösende und bestimmende „Befehle" beziehen.

3.2 Potenz als Wesen

komplexeren Phasen: erstens der Übergang von replikationsfähigen Molekülen zu Molekülverbänden, zweitens die Entwicklung von Chromosomen als unabhängigen Replikatoren, drittens das Hinzutreten von DNA und Proteinen zu RNA als Genen und Enzymen, viertens die Entwicklung von Zellen mit Kern, fünftens das Entstehen von Populationen mit geschlechtlicher Fortpflanzung, sechstens der Übergang von miteinander nicht verwandten Ein- bzw. Wenigzellern zu Tieren, Pflanzen, Pilzen, siebtens Zusammenschlüsse von Individuen zu Kolonien und achtens: der Übergang von Primatengesellschaften zu menschlichen Gesellschaften und dem Ursprung von Sprache.

Der Wachstumsprozess von Informationsmengen stellt sich also so dar: Erst erhöhte sich Anzahl möglicher Varianten und Kombinationen von Informationen durch die Kooperation einfacher Moleküle, dann durch die mit Chromosomen mögliche koordinierte Replikation von Genen, dann durch „Arbeitsteilung" zwischen RNA, DNA (Lagerung und Übertragung von Informationen) und Proteinen (Aufbau und Formung der meisten Körperstrukturen), dann durch die Fähigkeit, informatorisch alle zellularen Organismen in jeweils einem Zellkern zu speichern, dann durch Kooperation der informationsangereicherten Zellen in sexueller Vermehrung, dann durch die Entwicklung von fortgeschrittener Codierungsfähigkeit als Voraussetzung für das Entstehen komplizierter Vielzeller, dann durch Arbeitsteilung und Kooperation in Kolonien (z. B. Ameisen, Insekten) und schließlich durch die Entwicklung von Sprache als zweitem System unbegrenzter Vererbung.[261]

Alle Faktoren der biologischen Evolution lassen sich wie gezeigt als Operationen von Informationen darstellen und lesen. Durch Rekombination, Mutation, Gendrift, Genfluss, Migration, Isolation, Hybridisierung, horizontalen und vertikalen Gentransfer wächst die Anzahl der in den genetischen Codes enthaltenen Informationen. Durch Selektion nicht lebensfähiger Kombinationen wird sie reduziert, allerdings immer mit am Ende positivem Saldo für die erhöhenden Faktoren. Woraus sich letztlich auch das Wachstum der Biomasse erklärt.

Mit Ausnahme des Menschen sind alle Lebewesen zur Gewährleistung von Informationsaustausch und Informationsvermehrung auf zeitlichen und/oder räumlichen Kontakt angewiesen. Hier fallen im Prinzip Stoff und Information bzw. Information und Informationsträger zusammen. So können sie weder beliebig auf frühere genetische Informationskombinationen noch auf eine andere als die sie tatsächlich umgebende Umwelt zurück- und zugreifen. Mit anderen

---

261 Smith, J. M./Szathmáry, E.: The origin of life. From the Birth of Life to the origins of Language, Oxford, 2009, S. 16-18.

Worten: Die ihnen im Moment gegebene Realität stellt in dieser Hinsicht für sie Grenze und Restriktion dar.

Für den Menschen gilt das nicht. Das wird deutlich, wenn man sich nicht hauptsächlich wie Smith und Szathmáry mit der Codierungsfähigkeit und Informationsverarbeitungskapazität von Sprache befasst, sondern darüber hinaus mit „Aussagen" als sprachlichen Äußerungen einer bestimmten Qualität. Sie sind auf Reflektion und Bewusstsein[262] basierende Erklärungen oder Beschreibungen von Sachverhalten, Vermutungen, Thesen, Positionen, Meinungen. Im Unterschied zu gemütsäußernden Ausrufen, zu verhaltensfordernden Befehlen, zu Fragen oder zu Wünschen können ihnen Wahrheitswerte zugeordnet werden. Unabhängig von ihrem jeweiligen Wahrheitswert drücken sie ein bewusstes Verhältnis zur Umwelt/Umgebung aus und sind Voraussetzung für die Speicherung von Informationen in einem bewussten Gedächtnis sowie für deren Abruf und Austausch.

Um Aussagen und ihr Zustandekommen werden seit Aristoteles philosophische, geistes- und naturwissenschaftliche Grundsatzdiskussionen ausgefochten und Lager widerstreitender Überzeugungen gebildet[263]. Diese sollen keine weitere Rolle spielen. Es geht hier darum, wie sich die Tatsache, dass der Mensch Aussagen treffen kann, auf die Menge der jeweils vorhandenen Informationen auswirkt.

Der Mathematiker Kurt Gödel hat den Vorgang mit der nach ihm benannten „Gödelschen Schleife" blitzlichtartig erhellt. Die „Gödelsche Schleife" wurde lange und häufig im Blick auf die Chaos-Theorie, auf künstliche Intelligenz, auf

---

262 In der Logik wird zwischen den „Aussagen" selbst, als den nach Frege „unsinnlichen Gedanken" und „Aussagesätzen" als der sinnlichen Gestalt, in der sie geäußert werden, unterschieden. Nach Frege gibt es eine Dreistufigkeit von Aussage (Gedanke), Urteil (Entscheidung über den Wahrheitswert) und Behauptung (Äußern/Kundgeben des Urteils); Frege, G.: Der Gedanke. Eine logische Untersuchung, in: Beiträge zur Philosophie des deutschen Idealismus, Band I, 1918–1919, S. 58-77; Online: http://www.gavagai.de/texte/Frege.pdf.

263 Die ursprünglichen Kontrahentenpaare Gnostiker/Agnostiker, Materialisten/Idealisten, Reduktionisten/Holisten erscheinen inzwischen in einem weit verzweigten Diskursfeld von philosophischen Fragen der Naturwissenschaften, besonders der Mathematik und der Biologie. Die vorliegende Arbeit ist u. a. in der weiter vorn ersichtlichen Schwierigkeit, „Information" zu definieren, davon berührt. Unterstellt man, dass „Information" zwingend bewusstes Wissen enthält, dann wird es problematisch, Molekülen, Zellen oder Genen Informationsgehalt zu zuschreiben. In der Evolutions-/Darwinismus-/Biologismus-Debatte geriete man unweigerlich zu den Kreationisten bzw. Vertretern der evolutionstheoretischen „Design-Schule", die einen in der organischen Substanz angelegten teleologischen Plan sehen. Andererseits ist es eben eine der anspruchsvollsten Aufgaben, die weit über physikalische/chemische Widerspiegelungen und Reaktionen hinausgehende Codierungs- und Transferfähigkeiten organischer Substanz auf einen übersichtlichen Begriff zu bringen. Zu diesen Auseinandersetzungen vgl.: Kitcher, Ph.: In Mendel's Mirror: Philosophical Reflections on Biology, Oxford, 2003.; ders., Living with Darwin: Evolution, Design, and the Future of Faith , Oxford, 2007.

3.2 Potenz als Wesen

mögliche oder unmögliche Widerspruchsfreiheit in der Mathematik diskutiert.[264] Der Schwerpunkt lag dabei vor allem auf der Möglichkeit, nach dem Prinzip der Rekursivität aus winzigen Einheiten komplexe Strukturen zu bilden. Die Gödelsche Schleife sagt aber zudem Entscheidendes über Wachstum aus. Ihr Ausgangspunkt ist die Reihe der Fibonacci-Zahlen.[265] Dazu bildet Gödel eine zweite Reihe – eine Art „Meta-Reihe"-, indem er mathematisch formalisierte Aussagen über die Fibonacci-Zahlen trifft. Im Unterschied zur originalen Fibonacci-Reihe kann die Aussagen-Reihe an ihren Anfang zurück kehren. Nimmt man die erste Zahlenreihe als Metapher für eine reale Entwicklung, so ergibt sich in dem Moment, in dem die Tatsache „Aussage" hinzu tritt, also zur Aktion die Reflektion, folgendes:

Es besteht erstens die grundsätzliche Möglichkeit, unabhängig von Ort und Zeit auf Informationen aller zurückgelegten Entwicklungsabschnitte zuzugreifen. Allein dadurch erhöht sich stetig die zu einzelnen Zeitpunkten vorhandene Menge an verfügbaren und operationalisierbaren Informationen sprunghaft. (Will man den Bereich der abstrakten Mathematik verlassen, so ist diese Tatsache in der Entwicklung von Sprache, Schrift und Symbolen mit ihren vielfältigen Konservierungs- und Transfermöglichkeiten evident.)

Zweitens kann – abhängig von Perspektive, Absicht, akkumuliertem Wissen usw. – zu jedem realen Vorgang oder Gegenstand eine beliebig große Menge an Aussagen getroffen werden, wobei deren tatsächlicher Wahrheitswert keine Rolle spielt. Die in den Aussagen enthaltenen Informationen wiederum sind untereinander kombinierbar. Das heißt: Allein unter der Bedingung der mit dem Menschen gegebenen Tatsache „Aussage" erhöhen sich sowohl die Menge an Informationen als auch die mit und zwischen ihnen möglichen Operationen, als auch ihre Speicherbarkeit exponentiell.

Hinzu kommen die vorn aus der Perspektive von „Stoff" besprochenen Folgen von Arbeitsteilung und sozialer Differenzierung. Für die Perspektive „Informationsaustausch" kann die Systemtheorie herangezogen werden, um den Vorgang zu beschreiben: Nach Luhmann verhalten sich soziale Systeme selbstreferentiell,

---

264 Vgl. zusammenfassend: von Randow, G.: Vorwort zu: Hofstadter, D.R., Gödel, Escher, Bach, München, 2001. Zum kulturellen Sinn und zur Erkenntnisfunktion der Mathematik mit und durch Gödel: Scholz, E.: Die Gödelschen Unvollständigkeitssätze und das Hilbertsche Programm einer „finiten" Beweistheorie, in: Achtner, W.: Künstliche Intelligenz und menschliche Person, Marburg 2006, S. 15-38. In komplexitätstheoretischem Kontext: Pinn, K.: Order and Chaos in Hofstadter's Q(n) Sequence, in: Complexity 4, Mering, 1999.
265 Unendliche Folge von Zahlen, bei der sich die jeweils folgende Zahl durch Addition der beiden vorherigen ergibt. (0,1,1,2,3,5,813 ...), seit 450v.Ch. aus dem Sanskrit, seit 100v.Ch. aus der griechischen Antike bekannt. Der italienische Mathematiker Leonardo benutzte sie 1202, um das Wachstum einer Kaninchenpopulation zu beschreiben. Die Zahlenfolge taucht in der Natur häufiger auf, z.B. in Spiralen in Bauplänen vieler Pflanzen oder in der Ahnenmenge männlicher Honigbienen. Sie spielt in Kunst und Wissenschaft häufig eine Rolle.

das heißt: Sie tauschen Informationen zur Wahrnehmung der eigenen Interessen und mit Konzentration auf die inneren Belange aus. Dabei sind sie aber nach außen kognitiv offen.[266] Es wird also unter Aufnahme äußerer Informationen ein eigner innerer, neu kombinierter Informationskosmos erzeugt, und dieser Vorgang wiederholt sich mit jedem weiteren funktional ausdifferenzierten Subsystem.

Aus der Kombination von Stoff- und Informationsströmen in menschlichen Gesellschaften folgte: In den knapp 10000 Jahren, seitdem mit der neolithischen Revolution Ackerbauern und Viehzüchter begannen gestaltend in ihre Umwelt einzugreifen, hat sich die Erde stärker verändert als in Millionen Jahren zuvor. Die Population Mensch selbst ist spektakulär gewachsen.

Der Umstand, dass dabei die Entwicklung der Gattung einem Beschleunigungsgesetz unterliegt, wird seit Jahrzehnten diskutiert; wobei außer Acht bleibt: Zwischen der unablässigen gleichzeitigen Vergrößerung von Informationsmengen sowie deren Operations- und Kombinationsmöglichkeiten und Beschleunigung besteht ein zwingender Zusammenhang. Für menschliche Gesellschaften ist festzustellen: Informationswachstum und Beschleunigung sind gleichbedeutend; sie sind unterschiedliche Wahrnehmungen ein und desselben Prozesses.[267] Je mehr Informationen bewegt werden, je intensiver und in je dichteren Verknüpfungen Gesellschaften kommunizieren, desto stärkere Beschleunigung erfährt ihre Entwicklung. Langsames gesellschaftliches Leben wie z. B. bei einigen Naturvölkern, findet unter der Bedingung lockerer, weitmaschiger Verknüpfungen,

---

266 Luhmann, N.: Systemtheorie, Evolutionstheorie und Kommunikationstheorie, in: Soziologische Gids. 22/Nr. 3, 1975, S. 154-168.
267 Siehe z. B. Baier, L.: Volk ohne Zeit, Berlin, 1990; Backhaus, K./Bonus, H. (Hrsg.): Die Beschleunigungs-Falle oder der Triumph der Schildkröte, Stuttgart 1994; Kafka, P.: Gegen den Untergang. Schöpfungsprinzip und globale Beschleunigungskrise, München Wien, 1994; Reheis, F.: Nachhaltigkeit, Bildung und Zeit. Zur Bedeutung der Zeit im Kontext der Bildung für eine nachhaltige Entwicklung in der Schule, Baltmannsweiler, 2005; Reheis, F.: Entschleunigung: Abschied vom Turbokapitalismus. München, 2003; Rosa, H.: Beschleunigung. Die Veränderung der Zeitstrukturen in der Moderne. Frankfurt a. M., 2005; Vinz, D.: Entschleunigung, in: Brand, U./Lösch, B./Thimmel, S.: ABC der Alternativen. Von „Ästhetik des Widerstands" bis „Ziviler Ungehorsam", Hamburg, 2007. – Folgende Denkmöglichkeit bleibt hier außer Acht: Beschleunigung bedeutet das Ansteigen von Aktivität/Bewegung in einer gegebenen Zeiteinheit. Für die Beschleunigung des menschlichen und gesellschaftlichen Lebens wird in der Literatur fast ausschließlich einseitig äußerer, von Akteuren und Strukturen ausgeübter/verursachter Druck verantwortlich gemacht. Mindestens ebenso bedeutsam ist aber die innere Ursache von Beschleunigung: Korrelierend mit der exponentiell wachsenden Menge von Informationen und ihren Operations- und Kombinationsmöglichkeiten wächst auch die Menge der individuellen und gesellschaftlichen Möglichkeiten für Aktionen/Aktivität, woraus „innere" Bedürfnisse entstehen. Exemplarisch kann dafür die Ambivalenz der Benutzer von E-Mails, i-Phones usw. stehen: Einerseits leiden sie unter dem Zwang ständiger Verfügbarkeit, andererseits fühlen sie sich von der Welt abgeschnitten, sobald ihnen diese Kommunikationsdienste und mit diesen ihre eigenen inneren informatorischen Erweiterungsmöglichkeiten nicht zur Verfügung stehen.

in dünner besiedelten, relativ abgelegenen Regionen statt. Man könnte es auch kommunikativen Inzest nennen.

Für die Entwicklung einer politischen Strategie zur Neugestaltung der Mensch-Natur-Verhältnisse scheint es sinnvoller, dies als gegeben zu nehmen und intelligent damit umzugehen, als Verzögerungen bewirken zu wollen.

Zusammenfassend ist zu folgern: Wenn gilt, dass Leben generell Wachstum bedeutet, dann gilt auch: menschliches und gesellschaftliches Leben bedeuten exponentielles und exponentiell beschleunigtes Wachstum.

Bei beidem handelt es sich um einen eigendynamischen Prozess, der sich nicht außer Kraft setzen lässt, durch Natur- bzw. soziale Katastrophen allerdings unterbrochen und auch beendet werden kann.

3.3 Zwischen Moral und Struktur. Verzicht als gesellschaftliche Option

Trotzdem Wachstum sowohl in der gesamten Biosphäre als auch für die menschliche Gesellschaft insgesamt als eigendynamischer Prozess zu nehmen ist, für den es um eine grundsätzlich ermöglichende Richtung geht, muss die Frage nach Verzicht gestellt werden.

Wenn nämlich gilt, dass erstens menschlich-gesellschaftliches Leben exponentielles und beschleunigtes Wachstum bedeutet; dass zweitens der menschheitliche Stoffbedarf sowohl aufgrund der inneren Wachstumsdynamik der Population als auch aufgrund ihrer äußerlich messbaren Vergrößerung zunimmt; dass aber drittens die Menge der auf der Erde verfügbaren Stoffe endlich ist, dann erscheint zunächst die Reduktion des individuellen Stoffumsatzes, also Verzicht, als logische Option für einen Ausstieg aus der so gegebenen Quadratur des Kreises.

Während des gesamten Nachhaltigkeitsprozesses wurde und wird die Verzichtsfrage entgegengesetzt beantwortet.

Auf die Fähigkeit zu selbstkritischer Entscheidung und vernünftigem Verhalten bauend, waren die Diskurse und politischen Debatten zur Entwicklung eines Leitbildes von umweltbewusstem Leben seit dem Bericht des Club of Rome „Grenzen des Wachstums" von Appellen an die Verbrauchermoral, von Aufforderungen zum Verzicht begleitet. Parallel dazu wurde nach Lösungen gesucht, mittels technologischen Fortschritts usw. Konsumverzicht zu erübrigen.

Eine analoge Diskurs-Konstellation trifft für unsere geführten Interviews zu. Barua (Bangladesh), Fazal (Malaysia), Shiva (Indien), Ngongo (Kongo) lassen keinen Zweifel daran, dass in ihren Heimaten dringender Konsumbedarf existiert; O. Uexküll (Deutschland/Schweden) fühlt sich als Wohlstandsvertreter gegenüber Aktivisten von unterprivilegierten Kontinenten gehemmt; Succow und von Weizsäcker (beide Deutschland) plädieren für Reduzierungen/Einschränkung; Gege (Deutschland) setzt „weniger auf Altruismus und mehr auf eine Winwin-Strategie"[268] Der World Wide Fund for Nature verlangt den hochentwickelten Industrieländern drastische Verzichtsleistungen und Einschränkungen ab.[269] Die nationale Nachhaltigkeitsstrategie der Bundesregierung beinhaltet wie gezeigt beide Seiten des Gegensatzes. Die Aufgabenstellung für die Enquete-Kommission „Wachstum, Wohlstand …" kann man auch dahin gehend deuten, dass mit einer Entkoppelung von Konsum und Lebensqualität versucht wird, Konsum-Verzichte durch gesellschaftliche Leistungen auf anderen Gebieten zu kompensieren.

Hier wird *nicht* davon ausgegangen, dass Menschen grundsätzlich unfähig wären, freiwillig und ohne Konflikt auf Dinge zu verzichten. Sie verändern ihre Lebensweisen und Lebensstile zeit ihrer Existenz; je älter die Menschheit als Ganzes wird, desto schneller. Individuelles Leben kann als unablässige Abfolge von Entscheidungssituationen gefasst werden, in denen immer auf eine oder mehrere Optionen verzichtet wird.

Menschen vermögen durchaus, ihre materiellen Bedürfnisse auf deren Dringlichkeit sowie die Art und Weise der Befriedigung hin überprüfen und ihr Verhalten entsprechend ändern. So sind schließlich auch die ersten Schritte zu nachhaltiger Entwicklung und Ergebnisse wie die in Europa erreichten Umweltsanierungen zustande gekommen.

Es wird hier mit Kant davon ausgegangen, dass Menschen grundsätzlich moral- und vernunftbegabt sind. Aus den handlungsrelevanten Bewusstseinstrukturen von Subjekten bzw. Individuen kann keine zwingende, in ihnen selbst liegende Determination zur Verzichtsunfähigkeit gelesen oder abgeleitet werden.

Damit ist jedoch noch nicht beantwortet: Inwieweit, unter welchen Bedingungen und mit welcher Wahrscheinlichkeit könnten und würden Menschen tatsächlich auf Konsumerzeugnisse verzichten?[270] Können die Fähigkeiten oder Unfähigkeiten des – gedachten – einzelnen, handelnden Individuums über Konsumverzicht als gesellschaftliche Option Auskunft geben?

Die Frage nach dem Verhältnis von Individuum und Gemeinschaft resp. Gesellschaft ist so alt wie die Philosophie, zuerst gründlich von Aristoteles bearbei-

---

268 Gege, M.: im Interview, Anlage 1, S. 62.
269 World Wide Fund for Nature: Living Planet Report 2010 – Biodiversität, Biokapazität und Entwicklung, auf: www.wwf.de/fileadmin/fm-wwf/pdf_neu/Living-Planet-Report-2010.pdf, S. 4.
270 Zur Frage, wie Menschen/Subjekte sich in der Realität verhalten (und womöglich verzichtsbereit sind), sagt Anderson (Schweden) im Interview: "People forget very fast. We had this very bad crises in the beginning of the 90ies, which was not global as it is now. … But then as soon as we started to recover and everything was good and people got jobs they forgot all about it.… I mean: people are people.", in: Anderson, M.: im Interview, Anlage 1, S. 13.

3.3 Zwischen Moral und Struktur

tet.[271] Wie bei ihm steht auch im Zentrum von Marx' Theoriegebäude die Überzeugung, dass der Mensch nicht als Individuum erklärbares, sondern gesellschaftliches Wesen, zoon politicon, jedoch autonom handelndes Subjekt sei.[272] Das „menschliche Wesen" sei das „Ensemble der gesellschaftlichen Verhältnisse".[273] Die gesellschaftsbildenden Handlungen sind bei Marx durch Produktion resp. Ökonomie determiniert.[274] Das heißt, er unterstellt allgemeine Gesetze gesellschaftlicher Entwicklung, die außerökonomische Entwicklungen auf ökonomische Faktoren zurück führen, wobei die Produktionsweise jeweils als geschlossen erklärbares System angenommen wird.[275] Marx kann tatsächlich entwicklungslogisch herleiten, dass wesentliche gesellschaftliche Strukturen von der Art und Weise der Produktion abhängen. Jedoch: In sich schlüssige Erklärungen werden hier nur innerhalb der als geschlossene Systeme gedachten jeweiligen „Gesellschaftsformationen"[276] gefunden. Triebkraft gesellschaftlicher Entwicklung sind in diesem Denksystem materielle Interessen. *Wie* das „Ensemble gesellschaftlicher Verhältnisse" aus dem Handeln von Individuen entsteht, wird in Horizonten von Phasen stabiler Produktionsweisen und deren Umstürzen in Klassenkämpfen gesehen.

Oben wurde aber dargestellt: Es handelt sich bei Lebewesen um offene Systeme, zwischen denen hauptsächlich reger Informationsaustausch stattfindet.

---

271 Aristoteles Vorstellung und Begriff vom zoon politikon hat bis ins späte Mittelalter das Denken dazu geprägt. Siehe: Aristoteles: Politik, in: Flashar, H. (Hrsg.), Berlin, 1991, Buch III. Tönnies zeigt, wie in der Neuzeit/Moderne die aristotelische Vorstellung von Gemeinschaft durch das Denken in der Kategorie „Gesellschaft" abgelöst wird, womit das individuelle, autonom handelnde Subjekt in den Mittelpunkt rückt und die Frage, auf welche Weise es Gemeinschaft zerstört/gesellschaftliche Strukturen bildet, zunehmende Beachtung findet. Siehe: Tönnies, F.: Gemeinschaft und Gesellschaft. Grundbegriffe der reinen Soziologie. Darmstadt, 2005.
272 Siehe: Marx, K.: Ökonomische-philosophische Manuskripte (1844) in: MEW, Ergänzungsband I; Marx, K: Das Elend der Philosophie. Antwort auf Proudhons „Philosophie des Elends"(1847), Berlin, 1979.
273 Marx, K.: Thesen über Feuerbach, in: MEW, Band 3, Berlin, 1969, S. 6.
274 „Die materialistische Anschauung der Geschichte geht von dem Satz aus, daß die Produktion, und nächst der Produktion der Austausch ihrer Produkte, die Grundlage aller Gesellschaftsordnung ist; daß in jeder geschichtlich auftretenden Gesellschaft die Verteilung der Produkte, und mit ihr die soziale Gliederung in Klassen oder Stände, sich danach richtet, was und wie produziert und wie das Produzierte ausgetauscht wird. Hiernach sind die letzten Ursachen aller gesellschaftlichen Veränderungen und politischen Umwälzungen zu suchen nicht in den Köpfen der Menschen, in ihrer zunehmenden Einsicht in die ewige Wahrheit und Gerechtigkeit, sondern in Veränderungen der Produktions- und Austauschweise; sie sind zu suchen nicht in der Philosophie, sondern in der Ökonomie der betreffenden Epoche." Engels, F.: Herrn Eugen Dührings Umwälzung der *Wissenschaft,* („Anti_Dühring"), in: MEW, Band 20, Berlin, 1962, S. 487.
275 Vgl: Addis, L: The Individual and the Marxist Philosophy of History. in: Brodbeck, M: Readings in the Philosophy of the Social Sciences. New York London, 1968.
276 Sklaverei, Feudalismus, Kapitalismus.

Voraussetzung und Ergebnis solcher Interaktion ist Offenheit, was analog für menschliche Gesellschaften gilt.

Erstmals Elias entwickelt zur Frage nach dem Verhältnis von Individuum und Gesellschaft einen Zugang, der diesem allgemeinen Prinzip von Leben entspricht. Er hält die so oder so einseitige Darstellung von Individuum und Gesellschaft für theoretisch unzureichend. Die Einseitigkeit hebt er auf, indem er in seiner Prozess- und Figurationssoziologie Individuen und gesellschaftliche Strukturen als sich wechselseitig bedingendes und änderndes Beziehungsgeflecht darstellt – bis in detaillierte Beschreibungen von Zusammenhängen zwischen Affekt- und Strukturänderung.[277]

An die Stelle der statischen, geschlossen-systemischen Vorstellung von Gesellschaft als jeweils relativ stabiler Zustand, unterbrochen von Zeiten rapiden Wandels, setzt Elias die analytische Beschreibung eines steten Prozesses, der sich unter anderem zu mehr Komplexität, zu wachsender Differenziertheit bewegt.

Für die hier gestellte Frage ist bedeutsam: Worauf Menschen zu verzichten bereit sind und auch tatsächlich verzichten können, hängt, Elias konsequent denkend, von den seit langem stetig gewachsenen Strukturen und Beziehungsgeflechten ab, die sie permanent neu schaffen und innerhalb derer sie sich bewegen. Verzicht als gesellschaftliche Option ist demnach nicht nur durch vereinbarte Werte für Verhaltensweisen, also ethisch, sondern auch gesellschafts-strukturell determiniert.

Was Elias unter solcher „Strukturgeschichte"[278] oder Strukturentwicklung fassen würde, lässt sich am Wachstum und den strukturellen Entwicklungsprozessen des World Wide Web und des Internet wie im Zeitraffer darstellen.[279]

---

277 „Es verändert sich die Art, in der die Menschen miteinander zu leben gehalten sind; deshalb verändert sich ihr Verhalten; deshalb ändert sich ihr Bewusstsein und ihr Triebhaushalt als Ganzes. Die ‚Umstände', die sich ändern, sind nichts, was gleichsam von ‚außen' an den Menschen herankommt; die ‚Umstände', die sich ändern, sind die Beziehungen zwischen den Menschen selbst." „Und wie sich derart der Aufbau der menschlichen Beziehungen ändert, und wie nun der Einzelne ganz anders als zuvor in das Menschengeflecht eingebettet und durch das Gespinst seiner Abhängigkeiten modelliert wird, so ändert sich auch der Aufbau seines Bewusstseins- und Triebhaushalts." Aus: Elias, N.: Über den Prozess der Zivilisation, Frankfurt a. M., 1997, Band II, S. 37.
278 Die Bezeichnung verwendet er tatsächlich einmal: a. a. O., S. 484.
279 Bestand das Arpanet 1969 noch aus lediglich 4 Hosts, 1971 aus 15, so wuchs die Anzahl der Hosts im Internet von 200 im Jahr 1981 auf 681 Millionen im Juli 2009; Host: in ein Rechnernetz eingebundenes Rechnersystem mit zugehörigem Betriebssystem, das Clients (z. B. Browser) bedient oder Server beherbergt, vgl. Statistik auf: https://www.isc.org/solutions/survey/history

3.3 Zwischen Moral und Struktur 111

Mit Ausnahme ihrer Vorläufer[280] und den Keimformen im universitären bzw. Forschungsbereich[281] können das Internet und das WWW als emergente, spontan auftauchende gesellschaftliche Erscheinung gelten.[282] Ihre in kürzester Zeit erreichte Dimension, Dichte und Struktur erhält es aus der Bewegungsweise eben des Geflechts aus Handlungen unterschiedlichster Akteure einerseits[283] und der Rückwirkung des gesamten Netzes auf die Akteure andererseits, die Elias unter Figuration fasst. Die Entwicklungslogik des digitalen Raumes lässt Rückschlüsse auf das Werden der Gesellschaft wie auf das allgemeine Verhalten von Menschen zu.

Einen wesentlichen Beitrag zur Ermöglichung solcher Rückschlüsse leisten der Mathematiker und Netzwerk-Theoretiker Albert-László Barabási[284] und sein Team.[285]

Kurz zusammengefasst: Sie haben Netzwerktheorien von Vorgängern und Kollegen mit realen Netzwerken verglichen und Unterschiede zwischen Modell und Realität festgestellt.[286] Zur Grundlage für ihr eigenes Modell nahmen sie selbst empirisch-mathematisch erfasste Daten für einen Entwicklungsprozess. Sie topographierten – in einer Abfolge von Erhebungszeitpunkten – einen signifikanten Teil des in Computern, Servern, Routern, Kabeln, Kameras usw. physisch vorhandenen Internet sowie des auf und in Websites/Homepages existierenden vir-

---

280 Arpanet, im Auftrag der US-Luftwaffe 1962 in Betrieb genommenes vernetztes Computersystem. Es besitzt 1971 15 Knoten.
281 Usenet, 1979, Vernetzung zweier Unix-Computern der Universität von North Carolina bzw. der Duke University.
282 Zur Geschichte des Internet siehe: Abbate, J.: Inventing the Internet. Cambridge,1999; Friedewald, M.: Vom Experimentierfeld zum Massenmedium: Gestaltende Kräfte in der Entwicklung des Internet, in: Technikgeschichte 67, Nr. 4, 2000, S. 331-361; Naughton, J.: A Brief History of the Future: The Origins of the Internet. London, 2000.
283 Militärische, staatliche Institutionen/Einrichtungen, Unternehmen, Gruppen, Vereine, Verbände und unzählige Privatpersonen.
284 Barabási, A-L.: Linked. How Everything is Connected to Everything Else and What It means for Business, Science and Everyday Life, New-York, 2003.
285 Das Feedback, das Barabási aus unterschiedlichsten Wissenschafts- und Forschungsdisziplinen erhielt, lässt vermuten, dass es bei seinen Ergebnissen um grundlegende Einsichten in die generelle Bewegungs- und Entwicklungsweise von Leben geht. Barabási sagt, das Internet lebe sein eigenes Leben, „ ... es ist einer Zelle ähnlicher als einem Computer-Chip." Alle Komplexitäts-Theorie müsse sich notwendig auf Netzwerk-Theorie gründen. Auf seine Erkenntnisse haben Physiologen, Biologen, Mikrobiologen, Ökologen, Neurologen, Soziologen, Linguisten mit der Feststellung reagiert, dass ihre Forschungsergebnisse entsprächen genau dem, was Barabási mathematisch darzustellen in der Lage ist; Barabási, A-L.: ebd., Zitat S. 149.
286 Hier geht es hauptsächlich um das Watts-Strogatz-Modell der Small Worlds. Barabási & Kollegen haben seine Datenbasis mathematisch auf die Häufigkeit bestimmter Anzahlen zwischen den Individuen bestehender Verknüpfungen untersucht. Nach dem Small-World-Modell hätte sich grafisch dargestellt eine Glockenkurve ergeben müssen. Tatsächlich ergab sich aber die Kurve einer Exponentialfunktion.

tuellen World Wide Web, und dann stellten sie Hypothesen über die dort stattfindenden Operationen, Bewegungen und Regelmäßigkeiten auf.

Mit ihren Versuchen, die Evolution des Internet mathematisch formalisiert zu erklären, bauen sie zu Beginn auf Arbeiten der Mathematiker Erdös und Rényi[287], die als erste gefragt hatten, wie Netzwerke sich bilden, und darauf mit der Theorie der Zufallsnetze (random nets) antworteten. Barabási formulierte zunächst darauf fußend hypothetische Entwicklungsformeln für Netzwachstumssimulationen am Computer. Die erfassten Figurationen der tatsächlichen Netzwerke waren damit nicht nachzubilden. Im Ergebnis kritisiert er die Theorie der von ihm sehr verehrten Kollegen an genau dem Punkt, an dem Norbert Elias die Vorstellungen von „Gesellschaft als Zustand" ablehnt: beide sind statisch.

Sein eigenes Modell bezeichnet Barabási als hierarchisch-modular: Interlinkte „Hubs" (Verbindungsballungen mit besonders vielen Links zu anderen Verbindungsballungen) und „Nodes" (einzelne Verbindungsknoten) bilden eine Art dezentraler beweglicher Kristallstruktur, wobei einige wenige besonders große Hubs Links in einer Anzahl „anziehen", die den Potenzgesetzen folgt.

Dieses Modell darzustellen, das die Dynamik und strukturelle Gestaltformung[288] der realen Netzwerk-Evolution abbilden, gelingt es Barabási und Co. erst, nachdem sie mathematische Repräsentanten für „Wachstum" und „bevorzugte Verknüpfung" (preferential attachment) in ihre Hypotheseformeln integriert haben. Letzteres kann als mathematisches Synonym für die menschliche Neigung stehen, sich mit dem Stärkeren, Erfolgreicheren bzw. mit sozialen Zentren zu verbinden.[289]

Beides, Wachstum und die Präferenz-Prinzipien bei der Verlinkung durch die Einzelnen, sehen sie als die Basismechanismen für Netzwerk-Evolution.

So wird das Elias'sche Ineinander von Individuum und gesellschaftlicher Struktur augenfällig: Die Einzelnen schaffen durch ihr Verbindungsverhalten attraktive Ballungszentren, diese entwickeln „Gravitationskraft", also gesteigertes Anbindungsbedürfnis bei Einzelnen.

Die Prozesse von Verknüpfungs- respektive Beziehungsverhalten sind durch Dynamiken und Eigengesetzlichkeiten u. a. von ökonomischer, politischer und

---

287 West, D. B.: Introduction to Graph Theory, Prentice Hall, 1996.
288 Übertragen in Bourdieus Theorie von „Sozialem Kapital" sind Hubs eine treffsichere Metapher um strukturell auszudrücken, worin dieses besteht: In der Anzahl der Verbindungen zu anderen Hubs und in der massenhaften Anzahl der Verbindungswünsche Einzelner (Nodes).
289 "... network engineers inevitably gravitate toward the more heavily connected access points.... Charting how the Internet grows node bei node they found quantitative evidence that nodes rich in links aquire more links than nodes with a few links only." (nodes/Knoten: aus der Graphentheorie, Punkte, zwischen denen Verbindungen bestehen, im Internet: Nutzer/Teilnehmer, E.R.); Barabási, A-L.: ebd., S. 152.

3.3 Zwischen Moral und Struktur

Öffentlichkeitsmacht bestimmt. Für den Versuch, die gesellschaftsstrukturellen Dimensionen von „Verzicht" zu erfassen, sind diese analytischen Perspektiven als Ausgangspunkt weniger hilfreich.[290]

Hier ist wichtig: Die gesellschaftlichen Gravitationszentren[291] – in der Netzwerk-Theorie „Hubs" – sind gleichzeitig die Kraftfelder, aus denen die Dynamik der Gesellschaft Stabilität bezieht. Wenn man so will: die beweglichen Fundamente einer flexiblen Architektur. Da, wo ihre Anziehungskraft versagt, oder wo die Möglichkeit zur Hinbewegung/Verlinkung aus Macht- und Distinktionsinteressen über kritische Punkte hinaus verhindert wird, entstehen Destruktivkräfte.[292]

Die Akte der sozialen Anbindungen und Beziehungen sind vielschichtige, komplizierte Vorgänge.[293] Ohne sie damit vereinfachen zu wollen, soll hier festgehalten werden:

---

290 Es würden auch bereits beim Versuch, aus diesen Perspektiven die Aufstiegskraft und -dynamik von facebook, google, twitter, youtube oder die rasante Entwicklung besonders des englischsprachigen Wikipedia zu erklären, mit Notwendigkeit entscheidende Fragen offen bleiben.

291 Hier besteht wieder eine terminologische Schwierigkeit: Einerseits sprechen von Elias über Bourdieu bis zu aller mit sozialer Mobilität befassten Soziologie über „Aufwärts" und „Auf-" bzw. „Abstieg". Andererseits verbieten es die jüngeren Erkenntnisse über komplexe Gesellschaften, über Strukturen ausdifferenzierter Komplexität überhaupt, in Kategorien von „Oben" und „Unten" zu denken. Die Vorstellung von Gesellschaft als einer Anordnung zum Teil sich überlagernder/durchdringender konzentrischer Kraftfelder erscheint viel adäquater, wobei: die größten dieser Gravitationszentren eben Ballungen von Macht und Kapital der unterschiedlichen Formen darstellen.

292 Marx sieht solche Destruktivkräfte z. B. in der „passiven Verfaulung der untersten Schichten der Gesellschaft": „Das im Lumpenproletariat …, das in allen großen Städten eine vom industriellen Proletariat genau unterschiedene Masse bildet, *ist* ein Rekrutierplatz für Diebe und Verbrecher aller Art, von den Abfällen der Gesellschaft lebend, Leute ohne bestimmten Arbeitszweig, Herumtreiber, *dunkle Existenzen*, verschieden nach dem Bildungsgrade der Nation, der sie angehören, nie den *Tagediеb*charakter verleugnend; …". Marx, K.: Klassenkämpfe 1848–1850, in: MEW Band 7, Berlin, 1990, S. 26. – Störungen der „Aufwärtsmobilität" (Meritocracy) werden seit einigen Jahren in den USA als Bedrohung wahrgenommen und bis in konservative Zeitungen und Publikationen problematisiert. Z.B. The Economist, 21.01.2005, New York Times, 25.01.2005. Über Zusammenhänge zwischen sinkender Bindungskraft/Vehinderung von Bindungskraft bei den „Gravitationzentren" siehe auch: Zdun, St./Strasser, H.: Von der Gemeinschaftsgewalt zur Gewaltgemeinschaft? Zum Wandel der Straßenkultur, in: Hitzler, R./Honer, A./Pfadenhauer, M.(Hrsg.): Posttraditionale Gemeinschaften. Theoretische und ethnografische Erkundungen, Wiesbaden, 2008, S. 310-328.

293 Sie werden auf die unterschiedlichste Weise reflektiert und beurteilt. Elias stellt sie im „Prozess der Zivilisation" detailliert und sachlich besonders an Beispielen wie Krieger, Minnesänger, Hof/König für Feudalgesellschaften dar. Die von Marx ebenfalls sachlich als „Arbeiteraristokratie" bezeichneten bestbezahlten und gebildeten Teile des Proletariats kommen bei Lenin als „von der Bourgeoisie gekaufte" schlecht weg. Für Korr und Brown sind sie die „Wurzel des Reformismus". Hannah Arendt problematisiert die nach Aufstieg und Assimilation strebenden Juden und nennt sie „Parvenus". Das Thema ist so virulent, dass es die Bellestrik seit Jahrhunderten beschäftigt, Beispiele sind Fitzgeralds „Der große Gatsby", Dickens' „Große

Es handelt sich – wie unter anderem Bourdieu und Elias gezeigt haben – dabei wesentlich um einen vielfach vermittelten gesellschaftlichen Lernprozess.[294] Wie in der Natur, von der einfachsten Molekülverdopplung an, die Kopie zwar nicht hinreichende, aber notwendige Grundlage von Entwicklung ist, so ist Nachahmung die Grundlage, auf der individuelles und gesellschaftliches Lernen aufbaut.

Zwischen dem gesellschaftlichem Lern- und Entwicklungsprozess und Konsum besteht ein Zusammenhang:

Diejenigen, die sich nahe an oder in den oben genannten Gravitationszentren befinden, sind nicht nur Repräsentanten der sozialen Wunschorte, zu denen viele einzelne streben, sie sind auch Vorbilder oder, mit anderen Worten: Kopievorlagen.

Das kulturelle bzw. Bildungskapital der wirklichen und für solche gehaltenen Eliten entzieht sich der unmittelbaren Nachahmung. Es muss in langwierigen Lernprozessen durch eigene Arbeit erworben werden. Konsumerzeugnisse bzw. auf Konsum beruhende Verhaltensweisen hingegen sind vergleichsweise leicht kopierfähig. Eben weil dieser Zusammenhang zwischen Vorbild und Konsumerzeugnis in der Wirtschaft bekannt ist, gibt es einen sich seit Jahren verstärkenden Trend zur Rekrutierung von Werbe-Ikonen aus den Bereichen von Spitzensport und Entertainment-Stars.[295]

Eine Mindestvoraussetzung für massenhaften Konsumverzicht wäre daraus folgend, dass die Besitzer der größten Vermögen, Politiker, die Stars der Entertainment-Industrie, Sportstars usw. Minimalkonsum vorleben.

Mit anderen Worten: Wie die Effizienzstrategie auf die Entkoppelung von Wachstum und Ressourcenverbrauch zielt, hätte hier Entkoppelung von Konsum bzw. Wohlstand und gesellschaftlichem „Aufstieg" zu erfolgen. Das würde am Ende Abschaffung des „Aufstiegs" und damit Gleichmachung bedeuten.

Erwartungen", Stendhals „Rot und Schwarz"; Marx, K.: Das Kapital, MEW Band 23, Berlin, 1969, S. 697; Lenin, W.I.: Der Imperialismus als höchstes Stadium des Kapitalismus, Berlin, 1962, S. 114f.; Arend, H.: Rahel Varnhagen. Lebensgeschichte einer deutschen Jüdin aus der Romantik.. Frankfurt a.M., 1975.

294 Elias, N.: bes. „Der gesellschaftliche Zwang zum Selbstzwang", a.a.O., S. 323-346 und „Die Dämpfung der Triebe", S. 380-407; Bourdieu, P.: Ein Techniker, der „aufsteigen will", a.a.O., S. 522f.

295 „Das Begehren der Menschen will ins Bild gesetzt sein. Es braucht die Ikone, das Markenzeichen. Durch die Werbung wird der Konsum zu einem Medium der Selbstdeutung und der individuellen Selbststilisierung. Mit der Marke konsumieren die Kunden der Werbung nicht nur das Konsumgut, sondern auch den symbolischen Mehrwert, mit dem sie ihre Wünsche deuten, und ihre Identität ausdrücken und darstellen." Alkofer, A. P.: Suche Glück!- aber jage ihm nach?, Fribourg, 2004, S. 71.

3.3 Zwischen Moral und Struktur

Konsumerzeugnisse sind aber zudem nicht nur symbolische Kopien vorbildgenommener Lebensweisen, sie sind auch Statussymbole[296], damit wiederum sind sie im bourdieuschen Sinne wesentlich Distinktionsmittel und unterliegen deshalb ständigem Erneuerungszwang.

Im Blick auf Konsum sieht das In- und Durcheinander von Individuum und gesellschaftlicher Struktur so aus: Viele Einzelne richten ihre Anstrengungen und Wünsche auf die gesellschaftlichen Gravitationszentren. Mit dem existentiellen Bedürfnis, es ihnen gleich zu tun, nehmen sie deren Repräsentanten zu Konsumvorbildern, die Repräsentanten jedoch streben gleichzeitig, ihrem Bedürfnis nach Abstand bzw. Unterscheidung von den Vielen folgend, immer neue in Konsum Ausdruck findende Statussymbole an. Es ist eine der berühmten sich selbst vorantreibenden Spiralen.

Dabei wäre es obendrein verkürzt, Konsum nur als rationalen/sozialtechnischen Maßstab für einen bestimmten Status in der Gesellschaft zu nehmen. Er ist auch emotionaler Gradmesser für gesellschaftliche Anerkennung oder Ablehnung.[297]

Oben wurde darauf verwiesen, dass Destruktivkräfte entstehen, wenn die soziale Mobilität in Richtung der Gravitationszentren aus welchen Gründen auch immer beeinträchtigt wird. Das gilt vermutlich in gleicher Weise für die Verweigerung der Teilhabe an den Symbolen dieser Mobilität.

Alles in allem spricht das Dargestellte dafür, dass

a. die Frage des Konsumverzichts nur auch, aber nicht in erster Linie eine solche von Moral und Erziehung ist, sondern eine gesellschaftsstrukturelle;

b. womöglich grundlegendste Gesetze der Dynamik menschlichen und gesellschaftlichen Seins geändert werden müssten, um in den Industrieländern eine

---

296 „Sichtbarer Besitz und demonstrativer Konsum sind als Statussymbole geeignet." Trommsdorf, V.: Konsumentenverhalten, Stuttgart, 2009, S. 117. "In other words, these products function as *status symbols*. The desire to accumulate these 'badges of achievement' is summarized by the slogan 'He who dies with the most toys, wins'. Status-seeking is a significant source of motivation ..."; Solomon, M.R./Bamossy, G./Askegaard: Consumer Behaviour, Essex 2007, S. 447.

297 Zur Illustration: Die Appelle zum Verzicht bzw. zur „Veränderung der Konsummuster" wie in der nationalen Nachhaltigkeitsstrategie werden in der Regel an ein allgemeines „Wir" gerichtet. Parallel dazu findet aber nicht nur an die gleiche Allgemeinheit gerichtete Werbung für die jeweils neue Generation erstrebenswerter Güter statt. Ebenso parallel lässt die tägliche Bilderflut keinen Zweifel daran, dass Umwelt nie oder her, an großen Gebäuden und Autos, an langen, häufigen Flügen, an der jeweils neuesten Kommunikations-High-Tech als Lohn für besondere Leistungen und gleichsam „natürlichen" Lebensbedingungen der politischen, wirtschaftlichen, kulturellen Vorbilder nicht gerüttelt wird. Wiederum parallel erfahren im Herbst 2010 die Konsum-Möglichkeiten von Hartz IV-Empfängern Einschränkungen. Das wird als Tadel für Faulheit, Nicht-Aufstehen-Wollen usw. explizit/kommuniziert und so verstanden. Hier geht es nicht um eine Wertung dieses Vorgangs, sondern um die Darstellung von „Konsum" als wesentlichem Teil gesellschaftlicher Belohnungspraktiken.

Drosselung, in Schwellen- und Entwicklungsländern gebremstes Wachstum von Konsum zu erreichen – was kaum oder nicht möglich erscheint;

c. es im Kern nicht um eine Veränderung von „Konsummustern", sondern von Konsumerzeugnissen geht, wenn das Problem von Wachstum und Nachhaltigkeit gelöst werden soll. Kaufentscheidungen[298] zwischen zwei Produkten gleichen Gebrauchswerts oder auch Symbolwerts werden ja zunehmend zugunsten des ökologisch vernünftigeren getroffen, selbst unter Hinnahme höherer Preise.

Wenn zutreffend ist, was bisher festgestellt wurde, dann gehört in den Mittelpunkt strategischer Überlegungen wie politischer Kommunikation mit Konsumenten nicht die Frage nach „Konsummustern", sondern die nach der Produktion von ökologisch vernünftigen Konsumerzeugnissen.

3.4 Leben ist innen. Über „Grenzen" als Deutungsmuster

„Grenzen" ist ein Wort, dass sich seit dem epochebestimmenden Bericht „Grenzen des Wachstums" des Club of Rome durch alle Literatur und Debatten über Umweltfragen zieht. Wirklich beweisende Belege für seine Bedeutung zu finden ist methodisch und empirisch mindestens schwierig, wenn nicht unmöglich. Aber Indizien lassen sich finden.

Gibt man z. B. im Oktober 2010 bei Google die Wortreihe „Grenzen Ökologie Umwelt Wachstum" ein, so erscheinen – binnen 20 Sekunden – 68.800 Treffer. Ohne das Wort „Grenzen" werden für die verbleibende Wortreihe nur 25.200 mehr Verweise, nämlich 93.200 angeboten. Wenn man so will, besitzt das Wort „Grenzen" mit mehr als 72 Prozent Inhaltsrelevanz in dieser Reihe verfassungsändernde Mehrheit – obwohl die Umweltfrage durch Hinzufügen von „Ökologie" verdoppelt auftaucht.

Im Englischen/Amerikanischen ändert sich die Situation. Für die Reihe „Limits Environment Ecology Growth" beläuft sich das Google-Angebot auf 8.890.000 Nennungen. Ohne „Limits" springen hier die Treffer auf glatt 21 Millionen. Der Unterschied zu den deutschen Google-Funden scheint auf seine Weise die in vorn etymologisch erkundeten Unterschiede zwischen den Worten „nachhaltig" und „sustainable" zu illustrieren.

---

298 Zur – erfolgreichen – Steuerung per Umweltsiegel vgl.: Kneip, V./Niesyto, J.: Politischer Konsum und Kampagnenpolitik als nationalstaatliche Steuerungsinstrumente? Das Beispiel der Kampagne Echt gerecht. Clever kaufen, in: Baringhorst, S./Kneip, V./März, A./Niesyto, J. (Hrsg): Politik mit dem Einkaufswagen. Unternehmen und Konsumenten als Bürger in der globalen Mediengesellschaft, Bielefeld, 2007, S. 169.

3.4 Leben ist innen

Jedoch: Bei den knapp 9 Millionen Nennungen, für die im englischen Sprachraum „Limits" einen zentralen inhaltlichen Bezugspunkt darstellen, geht es immerhin um eine deutlich qualifizierte Minderheit, nämlich etwa 42 Prozent, der man Vetorechte zusprechen müsste.[299]

Jedenfalls ist davon auszugehen: In den wissenschaftlichen Diskursen und gesellschaftlichen Debatten nehmen „Grenzen" die Position einer Kategorie[300] bzw. Institution[301] ein. Mit anderen Worten: „Grenzen" bestimmen als Wahrnehmungsmuster das gesellschaftliche bzw. wissenschaftliche Nachdenken und die öffentliche Wahrnehmung wie Debatte über Umweltprobleme des Menschen.

Möglicherweise ist genau die kategoriale Macht von „Grenzen" einer der Hauptgründe für manches Irren in Kontradiktionen und die Schwierigkeit, die Mensch-Natur-Probleme an der Wurzel zu lösen. Das Problem ist dabei nicht, dass mit der Kategorie „Grenze" unterstellt würde, es handele sich im Innern der Grenzen um geschlossene Systeme, sondern dass das Innere wesentlich über seine Grenze/n definiert wird.[302]

Huber, der zeigt, dass im Laufe menschheitlicher Entwicklung „ökologische Grenzen expansiv verschoben wurden", befindet sich in einer Minderheitenposition.

Worum es bei diesem Verhältnis von innerer Definition und Grenze geht, zeigt metaphorisch in abstrakt zugespitzter Weise auch eine Anekdote aus der Geschichte der Mathematik:

Die Netzwerk-Theorie, von der vorhin die Rede war, fußt auf der Graphentheorie. Der Begründer der Graphentheorie war Leonhard Euler. Den Grundstein zu legen gelang ihm, indem er 1736 mathematisch bewies, dass sich ein ganz praktisches Rätsel der Königsberger nicht lösen ließ. Nämlich, einen Weg zu finden, auf dem man nacheinander alle sieben Brücken der Stadt über den Fluss Pregel überquert, aber jede davon nur einmal. Seine Leistung war, die Brücken als Punkte darzustellen und zu zeigen: Es kommt nicht auf ihre genaue geographische Lage an, sondern auf die Beziehungen bzw. Relationen (!) zwischen ihnen. Innerhalb der Grenzen von sieben Brücken war eine Lösung ausgeschlossen. Erst

---

299 Für die aufgerufenen Wortgruppen wirft die Suchmaschine wie immer jede Menge Wiederholungen und auch Unfug aus. Da davon auszugehen ist, dass dies bei jeder Anfrage der Fall ist, ändert das aber nichts an den sichtbar gewordenen Relationen.
300 Kategorien: nach Immanuel Kant (Kritik der reinen Vernunft) apriorisch und unmittelbar gegebene „Werkzeuge" des Urteilens und des Wahrnehmens, die *nur* im menschlichen Verstand bestehen, nicht an Erfahrung noch an Zeichen gebunden sind.
301 Institution: Hier ausdrücklich nicht im Sinne von „Organisation", sondern im soziologisch „weiten" Sinne verwandt, als „Institution in Köpfen", also als kognitive Regel menschlichen Handelns. In Anlehnung an: Berger, P. L./Luckmann, T.: Die gesellschaftliche Konstruktion der Wirklichkeit. Eine Theorie der Wissenssoziologie, Frankfurt a. M., 2007 (21. Auflage).
302 Als Buchtitel ausgedrückt: Weizsäcker, E.U. v. (Hrsg.): Grenzenlos. Jedes System braucht Grenzen – aber wie durchlässig müssen diese sein? Berlin, 1997.

durch Grenzüberschreitung, also durch das Hinzufügen einer weiteren Brücke – die 1875 tatsächlich gebaut wurde – bzw. modellhaft durch das Hinzufügen eines weiteren Punktes gelang die Lösung des Problems.[303]

Ausgehend von den im Vorangegangenen besprochenen Fragestellungen ergibt sich unter Einbeziehung von Aspekten der Evolutions- und der Systemtheorie folgendes Bild:

Bereits in der Darwin'schen Evolutionstheorie, mindestens in deren noch vorherrschender Lesart und Interpretationsweise[304][305] (auch ohne hier die Spielarten von explizierten Sozialdarwinismus zu bemühen), liegt eine tiefe Ambivalenz, wenn nicht ein Widerspruch. Als erste Voraussetzung für die Evolution werden knappe Ressourcen (Nahrungsknappheit) und damit Grenzen genommen. Motor und dominantes Prinzip von Entwicklung sind die Konkurrenz und der Erfolg des Stärkeren. (Wobei spontan schwer einleuchten will: Wie kann in einem begrenzt, also eigentlich geschlossen gedachten System Vielfalt entstehen, wenn fortlaufend der Stärkste alle Ressourcen für sich verbraucht? Irgendwann müssten so die Schwachen vollständig vernichtet sein. Statt dessen wächst aber die Biomasse.)[306]

Im Blick auf die vorn genannten – zahlreichen – Evolutionsfaktoren bedeutet das: Ausgerechnet der eine verdrängende und damit informationsreduzierende Faktor „Selektion" soll verantwortlich sein für die Vermehrung von Information. Genau dieser Kernpunkt wird seit einigen Jahren in der Naturwissenschaft in Frage gestellt. An die Stelle der dominierenden Dreieinigkeit von Grenze, Konkurrenz und physischer Stärke treten: vorhandene Möglichkeiten, Kooperation

---

303 Dunham, W.: The Genius of Euler: Reflections on his Life and Work, Washington, 2007.
304 „War of nature", „the fittest wins".
305 Dass zwischen Darwins tatsächlichem Werk und seiner wissenschaftlichen Rezeption bzw. Adaptation in alltägliche Denkmuster ein zum Teil sinnverkehrender Unterschied besteht zeigt Michael Schmidt-Salomon. Schmidt-Salomon, M.: „Es war eine schwierige Geburt": Darwins Dankesrede auf dem Festakt zu seinem 200. Geburtstag, in: Happy Birthsday, Charly! Schriftenreihe der Giordano Bruno-Stiftung, Band 3, 2009, S. 47-57.
306 Über die Bedeutung von Grenzen für die Evolution stellt der Biologe Robert J. Berry fest: „1. Grenzen waren historisch wichtige Einfluß- und Antriebsfaktoren für evolutionäre Veränderungen, aber 2. sie sind nicht selbst die Ursache für genetische Veränderungen, 3. sie sind nicht unverzichtbar für die Speziesbildung, und 4. sie sind irrelevant für die Adaptation."; Berry, R.J.: Evolution mit und ohne Grenzen, in: Weizsäcker, E. U. v. (Hrsg.): Grenzenlos. Jedes System braucht Grenzen – aber wie durchlässig müssen diese sein? Berlin, 1997, S. 88.

3.4 Leben ist innen

und aktive Informationsbildung als bestimmende Grundlage für Überleben.[307][308] Das scheint das plausiblere Grundprinzip zu sein – als Erklärungsansatz für einen Prozess, in dem aus kaum messbarer Biomasse 1,85 Billionen Tonnen geworden sind, indem die einen Lebewesen (Meeresbewohner) als Nebenwirkung ihres Seins die Umweltbedingungen für andere geschaffen haben, nämlich die sauerstoffreiche Atmosphäre für Landlebewesen.

Auf den abstraktesten Nenner gebracht, besteht der zentrale Unterschied zwischen den beiden Evolutionsprinzipien darin, dass im ersten Fall das Organische im Kern passiver Spielball sowohl der Zufälle der Mutation als auch der innerhalb bestimmter Grenzen herrschenden Regeln und Umstände ist. Im zweiten Fall hingegen geht eigenaktives Leben mit den ihm im Innern wie außen gegebenen Möglichkeiten um.

Auf die Ebene der Philosophie bzw. Sozialwissenschaften übertragen können Habermas[309] und Elias als Vertreter des eigenaktiven, möglichkeitssuchenden Lebensprinzips gelten. Sie befassen sich mit dem Verhalten und den Handlungen von Subjekten.

Als einer der wichtigsten Vertreter des Grenzprinzips ist Luhmann zu nennen. In seiner Sozialsystemtheorie ersetzt er Subjekte durch Elemente, den Sub-

---

307 Zum Stand der modernen Biologie: Bauer, J.: Das kooperative Gen – Abschied vom Darwinismus, Hamburg, 2008; Bauer, J.: Das Gedächtnis des Körpers. Wie Beziehungen und Lebensstile unsere Gene steuern, Hamburg, 2002. Der Molekular- und Neurobiologe widerspricht der Vorstellung von Genen als autonomen Kommandozentralen von Zellen bzw. Organismen. Vielmehr besäßen Genome die Fähigkeit, sich selbst umbauen zu können. Die Entscheidung über solche „Umbaumaßnahmen" wird durch die Zelle in einem kooperativen Akt ihrer Bestandteile getroffen – am Maßstab von aus der Kommunikation mit der Umwelt gezogenen Informationen, auch über die Nützlichkeit von Verhalten. „Was Lebewesen erleben und wie sie sich verhalten, kann sich auf die Aktivität ihrer Mikro-RNS auswirken, das heißt, Umweltfaktoren haben Einfluss auf die RNS-Interferenz." Prinzipiell sei es möglich, dass unter bestimmten Bedingungen sich solche Umweltfaktoren auf das an die Nachkommen übertragene Erbgut auswirke; Bauer 2008, S. 185/186.
308 In den Experteninterviews spielt das Kooperationsprinzip an vielen Stellen eine zentrale Rolle. Als Beispiel: „Der absolut ausschlaggebende Faktor war hier die konstruktive Zusammenarbeit. … Interessanterweise gibt es heute eine enge Verbindung zwischen dem Wandel des Denkens und dem Wandel der Werte. Beides kann als Wechsel von der Selbstbehauptung zur Integration verstanden werden." Abouleish, I.: im Interview, Anlage 1, S. 8. Marianne Anderson (Schweden) stellt einen kontradiktischen Zusammenhang her zwischen kleinen gesellschaftlichen Strukturen, die den Gesetzen des Lebens folgend gesellschaftliche Figurationen initialisieren und ermöglichen, und großen Strukturen, die dem Konkurrenz-Prinzip folgen: "I am working very much for small companies, and small companies have to co-operate in societies. In the small society they co-opreate and they support each other. That is very good. When it comes to bigger companies they compete, it can be very dirty." Anderson, M.: im Interview, Anlage 1, S. 13.
309 Theorien kommunikativen Handelns

jektbegriff durch geschlossene selbstreferentielle Systeme.³¹⁰ Grenzen sieht er als „Voraussetzung für Systemerhaltung" und als „evolutionäre Errungenschaft par excellence".³¹¹ Darwin ist für ihn auch „hierin ... der wichtigste Vorläufer", dass er die Selektion von der Umwelt her begriffen habe.³¹² Dies sei im Unterschied zu einem vorausgesetzten Ordnungswillen geschehen. Dass es einen „Handlungswillen" oder sonstigen inneren Antrieb geben könnte, wird in dem Kontext nicht problematisiert. Da Luhmann soziale Systeme dynamisch nimmt, befasst er sich auch mit der Erweiterung von Grenzen. Ausgerechnet in diesem Zusammenhang stiehlt sich das aktive, aus eigenem inneren Antrieb handelnde Subjekt, das er so entschieden verbannt zu haben glaubt, zwischen die ordentlichen außengesteuerten Elemente.³¹³

Obiges zusammen genommen ist davon auszugehen, dass im Blick auf die Evolution von Leben und Gesellschaft Grenzen relativ sind oder/und abstrakt gesetzt. Schon aus dieser Perspektive erscheint es adäquater, in Kategorien von *ökologischem Prozess* statt von ökologischem System wahrzunehmen, zu denken und zu urteilen. Zumal: Wäre die Erde tatsächlich begrenzt und nicht mindestens offen für die dauernde Energiezufuhr durch die Sonne und für den Einfall kosmischer Partikel, gäbe es keine Evolution.

Um zu neuen Lösungen für das Mensch-Natur-Verhältnis zu kommen, ist es einerseits zwingend notwendig, wie das seit „Limits of Growth" geschieht, ein Bewusstsein für die Dramatik unabweisbarer Tatsachen wie die der Endlichkeit nicht nachwachsender Rohstoffe und die der Zerstörung der Atmo- und Biosphäre durch die bisherige Produktionsweise zu schaffen.

Gleichzeitig bedarf es allerdings eines handlungsfähigen Bewusstsein dafür, dass die Beibehaltung der jetzigen Produktionsweise nur eine von mehreren Möglichkeiten ist, dass sich die menschlichen Fähigkeiten nicht im – konservativen – „Schutz der Umwelt" erschöpfen, sondern die produktive Gestaltung von Biosphäre erlauben.³¹⁴ Dass die Frage nach Energie, Wasser, Nahrung vielmehr

---

310 Luhmann, N.: Soziale Systeme, Frankfurt a. M., 1984, S. 51, 108f.
311 Ders., a. a. O., S. 35, 53.
312 Ders., a. a. O., S. 57.
313 „Wer es unternimmt, Kommunikation in Gang zu bringen ... erweitert Systemgrenzen." A. a. O., S. 267.
314 Was menschlichem Reflektions- und bewusstem Handlungsvermögen realistisch zugetraut werden kann, lässt sich aus einem gedachten Vergleich zwischen der vermutlichen Vorstellungswelt früherer Generationen und tatsächlich eingetretenen Entwicklungen ablesen: Allen Bedenklichkeiten des Dädalus zum Trotz behauptete sich Ikaros. Wir fliegen viel weit hoch. Die U-Boote des Jules Verne sind längst gebaut. Ein Handy speichert heute mehr Daten und operiert komplexer als die ganze Gebäude benötigenden Großrechner der ersten Generationen. Die phantastischen Lichtwesen früherer Science-Fiction- Romane und –Filme sind als Hologramme Realität usw.

3.4 Leben ist innen

eine Frage nach produktiver und struktureller Intelligenz und Erweiterung, als zuerst eine solche nach Grenzen ist. Andernfalls wären selbst ohne akute objektive Knappheits- oder Mangelsituationen unbeherrschbare Konflikte zu erwarten. Wie der Neurobiologe Bauer zeigt, gibt es zwar das von Darwinisten regelmäßig behauptete „egoistische Gen" nicht, und auch kein darin angelegtes primäres Grundbedürfnis nach Aggression. Allerdings, sagt er, sei Aggression ein neurobiologisches Reaktionsprogramm, das bereits in Kraft tritt, wenn die tatsächlichen Grundbedürfnisse *nur für gefährdet genommen werden*.[315] Zu diesen Grundbedürfnissen zählt neben Nahrung usw. vor allem soziale Anerkennung. Auch Darwin bezeichnet das Bedürfnis nach Zuneigung und Anerkennung als „sozialen Instinkt" und als einen „Primärtrieb".[316]

Die Aufgaben zur Neugestaltung des Mensch-Natur-Verhältnisses unter der Bedingung der Kategorie „Grenze" zu verhandeln birgt aus der so begründeten Perspektive ein hohes Risiko:

Der Kampf um die verbleibenden – scheinbar alternativlosen – geringen Ressourcen nimmt unheimliche Priorität ein.[317] Verbunden mit dem global wie innerhalb der Gesellschaften ungleichen Zugriff auf die verbleibenden Ressourcen kann er als fühlbarer und symbolischer sozialer „Liebesentzug" wirken und individuelle und kollektive Aggressionen in Kraft setzen. So würden die Anstrengungen zur Verhinderung eines ökologischen Kollaps selbst zur sozialen Destruktivkraft.

Das kulturelle Dogma von „Grenze" und „System" wirkt zerstörerisch. Die Ökologie-Bewegung steht vor der Aufgabe, stattdessen einen Maximenwechsel hin zu „Möglichkeit"[318] und „Prozess" in Gang zu setzen.

---

315 Bauer: 2008, S. 147ff.
316 Darwin, Ch.: Mein Leben, Frankfurt a. M., 1993, S. 93.
317 So wurde zum Beispiel die „Liste der kritischen Rohstoffe" der EU breit als strategische Aufgabe – mit „ politische Maßnahmen zur Verbesserung des Zugangs… " als erster Empfehlung einer entsprechenden Arbeitsgruppe – im Sommer 2010 kommuniziert: „Zur Überwindung der derzeitigen Probleme empfiehlt die Gruppe folgende Maßnahmen: fünfjährliche Aktualisierung der Liste der für die EU lebenswichtigen Rohstoffe und frühzeitigere Einstufung eines Rohstoff als „kritisch", politische Maßnahmen zur Verbesserung des Zugangs zu Primärressourcen, politische Maßnahmen zum effizienteren Recycling von Rohstoffen oder rohstoffhaltigen Produkten, Förderung des Ersatzes bestimmter Rohstoffe durch andere Werkstoffe, insbesondere durch Unterstützung der Forschung zu Ersatzstoffen für knappe Rohstoffe, Verbesserung der allgemeinen Werkstoffeffizienz bei knappen Rohstoffen." Auf: ec.europa.eu/commission_2010-2014/tajani/hot-topics/raw-materials/index_de.htm.
318 Das bedeutet auch eine Wiederbesinnung auf Bloch, dessen „Prinzip Hoffung" darin besteht, die einer gegebenen Wirklichkeit angelegten Möglichkeiten zu erkennen, und die besten davon beherzt zu verfolgen: „… so ist die Hoffnung mit Plan und mit Anschluß ans Fällig-Mögliche doch das Stärkste wie Beste, was es gibt. Und wenn auch Hoffnung den Horizont nur übersteigt, während erst Erkenntnis des Realen mittels der Praxis ihn auf solide Weise verschiebt, so ist es doch sie wieder allein, welche das anfeuernde und tröstende Weltverständnis, zu dem sie leitet, zugleich als das solideste und tendenzhaft-konkreteste gewinnen läßt. Zweifellos, der

Von den interviewten Experten hat Succow (Deutschland) dies am explizitesten als Kernelement formuliert: „Wir müssen kurzfristig vernünftiger werden in unserm Umgang mit der Natur, die ökologische Bildung voranbringen. Müssen von der Natur lernen, wie sie es vollbringt, zu wachsen, sich immer weiter zu vervollkommnen, ohne sich zu zerstören."[319]

3.5 Resümee

Leben ist Wachstum. Bei Wachstum handelt es sich um einen eigendynamischen Prozess.

Aufgrund der menschlichen Fähigkeit, Aussagen zu treffen und aufgrund der funktionalen und sozialen Ausdifferenzierung der Gesellschaft ergibt sich eine Vervielfachung von Informationen und Operationen von Informationen, die in der Produktion in stoffliche Prozesse umgesetzt werden.

Gesellschaft bedeutet gegenüber den Prozessen in der Biosphäre sowohl der stofflichen Menge als auch der zeitlichen Beschleunigung nach exponentielles Wachstum.

Die Menge der auf der Erde vorhandenen stofflichen Ressourcen ist endlich, kann aber nicht als objektive Grenze für Wirtschaftswachstum heran gezogen werden.

Menschliche Gesellschaften besitzen die Fähigkeit, ökologische Grenzen vor allem mittels Produktivkraftentwicklung auszuweiten.

Es gibt keine in menschlichen Individuen liegenden kognitiven oder (a)moralischen Gründe, die ausschließen würden, dass der Einzelne auf Konsum verzichtet. Ob Konsumverzicht möglich ist oder nicht, lässt sich aber nicht allein ethisch oder aus der inneren Beschaffenheit eines einzeln gedachten „Menschen an sich" beantworten. Es ist eine Frage der Beziehung zwischen Individuen, also grundlegender gesellschaftlicher Strukturen.

Aus sozio-genetischer Perspektive von massenhaftem Konsumverzicht ausgehen zu können, erscheint sehr unwahrscheinlich, aus global-prognostischer unrealistisch.

Ein „springender Punkt" von politischer Strategie-Entwicklung zur Änderung der Mensch-Natur-Verhältnisse ist nicht primär und nicht wesentlich die Änderung von Konsummustern, sondern von Konsumerzeugnissen.

Trost dieses Weltverständnisses muß angestrengt mitgebildet werden."; Bloch, E.: Das Prinzip Hoffnung, Frankfurt a. M., 1985, S. 1617.
319 Succow, M.: im Interview, Anlage 1, S. 109.

3.5 Resümee

Unter anderem wegen eines kulturellen Dogmas, das auf Darwin zurück geht, sind die Wahrnehmung, die theoretische und öffentliche Debatte des Problemkomplexes „Nachhaltigkeit/Umwelt/Ökologie" durch die Kategorie „Grenzen" geprägt.

Es handelt sich dabei um eine der bio- und sozio-evolutionären Dynamik inadäquate Kategorie, die sich aus sozio-psychologischen Gründen als Destruktivkraft auswirken kann.

Für die Entwicklung einer tragfähigen Nachhaltigkeitsstrategie ist ein kultureller Maximenwechsel erforderlich, der „Möglichkeit" und „Prozess" an die Stelle von „Grenze" und „System" setzt.

4. Effektive Wurzelbehandlung.
Das Prinzip Cradle to Cradle als mögliche Lösung

Die bisherigen Befunde auf den kürzesten Punkt gebracht, stellt sich die Situation, auf die und in der reagiert werden muss so dar: Sowohl die innere Logik der biologischen und sozialen Evolution als auch die vorhersehbaren globalen demographischen und Wirtschaftsentwicklungen sprechen für Wachstum und stark wachsenden Ressourcenbedarf der Menschheit.

Die davon auf der Erde vorhandenen sind endlich. Wird die derzeitige Produktionsweise beibehalten, dann erschöpfen sie sich in überschaubaren Zeiträumen, und weitere Naturzerstörung ist nicht zu verhindern. Mit den bisherigen politischen und gesellschaftlichen Umsteuerungen, auch durch bewussteres Konsumverhalten, konnten Erfolge erzielt werden. Sie reichen nicht hin.

Massenhafter freiwilliger Konsumverzicht ist erstens aus Gründen der gesellschaftlichen Strukturdynamik nicht zu erwarten. Erzwungener Konsumverzicht kann sich zweitens als Destruktivkraft auswirken. Drittens würde selbst Null-Konsum in den westlich-industrialisierten Regionen nicht den Bedarf ausgleichen, der aus der nachholenden Entwicklung auf anderen Kontinenten entsteht.

Hinsichtlich der Energieversorgung existiert auf der Erde kein Knappheitsproblem. Bei intelligenter Nutzung von z. B. Sonne, Wind und Gezeitenkraft kann mehr Energie erzeugt werden, als für eine Weltbevölkerung von 9 Milliarden Menschen nötig ist[320]. Mit dem Übergang zu alternativen und regenerativen Quellen gibt es eine Strategie, die tatsächlich die Lösung des Problems darstellt

---

320 Scheer, H.: Der energethische Imperativ. 100 Prozent jetzt: Wie der vollständige Wechsel zu erneuerbaren Energien zu realisieren ist, München, 2010, S. 20/21. Christine Lins, Generalsekretärin des European Renewable Energy Council (EREC), sagt: "The 2010 Energy Revolution report outlines pathways towards a 100% renewable energy supply for the world. It demonstrates that there is no technological barrier to achieving this vision and reaping its many benefits in terms of the environment and jobs. The barrier is political. All that is now needed to set sustainable energy future for our planet is the political will." www.energyblueprint.info/1231.0.html. Vorschläge und Analysen von Greenpeace finden sich unter: www.greenpeace.de/themen/energie/presseerklaerungen/artikel/greenpeace_ueberreicht_emplan_fuer_energiewendeem_an_alle_deutschen_ministerpraesidenten/und www.greenpeace.de/themen/energie/nachrichten/artikel/neue_greenpeace_studie_99_prozent_erneuerbare_energien_fuer_europa_moeglich.

und in sich widerspruchsfrei ist; deren Umsetzung allerdings politischen Auseinandersetzungen sowie politischen und wirtschaftlichen Kräfte- und Interessenverhältnissen anheim steht.

Die nichtnachwachsenden Rohstoffe nähern sich weiter ihrem Erschöpfungspunkt – durch den steigenden Verbrauch in Schwellen- und jungen Industrieländern sowie das Anwachsen der Weltbevölkerung doppelt beschleunigt. Die Verzögerungspotentiale der Effizienzstrategie können absehbar die Wirkungen dieser gegenläufigen Entwicklungen nicht auffangen. Weder ist mit durchschlagendem Verzichtsverhalten der europäischen und nordamerikanischen Konsumenten zu rechnen, noch mit duldsamer Anspruchslosigkeit in Asien, Afrika, Lateinamerika.

Es gibt ein allgemeines Bewusstsein über die Notwendigkeit von Produktionsinnovation, aber keine mehrheitlich getragene, schlüssige nationale, europäische oder globale Strategie.[321]

Grundbedingung für die Widerspruchsfreiheit einer solchen Strategie ist: Sie muss aus der Logik der Produktionsweise heraus offensiv wachsenden Konsum erlauben, der sich nicht schädlich, sondern nützlich auf die Biosphäre, den Süßwasserhaushalt und das Klima auswirkt. Das ist der Kern der aktuell notwendigen „expansiven Erweiterung der ökologischen Grenzen" (Huber).

Mit dem strategischen Ziel der Öko-Effektivität, in dessen Zentrum das „Cradle-to-Cradle"-Prinzip steht, haben Michael Braungart und William McDonough 2002(New York)/2003(Berlin)[322] einen genau darauf gerichteten Lösungsansatz vorgelegt. Er gewinnt mit wachsendem Tempo Öffentlichkeit und Einfluss.[323]

---

321 Das zeigt sich für Europa unter anderem in Folgendem: An der 9. Sitzung der Enquete-Kommission „Wachstum, Wohlstand..." hat eine Vertreterin der Generaldirektion Unternehmen und Industrie der Europäischen Kommission teilgenommen, die Leitinitiative „Industriepolitik im Zeitalter der Globalisierung" vorgestellt und unter anderem auch über Innovation und Nachhaltigkeit gesprochen. Vor allem hat sie deutlich gemacht: „Kernbotschaft unserer Leitinitiative ... ist, dass die Industrie eine Hauptrolle spielen muss, wenn Europa eine weltweite Wirtschaftsmacht bleiben soll." Nachhaltigkeit kommt im Untertitel zwar vor, aber weder erfolgt eine entsprechende Aufgabenzuweisung an die Industrie bzw. industrienahe Forschung, noch tauchen überhaupt Umweltfragen in der Aufzählung der wichtigsten in der Leitlinie gebündelten Maßnahmen vor. www.bundestag.de/bundestag/ausschuessel7/gremien/enquete/wachstum/Protokolle/09_-_19_09_11.pdf, S. 9-11
322 Braungart, M./McDonough, W.: Cradle to Cradle: Remaking the Way We Make Things, New York, 2002, deutsch: Einfach intelligent produzieren, Berlin 2003.
323 Auf der Website des EPEA-Instituts Hamburg (EPEA: Environmental Protection Encouragement Agency) sind die wissenschaftlichen Kooperationen, filmische Dokumentationen und Clips öffentlich-rechtlicher Sender, Vorträge, Foren, Diskussionen und verliehene Preise dargestellt, darunter z. B. eine exemplarische Veranstaltung während des Weltwirtschaftsforums in 2011 in Davos: "WEF's Young Global Leaders (YGL) Taskforce reception on Cradle to Cradle and new evolutionary business models, an event which gathered young leaders from across sectors to discuss how new business models based on eliminating the concept of waste, building upon eco-efficiency and adding eco-effectiveness, are beginning to emerge in a range of industries. And

Im Folgenden wird er in seinen wesentlichen Komponenten und möglichen Konsequenzen dargestellt.

4.1 Lieber gut als weniger schlecht. Kritik der Effizienzstrategie vom Standpunkt der Öko-Effektivität

Aus der Perspektive der zu erwartenden Ergebnisse sagen Braungart und McDonough über die Effizienzstrategie[324]:

Sie ist *erstens* auf die Erhaltung oder Steigerung der ökonomischen Ergebnisse fokussiert, während sie gleichzeitig den Einfluss ökonomischer Aktivität auf die ökologischen Systeme reduzieren will. Die Null-Emission, als das äußerste Ergebnis der Öko-Effizienz, zielt auf maximal möglichen ökonomischen Wert, ohne jeden Gegen-Einfluss auf die Ökologie ausüben zu wollen. Das bedeutet die *Entkopplung von Ökonomie und Ökologie*. Mit anderen Worten: Die Herauslösung der Produktion aus der Umwelt, in der sie stattfindet.

Die Effizienzstrategie stellt konservativ-reagierenden, defensiven Umgang mit den tatsächlichen Herausforderungen dar. Im Kern geht es um Zerstörungsmanagement und Schuldreduktion. Sie operiert an Symptomen, statt sich des wirklichen Problems anzunehmen. Sie fußt auf der grundsätzlichen Voraussetzung, die Industrie sei zu einhundert Prozent schlecht und versucht, sie „weniger schlecht" zu machen. Eine positive Beziehung zwischen Natur und Industrie ist auf diese Weise nicht zu erreichen.

Zweitens zeigt sie sich *unfähig* zur Reaktion auf die Notwendigkeit, die *Materialflüsse radikal neu zu gestalten*. Öko-Effizienz verlässt nicht die gedankliche Voraussetzung eines „Einweg-", also eines linear gerichteten Materialflusses durch das industrielle System: Rohstoffe werden der Umwelt entnommen, in Produkte umgewandelt und schließlich als Müll beseitigt. Öko-effiziente Systeme versuchen, das Volumen, die Geschwindigkeit und die Giftigkeit des Materialflusses zu minimieren, aber sie sind außerstande, dessen linearen Verlauf zu ändern. Einige Produkte/Materialien werden recycelt. Aber da sie nicht für geplantes Recycling entworfen und hergestellt wurden, handelt es tatsächlich meist nicht um

---

it was a lively and vibrant debate to say the least": epea-hamburg.org/index.php?id=180&L=4, April 2012. Eine Übersicht über die wachsende Anzahl von Produkten, die inzwischen nach dem Cradle-to-Cradle-Prinzip hergestellt werden findet sich auf: c2ccertified.org/index.php/products/registry, April 2012.

324 Vgl.: Braungart, M./McDonough, W./Bollinger, A.: Cradle-to-cradle design: creating healthy emmissions – a strategy for eco-effektiv product and sytem design, in: ScienceDirect.Journal of Cleaner Production, 15, 2007, S. 1337-1348.

Re-, sondern um Downcycling, um „End-of-Pipe"-Lösungen, in deren Ergebnis die Qualität des Materials zunächst reduziert und schließlich vernichtet wird. Ihr ist deshalb *drittens* ein Antagonismus im Blick auf langfristiges Wachstum und Innovation inhärent. Nicht nachwachsende Materialien, die dem Stoffvorrat der Erde auf diese Weise entzogen wurden, können nicht Grundlage weiterer Produktionszyklen sein. Es wurde zwar ihre Lebensdauer verlängert, aber schließlich landen sie auf Halden oder in Verbrennungsanlagen. Die Effizienzstrategie – das teilt sie mit dem „Zero-Emission"-Konzept – zielt auf die Reduzierung von Müll und ungewollten Nebenwirkungen, aber nicht auf die Qualität des Materials und nicht auf die Produktivität. Kurzfristig können so Umweltschäden, Materialverbrauch und Kosten gesenkt werden, während die langfristigen – allerdings mit hoher Geschwindigkeit näher rückenden – Probleme von Umwelt und Wirtschaft ungelöst bleiben. Innerhalb der Effizienzlogik wären nur bei Null-Materialverbrauch auch Null Müll und Null Toxizität zu erreichen. Dass es – selbst bei allen mit der Digitalisierung einhergehenden Dematerialisierungsprozessen – unmöglich ist, Dinge aus Nichts herzustellen, liegt auf der Hand. Das „Zero-Emission"-Konzept widerspricht direkt den Gesetzen der Thermodynamik. Alle Existenz schafft Emissionen. Nach der Vermeidung von Emissionen zu streben, bedeutet, die Verbindung zwischen den Menschen und ihrer Umwelt zu trennen.

Viertens genügen die Effizienzstrategie bzw. das Null-Emissions-Konzept weder der Wahrnehmung noch den Lösungsvorschlägen nach den Problemen der Toxizität. Diese bestehen nicht nur und nicht zuerst in der unmittelbaren Giftigkeit der Beimischung geringster Mengen von Zusatzstoffen zu Materialien und deren kurzfristigen Folgen. Das zu lösende Problem liegt in den nicht abschätzbaren langfristigen Folgen der Akkumulation von Giftstoffen.[325] Das sind unter anderem zunehmende Allergie- und Karzinomanfälligkeit bei sinkender Zeugungsfähigkeit und Fruchtbarkeit sowie Weitergabe der im Körper der Eltern angereicherten Giftstoffe sowohl mit der genetischen Substanz als auch mit der Muttermilch.[326] Auf dem Weg der Effizienzstrategie eine Lösung zu finden ist auch deshalb unmöglich, weil im Zuge der Globalisierung die Zusammensetzung

---

325 Allein die durch Emissionen von Möbeln, Geräten, Anstrichen usw. kontaminierte Innenluft führt zu vielgestaltigen Gesundheitsproblemen wie chronischen Müdigkeits-Syndrom oder multipler Empfindlichkeit gegenüber Chemikalien. In Europa stieg die Vielzahl bekannter Allergien um das Doppelte bis Dreifache. Vgl a.a.O., S. 1340.
326 Siehe: Carson, R.: Der stumme Frühling, München, 1996. Dumanoski, D./Peterson Myers, J.: Our Stolen Future, New York, 1977. Zurückkommend auf Elias' „Ineinander" von Individuum und Gesellschaft müsste man sagen: Menschen tragen die Mängel ihrer Produktionsweise tatsächlich stofflich als akkumulierte Gifte und veränderte genetische Substanz im Körper.

der aus unterschiedlichsten Ländern importierten Werk- und Zusatzstoffe per se eine Tendenz zur Undurchschaubarkeit besitzt.[327]

Es genügt nicht, sich mit den Quantitäten von Giften, Emissionen und unkalkulierbaren Zusatzstoffen zu befassen. Worum es geht, ist ihre Qualität. Das zusammenfassende Urteil lautet: „Weniger schlecht ist nicht gut!"

4.2 Intelligent produzieren und verschwenden. Antworten der Effektivitätsstrategie

Braungart und McDonough betrachten als Ursache für Rohstoffknappheit die Tatsache „Abfall". Sie tun dies nicht moralisch, sehen ihn nicht als Nebenwirkung grundsätzlich „bösartiger" Produktion oder des moralischen Versagens von Verbraucherverhalten. Der Bewegungsweise nach ist „Abfall" direktes produktionslogisches Prinzip von linear – nach dem Muster „von der Wiege bis zum Grab" – gestalteten Materialflüssen bis hin zur Konsumption und dem Erlöschen der Warengebrauchswerte. Der stofflichen Gestalt nach besteht die Ursache von „Abfall" und Toxizität in der Vermischung biologischer und technischer Materialien sowie in der grundsätzlichen Akzeptanz oder Hinnahme von Schadstoffen als Arbeitsbedingung sowie als Bestandteil von Erzeugnissen.

Dabei nehmen Braungart und McDonough Industrie und Produktion nicht für eine im Grundsatz schädliche Erscheinung menschlicher Seinsweise, als notwendiges Übel, das es gering zu halten oder dessen Schaden es zu begrenzen gilt, sondern als Schlüssel, um die Mensch-Natur-Probleme tatsächlich zu lösen, statt sie zu bremsen, zu verzögern oder zu vertagen.

Sowohl, um die Akkumulation von Giften anzuhalten, sukzessive auszuschließen und schließlich völlig zu beseitigen, als auch, um perspektivisch die Verfügbarkeit der für die Produktion benötigten Stoffe und Materialien zu sichern, ist es *erstens* erforderlich, dass alle produktive menschliche Aktivität einem „Cradle to Cradle"-Prinzip folgt.

Analog zur erfolgreichen Interdependenz und regenerativen Produktivität natürlicher Systeme, sollen die Ergebnisse der einen jeweiligen Herstellungs-Prozesse als Grundlage und Nahrung für die anderen bzw. nächsten dienen. Das Konzept von Müll oder Abfall – und damit von „Ressourcengrab" – existiert hier nicht.[328]

---

327 Die Rechtsvorschriften unterscheiden sich. Es kann auch nicht von gegenseitiger Vertrautheit mit den Produktionsprozessen und Zulieferstrukturen ausgegangen werden.
328 Braungart et.al weisen besonders auf den Umstand hin, dass dabei jedes der Elemente in sich hoch ineffizient sein kann. Sie illustrieren das am Beispiel der unzähligen Kirschblüten eines Baumes, von denen nur sehr wenige zum eigentlichen Ziel, der Fortpflanzung des Baumes führen. Deshalb ist die große Mehrzahl von ihnen jedoch nicht Abfall, sondern Nahrung für

Alle Materialien, die in das industrielle System eingehen, müssen *permanent* auf dem Status „Ressource" gehalten werden, damit das Gesamtsystem – unabhängig von der Effizienz der verschiedenen Teilbereiche – perfekt effektiv wirkt.

Zweitens ist es erforderlich, dass alle menschliche produktive Aktivität konsequent in zwei grundsätzlich voneinander getrennten Stoffwechsel-Kreisläufen erfolgt. Das ist einerseits der biologische, andererseits der technische Metabolismus.

In den biologischen Stoffwechsel gehen alle Güter ein, die durch Menschen *ver*braucht werden, die also entweder als Nahrung aufgenommen, oder wie Kleidungsstücke, Wohnraumtextilien, Möbel u. ä., nach Erlöschen des Gebrauchswerts vernutzt sind. Im biologischen Metabolismus muss eine Null-Schadstoff-Toleranz herrschen, d. h. die Rückstände von Konsum als *V*erbrauch haben den folgenden Bioproduktionszyklen als absolut schadstofffreier Kompost zur Verfügung zu stehen.[329] Hier handelt es sich um einen offenen Kreislauf. Er besitzt, wie die gesamte Biosphäre, die Tendenz zur permanenten Schöpfung von mehr Biomasse. Braungart et al. widersprechen entschieden allen Ansinnen, die darauf hinaus laufen, den „ökologischen Fußabdruck" der Menschen zu verringern. Ganz im Gegenteil geht es darum, ihn in positiver Interdependenz mit der Biosphäre zu vergrößern.

Produkte, die *gebraucht* werden – z. B. Haushaltsgeräte, Autos, Fahrstühle –, gehen in den technischen Metabolismus ein. Es muss sich hier um geschlossene Kreisläufe handeln. Die Vorrausetzung dafür, dass sie überhaupt entstehen können, besteht in einem qualitativ neuen Designanspruch. Es genügt nicht mehr, dass die Gestaltung der Produkte allein durch Funktion (Gebrauchswert) und Marktfähigkeit bestimmt wird. Vielmehr ist die gesamte Zukunft der Produktelemente in die Gestaltung einzubeziehen. Das bedeutet: Sie müssen von Anfang an so entworfen und realisiert werden, dass sie nach dem Erlöschen des Gebrauchswerts vollständig in die einzelnen Bestandteile zerlegbar sind, die dann wiederum als Ausgangsstoffe für einen neuen Produktionszyklus zur Verfügung stehen. Gegenstand von „Cradle to Cradle"-Design ist dabei neben dem intelligenten Ma-

---

Mikroorganismen, welche wiederum die Erde sättigen und damit künftiges pflanzliches Leben ermöglichen.
329 Braungart führt eine Reihe von bereits praktizierten Beispielen an, wie durch Verzicht auf die Beimischung bestimmter giftiger Chemikalien unmittelbar kompostierbare (im Prinzip sogar gefahrlos „essbare") T-Shirts, Möbelbezugsstoffe, Verpackungen, Reinigungsmittel usw. hergestellt werden und werden können. (2002/2003, S. 135f.)

4.2 Intelligent produzieren und verschwenden 131

terialfluss[330] gleichzeitig der komplexe Produktionsprozess selbst, also auch hinsichtlich seiner sozialen Dimension.[331]

---

330 Die Europäische Union hat sich der Frage des Materialfrage für einen der einfluss- und folgenreichsten Industriezweige Europas bereits im Jahr 2000 zugewandt. Es wurde die „Richtlinie 2000/53/EG des Europäischen Parlaments und des Rates über Altfahrzeuge" erlassen. Darin heißt es: „(11) Es ist wichtig, bereits bei der Konzeptentwicklung von Fahrzeugen vorbeugende Maßnahmen zu treffen, insbesondere in Form von Verminderung und Kontrolle der Verwendung gefährlicher Stoffe in Fahrzeugen, um ihrer Freisetzung in die Umwelt vorzubeugen, das Recycling zu erleichtern und die Beseitigung gefährlicher Abfälle auf Deponien zu vermeiden. Insbesondere sollte die Verwendung von Blei, Quecksilber, Kadmium und sechswertigem Chrom untersagt werden. Diese Schwermetalle sollten nur für bestimmte Einsatzzwecke verwendet werden, die in einem regelmäßig überarbeiteten Verzeichnis aufgeführt sind. Dies wird dazu beitragen, sicherzustellen, dass bestimmte Werkstoffe und Bauteile weder in Schredderabfälle gelangen noch verbrannt oder auf Deponien gelagert werden. (12) Das Recycling aller Kunststoffe aus Altfahrzeugen sollte fortlaufend verbessert werden. Die Kommission untersucht derzeit die Auswirkungen von PVC auf die Umwelt. Ausgehend von diesen Arbeiten wird die Kommission gegebenenfalls Vorschläge hinsichtlich der Verwendung von PVC vorlegen, die auch Überlegungen in Bezug auf Fahrzeuge enthalten. (13) Die Anforderungen an die Demontage, die Wiederverwendung und das Recycling von Altfahrzeugen und ihren Bauteilen sollten bei der Konstruktion und Herstellung von Neufahrzeugen einbezogen werden. (14) Die Entwicklung von Märkten für Recyclingmaterialien sollte gefördert werden. (15) Um zu gewährleisten, dass Altfahrzeuge ohne Gefahr für die Umwelt entsorgt werden, sollten geeignete Rücknahmesysteme eingerichtet werden." Aus eur-lex.europa.eu/LexUriServ/LexUriServ.do?uri=OJ:L:2000:269:0034:0042:DE:PDF. „Produktion/Entstehung/Recycling von Abfällen" sind ausdrücklicher Prüfpunkt für die Folgenabschätzung von Maßnahmen der EU, siehe: Europäische Kommission, Leitlinien zur Folgeabschätzung, SEK (2009) 92, auf: ec.europa.eu/governance/impact/commission_guidelines/docs/iag_2009_de.pdf, S. 44. – Im Juli 2010 werden in den Empfehlungen des Berichts über kritische Rohstoffe der Europäischen Kommission Recycling und Substitution als eigene Schwerpunkte geführt. Siehe: Europäische Kommission, Critical raw materials for the EU. Report of the Ad-hoc Working Group on defining critical raw Materials. Auf: ec.europa.eu/enterprise/policies/raw-materials/files/docs/report-b_en.pdf, S. 51, 52.

331 In die Strategieentwicklung der EU beginnt diese Herausforderung in ihrer Komplexität einzugehen. In einer als Grundlage für die während der Belgischen Ratspräsidentschaft zu treffenden Entscheidungen in Auftrag gegebenen Studie heißt es: "The concept of material use has evolved over the past decades, due to increased knowledge on and understanding of the complexity of ecosystems and the strong interconnectedness of global environmental, societal and economic aspects. The evolutions in material use can be roughly divided in three main shifts, which have parallels with the different levels of organisational learning. These shifts indicate an evolution towards more integrated approaches of material use, bearing in mind that scientific knowledge, real business practices and actual governmental interventions do not necessarily emerge at the same time in these evolutions. 1. Reaction – single loop learning ('knowing what'): mainly end-of-pipe reactions on pollution and damage; waste management and eco-efficiency are central to business activities. The focus is mainly on the improvement and efficiency of production processes (clean technology). 2. Redesigning – double loop learning ('knowing how'): a shift towards rethinking and redesigning products, addressing challenges in the supply chain with involvement of other stakeholders, and taking on the responsibility for products. Eco-effectiveness, closing the loop and LCA are central to the business activities, whereby new productservice concepts emerge. 3. Reframing – triple loop learning ('knowing why'): this shift – we are only at the beginning of this process – implies a systemic change

Die neue Qualität der Öko-Effektivität und die aus ihr erwachsenden Chancen fassen Braungart et.al wie folgt zusammen:

Sie definiert positiv die günstigen Umwelt-, sozialen und ökonomischen Eigenschaften von Erzeugnissen und Serviceleistungen, und eliminiert auf diese Weise die fundamentalen Probleme der Materialfluss- und -qualitätsgrenzen, deren Antagonismus zu ökonomischem Wachstum sowie das der Toxizität.

Sie ermöglicht nicht nur intelligentes Stoffmanagement, sondern auch die kontinuierliche Akkumulation von Wissen für echtes „Up- statt Downcycling". Damit ist es nicht nur möglich, den Status quo der verfügbaren Rohstoffe zu halten, sondern ihre Qualität wird erhöht, und damit steigt der Nutzeffekt.[332]

Kohärente biologische und technische Stoffwechsel sichern die Verfügbarkeit von Rohstoffen, zusätzliche Arbeitsplätze und zusätzliche ökonomische Aktivität. Die natürlichen Systeme können regeneriert und wieder aufgefüllt werden.

Als wechselseitig unterstützende Beziehung zwischen dem menschenverursachten biologischen Stoffwechsel und der Gesundheit der natürlichen Systeme ist Öko-Effektivität die Basis für eine positive Re-Koppelung von Ökologie und Ökonomie.[333]

4.3 Trennkost für moderne Produktion. Drei Beispiele

Um fasslich zu machen, was das oben abstrakt dargelegte Öko-Effektivitätskonzept praktisch bedeutet, werden hier sinngemäß drei Beispiele wiedergegeben, anhand derer Braungart/McDonough das Prinzip demonstrieren.

Ihr Buch „Cradle to Cradle ..." selbst – „Neuerfindung" einer bekannten Technologie in geschlossenem technischen Stoffwechsel:

---

towards cyclical and fully integrated ways of addressing material use, towards sustainable materials management. The further evolution of Sustainable Materials Management in the 21st century then also means: • Responsible, fair and just extraction and use of raw materials and natural resources, including responsible land and water use, safeguarding soil quality and biodiversity; • Establishment of absolute decoupling of material & resource use (including production of waste and emissions) and economic growth ('beyond GDP', from growth to wealth); • Behavioural changes in the production and consumption patterns." Sustenuto/Catholic University Leuven/Wuppertal Institut: Sustainable Materials Management for Europe, from efficiency to effectiveness, auf: http ://www. parlement-eu2010.be/pdf/3-4okt-background_ info. pdf, S. 4.

332 McDonough, W./Braungart, M.: The Upcycle. Beyond Sustainability – Designing for Abundance, New York, 2013.

333 Vgl.: Braungart, M./McDonough, W./Bollinger, A.: Cradle-to-cradle design: creating healthy emmissions – a strategy for eco-effektiv product and sytem design, in: ScienceDirect.Journal of Cleaner Production, 15, 2007, S. 1347.

4.3 Trennkost für moderne Produktion

Während die deutsche Fassung 2003 traditionell, auf Papier gedruckt erschien, wurde 2002 für die amerikanische Fassung von „Cradle to Cradle" ein in seinen stofflichen Voraussetzungen gänzlich neues Verfahren realisiert. Das Buch erschien nicht auf Papier, sondern auf papierdünnen Kunststoff gedruckt. Haptisch hinterlässt es den Eindruck von Papier allerhöchster Qualität – es ist makellos glatt und extrem haltbar. Man kann es gefahrlos mit in die Badewanne nehmen. Gegen Wärme und Nässe sind die Buchseiten resistent. Im Blick auf den Druck bibliophiler Kostbarkeiten wären sie also dauerhafter als beispielsweise die Bestände der Herzogin-Amalia-Bibliothek in Weimar. Allerdings lässt sich die benutzte Druckfarbe bei höheren Temperaturen vollständig von den Kunststoffseiten abwaschen, eindampfen und als anderer Text auf das gereinigte, recycelte synthetische Papier aufbringen.[334]

„Essbarer" Polsterstoff und „flussfreundliches" Duschgel – Design als „Entmischung" von Bio- und technischem Stoffwechsel:

Eine Textilfabrik, die an den damaligen Umweltstandards gemessen zu den saubersten Europas gehörte, produzierte Polsterstoffe aus Mischgewebe – Hybride aus Natur- und Kunstfasern. Diese waren im Blick auf die Materialkosten preisgünstig. Die Schnittkantenabfälle jedoch mussten aus Umweltgründen kostspielig exportiert werden, wo sie in Müllverbrennungsanlagen landeten. Braungart und sein Team entwickelten statt dessen ein Naturfasergemisch, das höchsten Qualitätsansprüchen genügt, bei Gebrauch keinen schädlichen Abrieb sowie keine giftigen Ausdünstungen verursacht und als „Bionahrung" kompostiert werden kann. Die Materialeinkaufskosten haben sich dabei erhöht. Gleichzeitig senkten sich aber die Begleitkosten, die zuvor für die Entsorgung der Schnittkantenabfälle, für den Einkauf und die Lagerung giftiger Hilfschemikalien angefallen waren. Der Firma stehen anderweitig nutzbare Räume zur Verfügung. Es kann auf Schutzkleidung verzichtet werden. Das benötigte Wasser verlässt die Firma sauberer, als es in sie hinein fließt. Die Firma nützt der Umwelt, ihren Beschäftigten und Kunden bei betriebswirtschaftlich positivem Saldo.[335]

Für eine Kosmetik- und Reinigungsmittelfirma sollte ein Duschgel entwickelt werden, das den Flüssen (hier Rhein und Elbe) nicht schadet und für die Verbraucher ebenso gesund wie angenehm ist. Das ursprüngliche Gel bestand aus insgesamt 22 zum Teil schädlichen Stoffen, von denen manche nur erforderlich wurden, um die unerwünschten Nebenwirkungen billig eingekaufter Ausgangsmaterialien zu minimieren. In einem gründlichen Ausschluss- und Auswahlverfahren reduzierten Braungart und Kollegen die Liste der Inhaltsstoffe auf neun –

---

334 Braungart, M./McDonough, W.: 2003, S. 21, 98f.
335 A.a.O., S. 137-139.

absolut gesunde und umweltverträgliche. Weil diese insgesamt teurer waren als die ursprünglichen 22 Stoffe, verweigerte das Unternehmen zunächst die Weiterentwicklung des Produkts. Doch es zeigte sich: Die Zubereitung war so viel einfacher und die Lageranforderungen waren um so viel geringer geworden, dass die Herstellungskosten um 15 Prozent sanken.[336]

In allen bisher gezeigten Beispielen wird deutlich: Der Schlüssel des Erfolgs liegt darin, nicht nur einzelne Elemente oder Kenngrößen zu betrachten, sondern den gesamten Prozess der Herstellung.

Ford[337] – komplexes Re-design eines Standortes:[338] Die Firma Ford ist namentliche Metapher der industriellen Massenproduktion. Sie steht für technologische Innovation, für ökonomischen und sozialen Erfolg, aber richtete eben so Umweltschäden an wie die Industrie der ganzen Generation. Bauliches Symbol dafür ist River Rouge, die legendäre Fertigungsstätte in Dearborn, Michigan.

Nach einer Blütezeit von fast 40 Jahren unterliefen die Fordwerke ab den späten 1960er Jahren die Prozesse, die der sogenannten „postfordistischen" Betriebsweise zugeordnet werden, darunter: Dezentralisierung, d. h.: geographisch breite Verteilung mehrerer kleinerer Fertigungsstätten, „Outsourcing", d. h.: Auslagerung von produktionsbegleitenden Dienstleistungen und Teilen der Fertigung an externe Partner, und in der Folge drastische Reduzierung der Belegschaft (von ehemals 100 000 Beschäftigten auf 7000 in den 1990ern). Als Hinterlassenschaft dieser Entwicklung sowie der vorangegangenen Produktionslogik kennzeichneten in den 1990er Jahren kontaminierte Böden, nieder gegangene Infrastruktur und veraltete technische Anlagen den ehemals fast mythischen Produktionsstandort River Rouge.

Das Unternehmen stand vor der Wahl, entweder „weiter zu ziehen wie ein Heuschreckenschwarm", River Rouge als verdorbene Brache zurück zu lassen und anderswo kostengünstig neu anzufangen. Oder aber: Den Gründungsstandort zu erhalten, sich der Sanierung der Altlasten selbst zu stellen und sich dabei zur Ikone der nächsten industriellen Revolution zu entwickeln. Ford jr. entschied sich für letzteres. Also bestand die Aufgabe darin, aus Kontamination, Schrott

---

336 A.a.O., S. 182f.
337 Dass hier Ford als „Avantgarde" des neu zu meisternden industriellen Wandels erscheint ist kein Zufall. Die Persönlichkeit Henry Ford wie die Firma sind seit Jahrzehnten Gegenstand wissenschaftlicher Untersuchungen. So schreibt Wahren: „In der Geschichte der Innovatoren hat Henry Ford, der heute als ‚lebenspraktischer Philosoph' bezeichnet wird, einen wichtigen Platz. Seine Ideen führten, ..., nicht nur zu herausragenden Produktinnovationen, sondern auch zu herausragenden Markt-, Prozess-, Struktur- und Sozialinnovationen."; Wahren, K.-H.E.: Erfolgsfaktor Innovation. Ideen systematisch generieren, bewerten und umsetzen, Berlin Heidelberg, 2004, S. 21.
338 Vgl. Braungart, M./McDonough, W.: 2003, S. 197-205.

4.3 Trennkost für moderne Produktion

und totem Raum wieder lebendige Welt zu machen, den Standort neu in seine Umwelt „einzugebären". Interessant an dem Vorgang ist: Er ließ sich nicht als Einzelleistung eines Konzernstrategen, oder als Leistung weniger Experten bewerkstelligen. Voraussetzung für seinen Erfolg war ein konsequent kooperatives Leitungs- und Arbeitsprinzip: „Zunächst einmal wurde in einem ersten Schritt ein ‚Rouge Room' im Basement des Unternehmenssitzes eingerichtet, wo sich das Planungsteam – Repräsentanten aller Abteilungen wie auch Außenstehende, Chemiker, Toxikologen, Biologen, Experten für Genehmigungsverfahren und Gewerkschaftsvertreter – treffen konnten. Ihre erste Aufgabe bestand darin, eine Liste mit Zielen, Strategien und Bewertungskriterien für den Prozess aufzustellen.... Hunderte Angestellte besuchten den ‚Rouge Room' zu strukturierten Besprechungen... begannen ... aus allen Abteilungen des Konzerns – Produktion, Management entlang der Produktionslinie, Einkauf, Finanzen, Design, Umweltschutz, Qualitätssicherung, Forschung, Entwicklung – ihre Ideen einzubringen. ... Die Neugestaltung der Produktionsanlagen spiegelt den Einsatz des Unternehmens für soziale Gerechtigkeit ebenso wieder wie den für Ökologie und die wirtschaftlichen Ziele."[339]

Durch vernünftiges, modernes Regenwassermanagement entstand eine regelrechte grüne Oase. Sie reicht von begrünten Dächern, über wasserspeichernde Lochziegel statt vollversiegelter Parkplätze bis zu einer Sumpf- und Bachlandschaft mit Pflanzen, Mikroben, Pilzen und anderen Lebewesen, die das Brauchwasser reinigen, um es nach drei Tagen sauber und klar in den Fluss zu leiten. „Dieser öko-effektive Ansatz säubert das Wasser und die Luft, liefert Lebensraum, steigert die Schönheit der Landschaft...", verbessert die Arbeitsbedingungen der Belegschaft und das Konzernergebnis. Allein durch den Wegfall von Betonröhren und Aufarbeitungsanlagen spart das Unternehmen im Saldo etwa 35 Millionen Dollar.

2003 erhielt River Rouge den LEED-Award (Leadership in Energy and Environmental Design).[340]

Voraussetzungen für all dies waren und sind: Denken in Stoffwechselkreisläufen, konkretes Ortsbewusstsein und ein konsequent kooperativer Ansatz.

---

[339] Braungart, M./McDonough, W.: 2003, S. 199.
[340] Siehe www.thehenryford.org/rouge/leed.aspx.

4.4 Geburtswehen. An Cradle to Cradle geübte Kritik

Die Prinzipien der Ökoeffektivität werden kritisiert, aber selten in ihrer sachlichen, wissenschaftlichen Substanz und inneren Logik.

Aus der Sicht der Vertreter des Ökoeffizienzprinzip geschieht dies beispielsweise durch Schmidt-Bleek[341]. Er sagt:

> „Ich kann mich auf Michaels Sitzbezügen im Flugzeug sehr wohl fühlen. Ich warte aber noch immer auf den detaillierten Vorschlag, die anderen 99,99 Prozent des Airbusses A380 nach seinen Prinzipien zu gestalten."

Und:

> „Es scheint mir völlig ausgeschlossen, die Stoffkreisläufe der menschlichen Wirtschaft ohne Massen- und Energieverluste zu schließen – sie vollständig in die stofflichen Umsätze der Natur einzugliedern -, ohne die lebensnotwendigen Dienstleistungen der Natur zu schädigen."[342]

Mit beiden Sätzen wird hier dem Prinzip der Ökoeffektivität zum Zeitpunkt ihrer abstrakten Ausarbeitung und in einer frühen Phase der beginnenden stofflichen Konkretisierung vorgeworfen, dass sie noch nicht vollständig umgesetzt ist.

Was die Masse und Energieverluste betrifft: Die Sonne strahlt mehr Energie auf die Erde ab, als die Menschheit auch bei größter prognostizierter Population verbrauchen kann. Sie nutzt sie nur bislang nicht effektiv. Im Blick auf die auch unter der Bedingung geschlossener technischer Kreisläufe zu erwartenden (entscheidend minimierten) Masse bzw. Stoffverluste ist in die Überlegung einzubeziehen, dass die einen Materialien durch andere substituiert sind. Braungart weiß nicht, was die Zukunft hier bringt. Aber da er Ikarus doch noch hat fliegen sehen, nimmt er sich optimistisch als Neandertaler von Morgen.

Hinterberger[343] beharrt darauf, man brauche beides, sowohl Einsparungen, also Effizienz, als auch Produktion in geschlossenen Kreisläufen.[344] Dem ist aus der Sicht der Öko-Effektivität nicht zu widersprechen. Worum es geht ist, dass Effizienz nicht das *Ziel* der neu zu gestaltenden Mensch-Natur-Verhältnisse sein kann, sondern ein *Mittel*, das in Verfolgung eines im Sinne von erfolgversprechend vernünftigen Ziels bzw. – wie gegeben – in nötigen Transformationsphasen zur Anwendung kommt.

---

341 Früherer Leiter des Wuppertal-Instituts und Erfinder des „Faktor-10-Prinzips", Schmidt-Bleek, F.: Wieviel Umwelt braucht der Mensch. Faktor 10 – das Maß für ökologisches Wirtschaften, München, 1997.
342 Zitiert nach Unfried, P.: Der Umweltretter Michael Braungart, taz.de, 7. März, 2009.
343 Geschäftsführer des Sustainable Europe Research Institutes.
344 Zitiert nach Unfried, P.: Der Umweltretter Michael Braungart, taz.de, 7. März, 2009.

4.4 Geburtswehen

Taghizadegan[345] befürchtet, dass aus dem Übergang zu geschlossenen Zyklen planwirtschaftliche Tendenzen erwachsen und große Unternehmen begünstigt werden könnten[346]. In diese Richtung zielen auch Fragen, die Braungart bei Vorträgen und in Diskussionen begegnen. Sie fußen auf der Vorstellung, dass zu jedem einzelnen Produkt bzw. durch jeden einzelnen Hersteller ein geschlossener Kreislauf herzustellen sei. Das ist jedoch keine der im Prinzip der Ökoeffektivität beinhalteten Thesen. Vielmehr, siehe oben, geht dieses Prinzip erstens nur davon aus, dass ein technisches Erzeugnis sich strikt im technischen Kreislauf bewegt, womit nicht zwingend gesagt ist, dass jeder Hersteller sein eigenes Produkt auch wieder in die Einzelteile zerlegt. Es muss, gegebenenfalls für andere Unternehmen, nur überhaupt möglich sein. Das Cradle-to-Cradle-Prinzip und „urban mining" schließen sich nicht aus, sondern verhalten sich komplementär. Zweitens, dass für das Design der Produktionsprozesse neben dem Produkt und der sozialen Dimension die konkreten Bedingungen vor Ort bestimmend sind. Das schließt logistische Bedingungen ebenso ein wie erreichbare Konsumenten und deren Bedürfnisse. Für welche Erzeugnisse sich welche Bewegungsformen innerhalb des technischen Metabolismus ergeben, ist eine Frage der konkreten Praxis. Mögliche Varianten sind als „Ressourcenmanagement" der Recycling-Industrie oder im sogenannten „urban mining" zur Erschließung von wieder nutzbaren Stoffen in den Abfall-Strömen großer Städte bereits in der gegenwärtigen Praxis präsent.

Außerdem äußert Taghizadegan Bedenken hinsichtlich Braungarts Aufforderung zur Verschwendung.[347] An diesem Punkt wird deutlich, dass Öko-Effektivität unmöglich zu Planwirtschaft führen kann. Verschwendung lässt sich

---

345 Institut für Wertewirtschaft.
346 „Das Zyklenkonzept weist neben der Technologie- und damit Kapitalabhängigkeit noch weitere Probleme auf: Alle Zyklen müssen, um die versprochene Effektivität zu erlauben, geschlossen sein. Der dazu nötige große logistische Aufwand wird beim „Hypen" der Idee zu zwei Betonungen führen: Einerseits sind besonders große, hochintegrierte Unternehmen begünstigt. Andererseits wird die Ungeduld in dezentraleren Sektoren und Regionen zu politischen Ambitionen führen. Das politische Schließen von Zyklen hat jedoch ganz unweigerlich einen planwirtschaftlichen Charakter. Planwirtschaft hielt man einst für effizienter und effektiver. Heute weiß man, daß die mangelnde persönliche Verantwortung zu kolossalen Fehlentscheidungen führt, die nicht nur die Umwelt, sondern auch das menschliche Leben bedrohen. Der systemische Charakter von cradle-to-cradle und die Größe und Übertreibung der Versprechungen verstärken diese Gefahr planwirtschaftlicher Verlockungen." Taghizadegan, R.: Cradle to Cradle – die nächste Sau, die man durch das globale Dorf treibt? in: Koisser, H. u. a.: Cradle-to-cradle, die nächste industrielle Revolution – Idee, Kritik und Interviews, wirks 1, 2010, S. 23.
347 „Das Versprechen besteht eigentlich auch nur darin, daß man dann ohne schlechtes Gewissen verschwenden könnte. Doch auch das ist falsch. Nahrungsmittel sind etwa vollkommen kompostierbare Produkte. Ist es deshalb richtig, massenweise angebrochene Nahrungsmittel wegzuwerfen?"; Taghizadegan, R.: Cradle to Cradle – die nächste Sau, die man durch das globale Dorf treibt?, in: Koisser, H. u. a.: Cradle-to-cradle, die nächste industrielle Revolution – Idee, Kritik und Interviews. wirks 1, 2010, S. 24. www.wirks.at

nicht planen, und alle bisher bekannten Planwirtschaften bestanden in der Verwaltung von Mangel.

Auf die hinter dem in sich widersprüchlichen Einwand stehende Verzichtsethik antwortet Hermann Scheer: „Die ist entstanden in einer Zeit, als die Umweltbewegung keine Idee hatte vom Potenzial der erneuerbaren Energien." Die Bewegten habe die Vorstellung, dass eigentlich genug Energie für alle da ist, sogar entsetzt: „Das ist ja furchtbar", habe man gestöhnt, „dann spart ja keiner mehr."[348]

4.5 Ein weites Feld. Dimensionen ermöglichten Wandels

4.5.1 Sinnbild Markt. Zum Thema Ort

> „Ein Anfang, menschliche Systeme und Tätigkeiten anzupassen, liegt in der Erkenntnis, dass jede echte Nachhaltigkeit (genau wie jede gute Politik) lokal angepasst ist. Wir verbinden sie mit lokalen Material- und Energieflüssen und mit lokalen Bräuchen, Bedürfnissen und Vorlieben, von der Ebene des Moleküls bis hinauf zur Ebene der Region. Wir bedenken, wie die Chemikalien, die wir einsetzen, sich auf das Wasser und den Boden des Gebiets auswirken, ... wir überlegen, woraus das Produkt gemacht wird, wie die Umgebung aussieht, in der es hergestellt wird, wie unsere Prozesse interagieren mit dem, was flussaufwärts und flussabwärts geschieht, wie wir sinnvolle Beschäftigung bieten, die wirtschaftliche und körperliche Gesundheit der Menschen in der Region erhalten, biologischen und technischen Reichtum für die Zukunft schaffen."[349]

Mit ihrem so ausgedrückten Credo formulieren Braungart und McDonough einen unbedingten Ortsbezug der Industrie bzw. Produktion. Gelegentlich fassen sie ihn als das angestrebte „Eingeboren" sein der Industrie. Man könnte das auch bewusste Sesshaftigkeit nennen.

Indem sie für die Stoffwechselkreisläufe die Metapher „Cradle to Cradle" benutzen und explizite von der Notwendigkeit einer „neuen industriellen Revolution"[350] sprechen, nehmen Braungart/McDonough selbst eine doppelte zeitliche Platzierung ihres Lösungsansatzes in den Phasen der sozialen Evolution vor, die in beiden Fällen wesentlich mit Fragen der Sesshaftigkeit verbunden sind.

Ihre „Erzählung der Menschheitsgeschichte als Nährstoffgeschichte"[351] führen sie von den Nomaden, über Ackerbauern und antike Städte bis zum komplizierten Wechselverhältnis zwischen den über das Mittelalter hinweg stetig wachsen-

---

348 Zitiert nach Unfried, P.: Der Umweltretter Michael Braungart, taz.de, 7. März, 2009.
349 Braungart, M./McDonough, W.: 2003, S. 158.
350 Z.B. Braungart, M./McDonough, W.: Cradle to Cradle: Remaking the Way We Make Things, New York, 2002, deutsch: Einfach intelligent produzieren, Berlin 2003, S. 22, 192ff.
351 Braungart, M./McDonough, W.: Cradle to Cradle: Remaking the Way We Make Things, New York, 2002, deutsch: Einfach intelligent produzieren, Berlin 2003, S. 124-130.

4.5 Ein weites Feld

den Städten und deren zur Roh- und Nährstoffversorgung wie Abfallentsorgung heran gezogenen jeweiligen Umland.

Sie beginnen diese Erzählung also in der Phase des Neolithikums, in der in einem ca. 5000jährigen Prozess – zwischen ca. 12 000 – 10 000 v. Chr. bis 7000 – 5000 v. Chr. in verschiedenen Erdregionen der erste große Wandel im Mensch-Natur-Verhältnis stattgefunden hat. Mit einem Satz lässt dieser sich so beschreiben: Die Menschen haben aufgehört, kreatürlich unbewusster Teil neben anderen Teilen der Biosphäre zu sein; sie sind zu selbstbewussten Wesen außerhalb der übrigen Natur geworden.

Erstmalig in dieser Zeitspanne traten Gräber auf.[352] In der Existenz dieser Gräber drücken sich gleichzeitig das erwachende Bewusstsein über das Herausgehoben sein der Menschen aus allen anderen Lebewesen und die Anfänge von Denken in Kategorien des Endlichen aus.[353] Die lineare „Cradle-to-Grave"-Logik, mit der Braungart und McDonough sich auseinandersetzen, hat hier ihre ersten Vorboten.

---

352 Wie aus dieser Zeit stammende Kultstätten zeugen sie von sozialer Kommunikation über transzendente Gegenstände wie angenommene Geister/Götter oder „Seele", sind aber deutlicher an erst mit der Sesshaftigkeit auftretende Notwendigkeiten (wie Ordnung/Hygiene) gebunden. Sie stellen Resultate einer sozialen Praxis dar, „in der situationsgebunden zwischen übergeordneten kulturellen Ordnungsprinzipien und praktischen Erfordernissen" vermittelt wird. Kümmel, Ch./Schweizer, B./Veit, U.: Körperinszenierung, Objektsammlung und Monumentalisierung: Totenritual und Grabkult in frühen Gesellschaften, Münster, 2008, S. 49.

353 Gräbern wohnt von ihren Anfängen an die tiefe Ambivalenz zwischen der Teilnahme menschlicher „Seelen" am ewigen Kreislauf der Natur und der Ausnahme von eben dieser Teilnahme inne. In den jungsteinzeitlichen Religionen bilden einerseits Tod und Leben der Menschen einen analogen Kreis wie es die Vegetation mit Sprießen, Blühen, Reifen, Welken, Zerfallen im Verlauf der Jahreszeiten tut. Leben vollzieht sich im Rahmen zyklischer Vorstellungen ohne Anfang und ohne Ende. Dieser Vorstellung folgend werden den Toten fürsorglich Beigaben für das Leben danach ins Grab gelegt. Andererseits geschieht dies aber auch aus Furcht. Die existentielle Angst vor der ungnädigen Rückkehr der Toten wird oft beschrieben. Canetti hat vielfache Belege für die in menschlichen Vorstellungswelten übel agierenden „unsichtbaren Massen" zusammen getragen. Zu den Methoden, mit denen sich die Menschen der Jungsteinzeit vor der Wiederkehr einzelner Toter schützen wollen gehören z. B. gefesselte Bestattungen, das Fehlen eines Fußes, das Entfernen der Kiefer, Bestattung in Bauchlage, um den „bösen" Blick abzuwenden und den Toten an der Rückkehr zu hindern. Das Gräbern inhärente „Ende", der so vollzogene Ausstieg aus den Biozyklen, steht in der Jungsteinzeit für den menschlichen Wunsch, nicht von den Vorangegangenen beherrscht zu werden. Man könnte auch sagen: Er fürchtet sich vor dem, der und was er selbst ist. Gegenüber der Natur ist er souverän, wenn auch auf demütige Weise, gegenüber sich selbst und der Gemeinschaft ist er es nicht. Vgl.: Ehmer, M.K.: Die Weisheit des Westens, Düsseldorf, 1998, S. 46. Ehmer, M.K.: Göttin Erde. Kult und Mythos der Mutter Erde, Berlin, 1994, S. 24, 26; Canetti, E.: Masse und Macht, Franfurt/Main, 1980, S. 46-52; Behrens, H.: Die Jungsteinzeit im Mittelelbe-Saale-Gebiet; Veröffentlichungen des Landesmuseums für Vorgeschichte in Halle 27, Berlin, 1973, S. 242; Preuß, J.: Ein Grabhügel der Baalberger Gruppe von Preußlitz, in: Jahresschrift für mitteldeutsche Vorgeschichte 41, Bernburg, 1958, S. 207 .

Die sich wechselseitig bedingenden und hervorbringenden Veränderungen des Neolithikums waren der Übergang von der aneignenden Wirtschaftsweise der Jäger und Sammler zur produzierenden der Ackerbauern und Viehzüchter; erste Arbeitsteilungen und soziale Hierarchiebildung; Bindung sozialer Kommunikation an Kultorte (Tempel), artikuliertes Verständnis von Transzendenz (Totenkulte/Gräber), Herstellung von Keramiken, von geschliffenen und durchbohrten Beilen und Äxten, Weiterentwicklung des Hausbaus.[354]

Zentrales Element all dieser Entwicklungen ist die Sesshaftigkeit. Ohne festen Wohnsitz wären keine Felder zu bebauen gewesen. Man hätte die schweren Keramiken, die schweren und vielfältiger werdenden Werkzeuge nicht als Nomade mit sich tragen können. Tote hätten nicht als „unsichtbare Massen" (Canetti) in die Vorstellungen dringen und nach Gräbern verlangen können; außerhalb von Siedlungen wären sie sowenig wie die Kadaver anderer Lebewesen ein hygienisches oder Ordnungsproblem gewesen.

Bewegt man sich in einem gedachten Zeitraffer vom Neolithikum in die Jetztzeit so zeigt sich zweierlei: Es scheint die Frage nach Sesshaftigkeit (philosophisch ausgedrückt: die nach dem sozialen Umgang mit Raum und Zeit) ein Kristallisationspunkt für die globalen Problemlagen der Menschheit zu sein. Und: womöglich bietet Braungarts Denken in Kategorien von „Stoffwechsel" den entscheidenden neuen Blickwinkel, der die wissenschaftliche und praktische Kooperation und Synthese zur Lösung dieser Probleme erlaubt.

Wie oben gezeigt, ist der Umstand, dass Menschen in dauerhafte (Wechsel) Beziehung zu *konkreten Orten* getreten sind, die *Voraussetzung für die Entwicklung der Gesellschaft.*

Jedoch: es hat bekanntlich immer die verschiedensten Arten von Mobilität gleichzeitig gegeben: Völkerwanderungen, Handel, Gesellenjahre, Kriege, Landflucht.

Im Lauf der Entwicklung von Techniken und Technologien hat sich diese Mobilität in mehreren Sprüngen[355], unter mehreren Gesichtspunkten[356] quantitativ und qualitativ verändert.

---

354 Vgl. Childe, G: Der Mensch schafft sich selbst. Dresden, 1959. Childes Ansichten zu den Zeitabläufen des Neolithikums, die er als „Revolution" fasst, halten der jüngeren Forschung nicht stand. Die von ihm beschriebenen Prozesse benötigten um ein Vielfaches mehr Zeit, als er angenommen hatte, fanden aber ansonsten wesentlich so statt.
355 Dampfmaschine, industrielle Revolution, Erweiterung von Güter- und Personenverkehr im 18. Jahrhundert, elektrischer Antrieb und industrielle Massenproduktion im 19./beginnenden 20. Jahrhundert, Telefon, Rundfunk, Atomkraft, Fernsehen, Globalisierung, Digitalisierung Ende des 20. Jahrhunderts.
356 Inzwischen gibt es von Soziologie über Finanzwirtschaft, Verkehrswesen, Volkswirtschaft, globale Ökonomie, Architektur, Bildung bis Kultur und Politik fast keinen Bereich mehr, in

4.5 Ein weites Feld

Hier sind in diesem Zusammenhang zwei Aspekte relevant. Der eine betrifft die Veränderung menschlicher Informationsflüsse. Ursprünglich war der soziale Informationsaustausch[357] unmittelbar an lebende Menschen gebunden. Über die Benutzung von Zeichen bzw. Symbolen und die Erfindung der Schrift hat er relative Orts- und Zeit-Unabhängigkeit erlangt sowie sich gegenüber dem einzelnen Individuum verselbständigt. Mit der Entwicklung moderner Transport- und Verkehrstechnologien erfuhr der soziale Informationsaustausch einen ersten Beschleunigungs- und Erweiterungsschub, mit der Telekommunikation einen zweiten, mit der Digitalisierung und dem Entstehen des Internet einen dritten. Im Ergebnis dieses Prozesses erlangt der gesamte außerorganische menschliche Informationsvorrat im Prinzip zeit- und ortsunabhängige Omnipräsenz. Er existiert als virtuelle Welt.

Diesen Prozess begleitend haben zum anderen die konkreten Orte im realen Leben von Individuen und Gesellschaft in der Moderne Bedeutungsverlust erfahren – mit weitreichenden Konsequenzen.

Bezeichnenderweise ist es der Markt, der zuerst seine Bedeutung als physischer Ort verliert. Erst findet hier der arbeitsteilige „produktive Stoffwechsel" der Menschen regelmäßig zurück in den komplexen, in sich verbundenen Lebensalltag der Stadt oder Region. Doch: „Ende des 18. Jahrhunderts wurde der Begriff von jedem räumlich-geographischen Bezug befreit und beschreibt seither den abstrakten Prozess des Kaufens und Verkaufens."[358] Bevor der Marktplatz seine physische Bedeutung verlor, hatten jedoch Unternehmen bzw. die Wirtschaft begonnen, sich den komplexen Lebensbezügen und Verantwortlichkeiten der Produktionsstandorte zu entziehen.[359] Den physisch nach wie vor vorhandenen Markt könnte man als „entleerten" Ort bezeichnen. Ihm folgen mit Bahnhöfen, Flughäfen und sich verdichtenden Straßennetzen die absichtsvoll als Mobilitätshüllen bzw. -schneisen gebauten Transitorte, die in der Debatte häufig als „Nicht-Orte"[360] bezeichnet werden.

---

dem Fragen der Mobilität nicht Gegenstand von Forschung und von Auseinandersetzungen sind.
357   Siehe dazu Kapitel 3, Wachstum/Information.
358   Rifkin, J.: Access. Das Verschwinden des Eigentums, Frankfurt a.M., 2000, S. 9.
359   Theoretischer Ausdruck dieses Vorgangs ist David Ricardos 1817 erschienenes Werk „On the Principals of Political Economy and Taxations", das als Grundlagenwerk für Außenhandelswirtschaft gilt. Ricardo erklärt, wie komparative Preisvorteile aus komparativen Kostenvorteilen – allein am Maßstab unterschiedlicher Arbeitsproduktivität – entstehen. Dieses eindimensionale Herangehen ist wirtschaftstheoretisch auch für die Außenhandelsbeziehungen von Staaten überholt. In seinem Kern steckt aber sowohl bei Ricardo als auch bis heute Wissen um Unternehmensverhalten.
360   Siehe z.B.: „Unsere Zeit ließe sich dagegen eher als Zeitalter des Raumes begreifen. Wir leben im Zeitalter der Gleichzeitigkeit, des Aneinanderreihens, des Nahen und Fernen, des Nebeneinander

Diese Transit- oder Nicht-Orte konnten nur entstehen, weil viele Menschen auf unterschiedliche Weise zunehmend in Bewegung sind. Die Verkehrsplanung spricht hier von zirkulärer (Pendler) und residenzieller (Wohnortwechsel) Mobilität. Häufiger Wechsel des Wohnorts führt dazu, dass selbst das „eigene Heim" abnehmend konkreter Ort und zunehmend abstrakte Vorstellung.[361] wird, was auch als Prozess von Homogenisierung und Standardisierung der realen Wohnhäuser stattfindet.[362] Im Kontext von Architektur wird dieser Vorgang als Tendenz der Moderne verallgemeinert: „... sie (setzt) nämlich an die Stelle von räumlich bedingter Diversität die eine bedeutungslose Homogenität ..."[363].

Eine der Ursachen und treibenden Kräfte im Zentrum all dessen liegt in der Mobilität von Kapital. Der Metapher vom „scheuen Reh" entsprechend, agiert

---

und des Zerstreuten. Die Welt wird heute nicht so sehr als ein großes Lebewesen verstanden, das sich in der Zeit entwickelt, sondern als ein Netz, dessen Stränge sich kreuzen und Punkte verbinden."; Foucault, M.: Von anderen Räumen, in: Dits et Ecrits Schriften, Frankfurt a. M., 1984, S. 93. „Es entsteht eine Leere aus der erreichten Geschwindigkeit. Dabei kam es zu einer deutlichen Verschiebung der Wertigkeit dieser mit Mobilität verbundenen Nicht-Orte, weg von den Bahnhöfen, hin zu den Autobahnen, Raststätten und Flughäfen..."; Zschocke, M.: Mobilität in der Postmoderne. Psychische Komponenten von Reisen und Leben im Ausland, Würzburg, 2005, S. 56.

361 Sennett analysiert am Beispiel des ökonomisch erfolgreichen, dauernd den Wohnort wechselnden Consultant Rico, wie der Verlust von Bindung an einen konkreten Ort und die Abfolge flüchtiger Nachbarschaften dazu führen, dass er und seine Frau – mehr oder wenig verzweifelt – sich an abstrakte Werte klammern, die sie allein hoch halten müssen. Sennett, R.: Der flexible Mensch, Berlin, 1998, S. 20-24.

362 D'Eramo zeigt, wie der durchschnittlich im Verlauf seines Lebens 13 mal umziehende und deshalb ein- und auspackende Amerikaner auf Ausstattungsstandards trifft, die ihm dies erleichtern. D'Eramo, M.: Das Schwein und der Wolkenkratzer. Chikago. Eine Geschichte unserer Zukunft, München 1996, S. 74-78.

363 Für die frühe Globalisierungsdebatte der 1990er Jahre schreibt Hahn: „Der Raum schien zu schrumpfen. Raum und Distanz als Faktoren, die Kulturen und Gesellschaften bestimmen, und die ursächlich mit der Diversität menschlicher Gesellschaften verbunden sind, wurden obsolet. ... und insbesondere die moderne Kommunikationstechnik führte zu Prozessen der Verdichtung, die Raum und Zeit zu irrelevanten Größen werden ließ. Damit schien die Globalisierung eine Grundtendenz der Moderne zur Vollendung zu bringen, indem sie nämlich an die Stelle von räumlich bedingter Diversität die eine bedeutungslose Homogenität setzt. ... Folgerichtig ist es ein zentrales Anliegen postmoderner Architektur, Formen und Strukturen der Vormoderne aufzugreifen. Häuser, Gebäude und der umbaute Raum im Allgemeinen sind nicht nur ihren respektiven Funktionen untergeordnet, sondern sie sprechen ihre eigene Sprache." „Der postmoderne Rückgriff auf vormoderne Architekturen ist motiviert durch ganz bestimmte Vorstellungen darüber, was diese Bautradition auszeichnet. Dabei geht es um die Vorstellung einer durch die Moderne vorübergehend unterdrückten Einheit gebauter Umwelt, sozialer Bedeutung und gesellschaftlicher Struktur. Die Architektur der Vormodernen, so diese Hypothese, enthält den Schlüssel, um den Zusammenhang von Bedeutung und Raum wieder zu beleben. Die soziale Logik des Raumes sei insbesondere dort greifbar." Hahn, H.P.: Gibt es eine „soziale Logik des Raumes"? Zur kritischen Revision eines Strukturparadigmas, in: Trebsche, P./Müller-Scheeßel, N./Reinhold, S.(Hrsg.): Der gebaute Raum. Bausteine einer Architektursoziologie vormoderner Gesellschaften, Münster, 2010, S. 107, 108.

4.5 Ein weites Feld

es im Prinzip, wo es agieren will. Ausschlaggebend ist: Das abstrakte Kapital, wenn es agiert, wo es will, zieht die konkrete, stofflich vorhandene und strukturbestimmende Industrie bzw. Produktion hinter sich her. Nach Sennett *verhalten* sich moderne Firmen nicht nur tatsächlich in dieser Weise, sondern sie „*stellen sich gerne so dar*, als hätten sie sich ganz aus den Bindungen an einen Ort gelöst; eine Fabrik in Mexiko, Büros in Bombay, ein Medienzentrum in Manhattan – diese erscheinen als bloße Knotenpunkte im globalen Netz."[364] Dass diese Selbstdarstellung auch eine Portion nötigende Manipulation enthält, kommt gleich zur Sprache. Hier ist relevant und festzuhalten: Für die fluktuierenden Belegschaften werden nicht nur ihre Heime zu abstrakten Orten, wie Sennett zeigt. Ihre Arbeitsplätze bzw. Jobs werden auch zu einer Art biographischer Transiträume.[365]

Man kann sagen: Diese Weise nur behauptet oder tatsächlich „ortloser" Produktion erweist sich als doppelt lebensfern: Fern von den lebendigen Kreisläufen der Stadt und Region und fern von den Beschäftigten als komplexe, lebendige Wesen.

Äußerster Ausdruck für die Orts-Ungebundenheit von Kapital ist das globale Finanzsystem.

4.5.2 Verhandeln können. Über Ort, Bindung und Werte

Der gesamte Prozess der „Verortlosung" wirkt sich auf die Möglichkeiten aus, in komplexen, differenzierten Gesellschaften überhaupt Verantwortung wahrzunehmen. Der amerikanische Soziologe Mark Granovetter hat in den 1970er Jahren seine Arbeit über starke und schwache Bindungen publiziert.[366] Starke Bindungen bestehen danach in relativ engmaschigen kleinen Netzwerken von persönlichen Freunden und Verwandten. Granovetter stellte aber fest, dass für die Jobsuche, die berufliche Karriere, für soziale Netzwerke und für die Übertragung von Informationen durch diese Netzwerke die – in der Mathematik, Soziologie und

---

364 Sennett, R. a.a.O., S. 187: Die Auswirkungen dieses Firmenverhaltens hat Michael Moore im Film „Roger & me" am Beispiel der Stadt Flint gezeigt, die als Produktionsstandort von General Motors zugunsten eines ausländischen Billiglohnstandorts verlassen wurde. (GM gilt im Blick auf das Unternehmensethos als Antipode von Ford). In den Jahren 2008/09 und 2011/12 erlebte Deutschland die Kämpfe um die Opel-Standorte. Ein weiteres öffentlich wahrgenommenes Beispiel war die Verlegung der Nokia-Handy-Produktion von Bochum nach Rumänien.
365 Sie fangen in jeder Nachbarschaft, in jeder Firma neu an, so, als wären sie bis dahin nichts als unterwegs gewesen. Sennett, R. a.a.O., S. 22ff.
366 "Ego will have a collection of close friends, most of whom are in touch with one another – a densely knit clump of social structure. Moreover Ego will have a collection of acquaintances, few of which know each other. Each of this acquaintances, however, is likely to have close friends in his own right and therefor to be enmeshed in a closely knit clump of social structure, but one different from Ego's."; Granovetter, M.S.: The Strength of Weak Ties, in American Journal of Sociology 78, Chicago, 1973, S. 1360ff.

Netzwerktheorie sogenannten – schwachen Bindungen zu entsprechenden Kontakten entscheidend sind.

Die von Barabási analysierte Evolutionsweise und Topographie des Internets unterstützt als mathematische Verifizierung diese Theorie. Die schwachen Bindungen laufen in Barabásis Netzwerktheorie in den „hubs" zusammen, die wir weiter vorn soziale Gravitationszentren nennen. Dort findet auch die „repräsentative" Kommunikation gesellschaftlicher Werte statt. Deren direkte Aushandlung und Vereinbarung erfolgt jedoch da, wo starke Bindungen herrschen, wo die „tit for tat"- oder „Wie du mir so ich dir"- Strategie der Spieltheorie am Maßstab des gemeinsamen und gegenseitigen Nutzens unmittelbar ausgeübt wird und überprüft werden kann.

Unter der Voraussetzung, dass Jobs biographische Transiträume sind und beliebig ersetzbare Belegschaften nicht verantwortlich in die Unternehmensgeschicke einbezogen werden, herrschen in der Produktion kaum wertrelevante, starke Bindungen. In dieser Konstellation erscheinen repräsentativ vertretene Werte – seien sie auf Soziales oder Ökologisches bezogen – als äußere, administrative Restriktion oder als politisch korrektes Prinzip.

Auf die Frage, was „die Gesellschaft zusammen hält", also wie starke Bindungen entstehen, (die dann die unmittelbare Verhandlung von Werten wie Umweltverträglichkeit erlauben) antworten Soziologen wie Simmel[367] und Coser: sie entstehen aus Streit bzw. Konflikt. Coser geht davon aus, dass aus Konflikten deshalb Bindungsstärke erwächst, weil anders als im Fall der verbalen Übereinstimmung die Konfliktparteien zu gründlicher Kommunikation gezwungen sind.[368] Mit anderen Worten: Starke soziale Bindung entsteht da, wo unmittelbare Betroffenheit und Aktivität mit intensivem Informationsaustausch zusammen fallen. Für die Neugestaltung des Mensch-Natur-Verhältnisses wäre daraus zu schließen, dass sie im Blick auf den Produktionsprozess in inneren Konflikten zu erstreiten ist und: auf diese Weise selbst gesellschaftsstiftend und wertbildend wirken würde.

Bereits die Attribute „inner" und „unmittelbar" deuten darauf hin, dass die Austragung solcher Konflikte etwas mit dem konkreten Ort zu tun haben, an dem sie stattfinden. Die Frage ist nur: Auf welche Weise?

Oben war von dem „ortlosen" oder vagabundierenden Kapital die Rede, das in Gestalt von Leitindustrien strukturbestimmend und/oder strukturvernichtend wirken kann und wirkt, und das sich durch die Schaffung von Jobs als biogra-

---

367 Zu Kampf resp. Streit als Vergesellschaftungsform vgl. Simmel, G.: Soziologie: Untersuchungen über die Formen der Vergesellschaftung, Berlin, 1958, S. 247.
368 Coser betont, dass – im Unterschied zu Feindseligkeit – Konflikt Interaktion voraussetzt, vgl.: Coser, L.: Theorie sozialer Konflikte, Wiesbaden, 2009, S. 41.

4.5 Ein weites Feld

phische Transiträume tendenziell wertevernichtend äußert. So wenig abweisbar eine solche Tendenz als Tatsache sein mag: Allein durch die andere Tatsache, dass ihr eine Überzahl ortsverwachsener kleiner und mittelständischer Firmen gegenüber stehen, wird sie relativiert. Sie herrscht in dieser absoluten Form bekanntlich nicht einmal im Bereich der sogenannten „global Player".[369] Vielmehr sind jene in vielfältiger Weise von den jeweiligen örtlichen Bedingungen abhängig. Sennet sagt dazu:

> „Der Ort besitzt Macht, und die neue Ökonomie könnte durch diese Macht eingeschränkt werden. ... Die Anstrengung, den neuen Kapitalismus von außen zu kontrollieren, muss ein anderes Grundprinzip haben: Welchen Wert hat die Firma für die Gemeinde, in welcher Weise dient sie gemeinschaftlichen Interessen statt ausschließlich denen von Gewinn und Verlust? Das Erzwingen äußerer Verhaltensmaßregeln führt oft zu innerer Reform."[370]

Solcher Umgang mit „Ort", wenngleich er die Rückwirkung äußerer Bedingungen auf Entwicklungen richtig spiegelt, bleibt dem eigentlich zu lösenden Problem gegenüber äußerlich; er entspricht analog genau der Denkweise, die wir unter „Wachstum" und „Grenzen" besprochen haben: Die aus inneren Strukturen und Antrieben der Produktion, immer neu resultierenden Möglichkeiten, andere Entwicklungswege einzuschlagen, kommen gar nicht erst in den Blick. Statt andere als die schädliche Entwicklung zu induzieren, soll lediglich Entwicklung verhindert werden. Unter dem Begriff „neuer Kapitalismus" gefasst, sind und bleiben Produktionsstätten per se „Ortsfremde", als Gebilde produktiven, Leben erzeugenden Lebens werden sie nicht gesehen.

Diese Situation ändert sich mit dem Ansatz der Öko-Effektivität bzw. dem Cradle-to-Cradle-Prinzip vollständig. Indem sie die Prozesse aus der Perspektive von „Stoffwechsel" betrachten und behandeln, eröffnen Braungart/McDonough die Dimension der inneren, lebendigen Verbindung zwischen Ort und Produktion. Gerade, indem sie konsequent zwischen biologischem und technischem Metabolismus trennen, schaffen sie ein Bewusstsein für die Flüsse von Stoffen, Energie und Struktur zwischen der Produktion und dem geographischen wie sozialen Ort, an dem sie stattfindet. Sie stellen – als vom Neolithikum an vollzogene Spiralwindung – eine neue Qualität von Sesshaftigkeit her: eine gesellschaftlich reflektiert natürliche.

---

369 "... locational interdependenz among firms is crucial at the top levels of the industrie: their networked relation to multiple other specialised services makes financial services firms subject to localisation economies." Sassen, S.: The Global City. New York London Tokio, Princeton, 2001, S. 114.
370 Sennett, R., a.a.O., S. 188.

Unmittelbar damit einhergehend ergibt sich ein anderer Fokus auf menschlichen bzw. sozialen Informationsaustausch. Oben war die Rede vom Entstehen starker sozialer Bindungen aus intensiver Kommunikation, in deren Zentrum nach Coser der Konflikt aus Differenz steht. Am Beispiel der radikalen Umgestaltung von River Rouge, siehe oben, bestätigen Braungart/McDonough diese Erkenntnis und: weisen darüber hinaus.

Sie berichten: „Ein Ingenieur platzte anfangs einmal in eine Besprechung hinein und sagte: ‚Ich bin nicht hier, um mit einem Öko-Architekten über Öko-Architektur zu reden. Ich höre, Sie wollen überall in der Fabrik Dachfenster einbauen. Und ich höre, Sie wollen die Dächer mit Gras bepflanzen, und hier bei Ford schwärzen wir jedes Dachfenster. Warum bin ich also hier?'" Es wird weiter berichtet, der Ingenieur sei später zu einer treibenden Kraft des Projekts geworden, und:

> „Das wissenschaftliche Establishment des Konzerns wirkte manchmal ‚wie eine Festung mit einem riesigen Graben drum herum', um einen innovationsfreudigen Wissenschaftler aus dem Unternehmen zu zitieren. Aber er fügte auch hinzu: ‚Wenn es keine Auseinandersetzung um diese Sache gäbe, dann wäre sie schon von vorn herein nicht besonders wichtig.'"[371]

Hier ist zu sehen: Die Kommunikation während des Projekts war durch Konflikte geprägt. Aus diesen sind, was auch der vorn erwähnte Ansturm auf den Rouge Room und die Flut von Vorschlägen aus dem Unternehmen belegen, starke soziale Bindungen im Innern erwachsen. Gleichzeitig mit den Diskussionen zu praktischen Fragen wurden Werte verhandelt. Und:

Die Frage nach dem Zusammenhang zwischen intensiver Kommunikation und starken Bindungen, der von den privaten Beziehungen an die Qualität und die Dauer des Miteinander Lebens bestimmt, erhebt sich aus anderer Perspektive. Anders als bei Coser scheinen nicht „Streit" oder „Kampf" an und für sich den Wesenskeim der Kommunikation zu beherrschen. Denn die intensivste Kommunikation erfolgt dort, wo Menschen gemeinsame Ziele oder Absichten verfolgen, also: wo sie miteinander produktiv sind.[372] Möglicherweise nehmen „Streit", „Kampf" und „Differenz" in komplexen, differenzierten Gesellschaften andere Bedeutung an, als in stratifizierten, nach außen wenig vernetzten. „Differenz" als Normalzustand kann auch eine Eigenschaft sozialer Gefüge bedeuten, die sowohl die Möglichkeit als auch die Notwendigkeit zur Kooperation erzeugt. Voraussetzung ist allerdings, dass die differenzierten Sichten, Wissen, und Erfahrungen sich auf gemeinsame Ziele richten. Hierin liegt auch der produktive Kern kultu-

---

371 Braungart, M./McDonough, W., 2003 S. 200-201.
372 Das setzt gemeinsame Strategie voraus, sei sie explizit oder spontan unausgesprochen vereinbart. Genau darin liegt eins der Motive für diese Arbeit.

reller Vielfalt, einer kulturellen Diversität, die ihre Existenzberechtigung nicht nur aus ermöglichter Toleranz, ermöglichtem Ausgleich und ermöglichter kultureller Bildung bezieht, sondern aus unmittelbar ermöglichter, produktiver Entwicklung.

4.5.3 Sesshaft sein. Über strukturelle Folgen

Vorn wurde als Wesen von Braungart's Cradle-to-Cradle-Design beschrieben: es bedeutet über die üblichen dem „Design" zugewiesenen Aufgaben hinaus, Produkte der Technosphäre so zu kreieren, dass sie nach Erlöschen ihres Gebrauchswerts in ihre Einzelteile zerlegt und diese dem technischen Metabolismus erneut als „Nährstoffe" zugeführt werden können. Damit übernimmt nicht nur der jeweilige Hersteller Verantwortung für die komplexen Zusammenhänge zwischen Umwelt und Produktion. Es eröffnen sich auch die Notwendigkeit und die Möglichkeiten, die Beziehungen zwischen Produzenten und Konsumenten neu zu gestalten.

Damit ein Cradle-to-Cradle-Szenario überhaupt praktikabel sei, sagt Braungart, bedürfe es eines Konzepts, das Hand in Hand mit der Vorstellung eines technischen Nährstoffs geht.

„Das Konzept eines *Dienstleistungs- oder Serviceprodukts*. Statt davon auszugehen, dass die ‚Konsumenten' alle Produkte kaufen, besitzen und beseitigen sollten, würde man Produkte, die wertvolle technische Rohstoffe enthalten – beispielsweise Autos, Fernsehgeräte, Auslegeware, Computer, und Kühlschränke –, als Service wahrnehmen, den die Menschen in Anspruch nehmen möchten. In diesem Szenario würden die ‚Kunden' effektiv den Service eines solchen Produkts lediglich für eine gegebene Nutzerzeit (zum Beispiel 10 000 Stunden TV) erwerben und nicht das Gerät selbst. Sie würden nicht komplexe Materialien bezahlen, für die sie, wenn das Produkt ausgedient hat, keine Verwendung mehr haben. Wenn sie das Produkt nicht mehr brauchen oder einfach eine neuere Version haben wollen, nimmt der Hersteller das alte Produkt zurück.... Der Kunde würde den Service solange in Anspruch nehmen, wie er möchte, und ein besseres Modell erhalten, so oft er wünscht; die Hersteller würden weiterhin Wachstum und weitere Entwicklung verzeichnen, aber selbst die Eigentümer der Materialien bleiben."[373]

Das korreliert mit einer allgemeinen Entwicklungstendenz, die Rifkin so konstatiert: Der Markt als Grundlage des neuzeitlichen Lebens (selbst in seiner virtuell ortlosen Gestalt) sei in Auflösung begriffen. Im kommenden Zeitalter treten Netzwerke an die Stelle der Märkte, und aus dem Streben nach Eigentum wird Streben nach Zugang, nach Zugriff auf das, was diese Netzwerke zu bieten haben. Unternehmen und Verbraucher machen erste Schritte, den zentralen Mechanismus des neuzeitlichen Wirtschaftslebens auszuhebeln – den Tausch von Eigentum zwischen Verkäufern und Käufern auf Märkten. Das bedeutet nicht, dass es im kommenden Zeitalter kein Eigentum mehr geben wird. Ganz im Gegenteil.

---

373   Braungart, M./McDonough, W., 2003 S. 144.

Eigentum wird weiter fortbestehen, aber es wird wahrscheinlich viel seltener getauscht werden. Die Anbieter der neuen Ökonomie werden ihr Eigentum behalten, sie werden es verpachten und vermieten oder auch Zugangsgebühren, Abonnements- oder Mitgliedsbeiträge für seinen befristeten Gebrauch erheben. Der Austausch von Eigentum zwischen Verkäufern und Käufern – das Grundschema des neuzeitlichen Marktsystems – wird abgelöst vom kurzfristigen Zugang, wobei Anbieter und Kunden in einem Netzwerk miteinander verbunden sind... Märkte bleiben bestehen, spielen für die Beziehungen zwischen den Menschen jedoch eine immer geringere Rolle.

In der vernetzten Wirtschaft ist materielles wie geistiges Eigentum für Unternehmen etwas, auf das man zugreift, der Austausch wird zurückgehen. Eigentum an Sachkapital jedoch, im Industriezeitalter Kern nicht nur des Wirtschaftslebens, wird für den ökonomischen Prozess immer unbedeutender. ...

Konzepte, Ideen und Vorstellungen – nicht Dinge – sind in der neuen Ökonomie die Gegenstände von Wert. Reichtum wird nicht länger mit materiellem Kapital verbunden, sondern mit menschlicher Vorstellungskraft und Kreativität. Geistiges Kapital, das soll gleich gesagt sein, wird allerdings kaum ausgetauscht. Stattdessen steht es unter der Verfügung von Anbietern, die es potentiellen Nutzern zur begrenzten Nutzung verleihen oder in Lizenz vergeben.

Unternehmen sind in diesem Übergang vom Besitz zum Zugang schon ein Stück voran gekommen. In einem gnadenlosen Wettbewerb verkaufen sie ihren Grundbesitz, verschlanken ihr Inventar, leasen ihre Ausstattungen und lagern ihre Aktivitäten aus; sie wollen sich von jeglichem immobilen Besitz befreien....

Es kann nicht überraschen, dass diese neue Organisation des Wirtschaftslebens auch neue Möglichkeiten schafft, ökonomische Macht in der Hand von immer weniger Unternehmen zu konzentrieren."[374]

Daraus folgert Rifkin, im neuen System werde der Zugang zum gesamten System sozialer Beziehungen zum Prüfstein dafür, wie gerecht die Handlungsmöglichkeiten der Menschen organisiert sind.[375] Und: Zivile Erziehung sei ein wesentliches Werkzeug, um wieder eine ausbalancierte Ökologie von Kultur und Kommerz herzustellen. Kultur müsse gestärkt werden, um die „zivile Erziehung" gewährleisten zu können.[376]

Zwei Jahre zuvor stellt Sennett allerdings spöttisch fest: „Dennoch hat der Versuch, Unternehmen zu besseren Bürgern zu machen, natürlich seine Grenzen."[377]

374　Rifkin, J., a.a.O., S. 10-12.
375　Rifkin, J., a.a.O., S. 321.
376　Rifkin, J., a.a.O., S. 343ff.
377　Sennett, R., a.a.O., S. 189.

4.5 Ein weites Feld

Bei allem, was an Rifkins Analyse richtig ist und plausibel erscheint, merkt man ihr an:

Erstens bleibt offen, was genau eigentlich mit der Produktion geschieht, wenn das Zeitalter der Industrie verstrichen ist.

Zweitens entstand seine Analyse vor der Geburtsstunde von Wikileaks und bevor Snowden die Weltöffentlichkeit suchte. Sowohl die kollektiven Internetakteure als auch der einzelne abtrünnige Geheimdienstler demonstrieren, dass der allgemeine Zugang zu selbst sensibelsten Daten von einer so fragilen Angelegenheit wie Loyalität abhängt. Mit Ausnahme der Informationen, die Menschen sich aktiv als Wissen angeeignet haben und in ihren Köpfen tragen, sind im Zeitalter des Internet im Grundsatz alle gesellschaftlichen Informationen omnipräsent[378], da sie wie auch immer digitalisiert kommuniziert werden. Wenngleich bislang nicht absehbar ist, welche Folgen genau das auf Wirtschaftsprozesse haben wird: Herrschaft und ökonomische Vorteile via Wissen werden unterlaufen werden; mit nur geringer Wahrscheinlichkeit ist zu erwarten, dass sie für sich genommen dauerhafte Garanten für unternehmerischen Erfolg sein können.

Drittens sieht Rifkins Analyse von dem Umstand ab, dass alle strukturellen Erscheinungen von Eigentum und „Zugang zu Handlungsmöglichkeiten" am Ende an schlichten stofflichen Gegebenheiten hängen: Waren werden über immobile Straßen, Schienen, Umschlagplätze transportiert, Rohstoffe für Waren ruhen in immobilen Lagerstätten, Korn wächst auf Feldern, zum entscheidenden Zeitpunkt der Produktion befinden sich Maschinen und Anlagen an geographisch fixen Orten. Wie Sassen zeigt, sind selbst die sozialen Netzwerke, innerhalb derer die neue globale Ökonomie operiert, an geographisch fixe Orte mit relativ immobiler Gebäude- und Infrastruktur gebunden. Mit anderen Worten: Die Analyse reflektiert nicht die Zustände von Bewegung oder Ruhe, welche die Stoffe einnehmen, die ja erste existenzielle Voraussetzung allen menschlichen und gesellschaftlichen Lebens sind. Alle Stoffe gehorchen der Erdanziehung. Aus sich heraus besitzen sie gewissermaßen Erdhaftung. Menschen können sie in hohem Maße bewegen, aber nicht beliebig.

Viertens schließlich erwartet Rifkin – wie Sennett – die Abwendung heraufziehender Gefahren nicht aus den inneren strukturellen Potenzen und Antrieben von Industrie bzw. Produktion. Er geht davon aus, dass die „neue Ökonomie" von außen zivilisiert bzw. kulturell (moralisch) verbessert werden muss.

---

378 Dafür stehen das unablässige Schulter an Schulter Rennen von Sicherheitssoftware-Entwicklern und Hackern, der massenhafte „illegale" Download von digitalen Entertainment-Erzeugnissen wie Musik, Filmen, Spielen und nicht zuletzt die besonders in China meisterhaft rekonstruierten technischen Produktinformationen, die die Grundlage für die Herstellung von sogenannten Fake-Erzeugnissen, also Nachahmungen von Marken-Artikeln sind.

Indem Braungart die Aufmerksamkeit auf den physischen (hier technischen) Stoffwechsel lenkt, lenkt er sie gleichzeitig auf die konkreten Orte, an denen die Umwandlung bzw. Umformung der Materialien in der Produktion stattfindet. Damit ändert sich alles.

Service- bzw. Dienstleistungsprodukte auf der Grundlage des Cradle-to-Cradle-Prinzips würden vermutlich folgendes erwarten lassen:

Der Verbraucher ist nicht nur Verbraucher, sondern auch Rohstofflieferant. Damit hängen die Transportkosten doppelt von der Nähe zum Verbraucher ab. Es entsteht ein selbstregelnder Anreiz, diese herzustellen. Die Logik des geschlossenen technischen Kreislaufs kann bewirken, dass dem seit Jahrzehnten beobachteten Prozess des Outsourcing bestimmter Leistungen ein neuer Prozess des Insourcing entgegen läuft: Es liegt nahe, Dienstleistungen wie Pflege und Reparatur zurück ins Unternehmen zu holen.

Aus der geographischen Sesshaftigkeit, die konkrete Verortung in Stoff- und Energiekreisläufen bedeutet, ergibt sich dann eine neue soziale Sesshaftigkeit. Verbraucher treten dem Unternehmen nicht nur als Masse individueller Verbraucher gegenüber, sondern als Gesellschaft. Die sozialen Bindungen zwischen beiden sind stark genug, um Werte unmittelbar zu verhandeln. Es tritt ein Effekt ein, der z. B. dazu geführt hat, dass die Sparkassen an der 2008er Finanzkrise am wenigsten als Verursacher beteiligt, am geringsten von ihr betroffen waren, und dass ihnen in der Folge gestiegenes Vertrauen entgegen gebracht wurde[379]: Das Unternehmen trifft seine Kunden täglich persönlich auf dem Markt. Das heißt: Wo Rifkin das Verschwinden des virtuellen Marktes als Institution konstatiert, kehrt er hier auf höherer Ebene als physischer Markt zurück. Zwar ist spekulativ nicht zu überblicken oder vorher zu sagen, welche genau das wären und in welchem Umfang sie eintreten würden, aber das Prinzip der Öko-Effektivität würde auch zu makroökonomischen Umstrukturierungen in Richtung Regionalisierung und Dezentralisierung führen. Das ist als Voraussetzung für eine daraus folgende Umstrukturierung der Finanzkreisläufe eine gesellschaftlich wünschenswerte Entwicklung.[380]

Eine der wesentlichen Voraussetzungen dafür ist zu sehen: in Braungarts Umgang mit Kultur. Hier wird nicht versucht, Kultur als äußeren Erzieher für

---

379 Vgl.: www.spiegel.de/wirtschaft/0,1518,614072,00.html.
380 Bislang kranken in Deutschland von den sozialen Sicherungssystemen über das Steuersystem, die Finanzausstattung der Kommunen alle Regulierungen mit dem Ziel des Struktur- und Sozialausgleichs an der Hilflosigkeit, allgemeine Regeln für unübersehbare Anzahlen von Sonderfällen zu finden. Das föderale System und das Subsidiaritätsprinzip sind in gewisser Weise fußlos, weil politisch zugeschriebene Handlungsmacht nur zum Teil auf tatsächlicher ökonomischer Souveränität der Gliederungen beruht.

eine per se schlechte Angelegenheit einzusetzen. Zukunftsfähige Entwicklungswege werden eröffnet durch eine kulturelle Änderung im Innern der Unternehmen, die auf einer neuen Definition des Mensch-Natur-Verhältnisses beruht und dabei ermöglichend statt verhindernd und begrenzend wirkt. Er kann auf die inneren strukturellen Potentiale der Industrie bzw. Produktion bauen, weil er sie als Verfahrenskundler tatsächlich *kennt*.

4.6 Resümee

Mit dem strategischen Ziel der Öko-Effektivität, in dessen Zentrum das „Cradle-to-Cradle"-Prinzip steht, haben Michael Braungart und William McDonough einen Lösungsansatz vorgelegt, mit dem aus der Logik der Produktion heraus eine Art von offensivem Wirtschaftswachstum erreicht werden kann, dass sich positiv und nützlich auf die Biosphäre, den Süßwasserhaushalt und das Klima auswirkt.

Öko-Effektivität ermöglicht nicht nur intelligentes Stoffmanagement, sondern auch die kontinuierliche Akkumulation von Wissen für echtes „Up- statt Downcycling". Kohärente biologische und technische Stoffwechsel sichern die Verfügbarkeit von Rohstoffen, zusätzliche Arbeitsplätze und zusätzliche ökonomische Aktivität. Die natürlichen Systeme können regeneriert und wieder aufgefüllt werden.

Als wechselseitig unterstützende Beziehung zwischen dem menschenverursachten biologischen Stoffwechsel und der Gesundheit der natürlichen Systeme ist Öko-Effektivität die Basis für eine positive Re-kopplung von Ökologie und Ökonomie.[381]

Indem sie nicht Industrie zuerst Industrie/Produktion verhindern oder begrenzen will, sondern die günstigen Umwelt-, sozialen und ökonomischen Eigenschaften von Erzeugnissen und Serviceleistungen *positiv definiert*, eliminiert sie die fundamentalen Probleme der Materialfluss/-qualitätsgrenzen, deren Antagonismus zu ökonomischem Wachstum und eröffnet Wege zur konsequenten Verhinderung von Toxizität.

In der Frage der Sesshaftigkeit – also im sozialen Umgang mit Raum – liegt ein Kristallisationspunkt für die globalen Problemlagen der Menschheit.

Die soziale Evolution kann als ein Prozess beschrieben werden, in dem der gesamte gesellschaftliche Informationsvorrat im Prinzip zeit- und ortsunabhängige Omnipräsenz erlangt. Damit verbunden ist eine Tendenz des Bedeutungsverlustes von konkreten Orten im realen Leben von Menschen und Gesellschaft.

---

381 Vgl.: Braungart, M./McDonough, W./Bollinger, A.: Cradle-to-cradle design: creating healthy emmissions – a strategy for eco-effektiv product and sytem design, in: ScienceDirect.Journal of Cleaner Production, 15, 2007, S. 1347.

Braungarts/McDonoughs Denken in Kategorien von „Stoffwechsel" bietet einen entscheidenden neuen Blickwinkel: Indem sie die Prozesse aus der Perspektive von „Stoffwechsel" betrachten und behandeln, eröffnen sie die Dimension der inneren, lebendigen Verbindung zwischen Ort und Produktion. Gerade, indem sie konsequent zwischen biologischem und technischem Metabolismus trennen, schaffen sie ein Bewusstsein für die Flüsse von Stoffen, Energie und Struktur zwischen der Produktion und dem geographischen wie sozialen Ort, an dem sie stattfindet. Sie stellen eine neue Qualität von Sesshaftigkeit her: eine gesellschaftlich reflektiert natürliche.

Aus der geographischen Sesshaftigkeit, die konkrete Verortung in Stoff- und Energiekreisläufen bedeutet, ergibt sich eine neue soziale Sesshaftigkeit. Verbraucher treten dem Unternehmen nicht nur als Verbraucher gegenüber, sondern als Gesellschaft. Die sozialen Bindungen zwischen beiden sind stark genug, um Werte unmittelbar zu verhandeln.

Braungart/McDonough heben sich durch einen entscheidenden Unterschied aus dem wirtschaftskritischen Denken der letzten Jahrzehnte ab: Bei ihnen ist Kultur nicht äußere Komponente gegenüber per se rohen oder schädlichen Unternehmen. Sie sehen, dass Unternehmen in sich die Potenz zur Entwicklung einer neuen Produktionskultur besitzen, die zum inneren Antrieb für zivilisatorischen Fortschritt werden kann.

5. Eine schwierige Beziehung. Über Produktion und Kultur

Die Neuordnung des Mensch-Natur-Verhältnisses, so das Ergebnis der voran gegangenen Erkundungen, hängt im Kern von der Art und Weise der Produktion – genauer: von der Gestaltung der Stoff- und Energieflüsse in der Produktion – ab, wozu es kultureller Neubestimmungen innerhalb der Produktion bedarf.

Gleichzeitig wissen wir, dass entsprechendes Experten- und Erfahrungswissen in der deutschen Kulturpolitik marginal bis nicht zur Wirkung kommt, da ihre Debattenräume diesem Bereich fern liegen, und dass kulturpolitische Positionierungen zu Nachhaltigkeit und Umwelt wesentlich im technologie- und industrie- und konsumkritischen, also konservativ-defensiven, eher biozentrischen Strang der Nachhaltigkeitsbewegung Platz nehmen.

Die aus der Strategieperspektive erfolgte Analyse des Nachhaltigkeitsprozesses hat ergeben, dass in der Aufhebung der Kontradiktion zwischen den beiden Grundtendenzen des Nachhaltigkeitsprozesses das „strategische Moment" für zukunftsfähige Entwicklungen liegt, was in den politischen und gesellschaftlichen Strategie-Debatten bis dato kein Schwerpunktthema ist.

Parallel fand unter der Überschrift „Wachstum, Wohlstand, Lebensqualität" ein Beitrag zur politisch-strategischen Ziel-Konfliktbearbeitung des Nachhaltigkeitsprozesses statt. Hier nahm man zwar die Perspektive „Ökonomie" ein, aber die Perspektiven „Produktion" und „Unternehmertum" waren dem Gegenstand und den beteiligten Debattenträgern nach ebenfalls nur marginal präsent.

Die so gegebene Situation stellt sich – mit Schumpeter[382] gesagt – als eine dar, in der die administrative Seite der notwendigen bzw. bevorstehenden Änderungen und Wandlungsprozesse bearbeitet wird, während die Frage, *wie* in Unternehmen und Produktion strukturell-prinzipielle Änderungen bewirkt werden oder hier konkret bewirkt werden könnten, kaum Thema sind.

Um Aussagen treffen zu können, auf welche Weise Kulturpolitik unter diesen Bedingungen strategisch sinnvoll Einfluss auf die Neugestaltung der Mensch-Natur-Verhältnisse ausüben kann, reicht es nicht hin, Zusammenhänge zwischen

---

[382] "In other words, the problem that is usually being visualizid is how capitalism administers existing structures, whereas the relevant problem is how it creates and destroys them." Schumpeter, J.A.: Capitalism, Socialism, and Democracy, New York, 1950, S. 84.

Natur und Produktion zu erfassen, sondern es sind Betrachtungen im gedanklichen Dreieck von Natur, Produktion und Kultur nötig.

Als denksystematisches Triangel wurde dies im 19. Jahrhundert durch Marx und Engels bearbeitet. Später hat es gelegentlich ansatzweise eine Rolle gespielt[383], stand jedoch nicht im Zentrum systematischer wissenschaftlicher Arbeit. Deshalb sind hier die entsprechenden marx'schen Ansätze einer Überprüfung zu unterziehen.

Sie werden in Kontexten von Kultur, Politik und Wissenschaften sowie in solchen von Philosophie, Wirtschaft und Produktion als wesentliche grundlegende Elemente im historischen Ursprung der Nachhaltigkeitskontradiktion beleuchtet und hinsichtlich zu verwerfender bzw. auch aktuell bearbeitungswürdiger Aspekte zu untersucht und anschließend aus den Schlüssel-Perspektiven „Stoffe" und „Arbeitsteilung" befragt.

5.1 Produktion bestimmt nicht. Über Kultur, Politik, Wissenschaften

Die ideellen Grundlagen der Kulturvermittlung und Kulturpolitik wurzeln in Philosophie, Geistes- und Sozialwissenschaften. Naturwissenschaften werden – wenn überhaupt – in Kontexten von Technologiefolgeabschätzung und Fortschrittskritik gestreift. Auf der Ebene der praktischen Verhandlung, d.h. im Blick auf Politik- und Konzeptentwicklung sind ihre Hauptkommunikationspartner – neben den Akteuren des Kulturbereichs sowie Geistes- und Sozialwissenschaftlern – vor allem Bildungs- und Sozialpolitik.

Die größte gemeinsame Schnittmenge der Kulturpolitik mit allen übrigen politischen Ressorts befindet sich realiter im Bereich der Finanzpolitik, da die Auseinandersetzung um die gesellschaftliche Verankerung und Bewegungsfreiheit öffentlich verhandelter kultureller Grundlagen auch wesentlich als Auseinandersetzung um Haushaltsanteile stattfindet.

Erst seit vergleichsweise kurzer Zeit haben wirtschaftliche Aspekte Eingang in kulturpolitische Diskussionen gefunden, dies insofern, als a) Kultur verstärkt in den 1990er Jahren als Standortfaktor[384] gesehen und bewusst wurde, und als

---

383 Ein Beispiel dafür ist der Physiker und Soziologe Marco d'Eramo. Er zeigt unter Einschluss kultureller Aspekte, wie aus Änderungen in der in Chikago ansässigen Produktion strukturelle Änderungen des gesamten Stadtgefüges von Chikago resultierten. D'Eramo, M.: Das Schwein und der Wolkenkratzer. Chikago. Eine Geschichte unserer Zukunft, München 1996.
384 Vgl. z.B.: Schwencke, O. Staatsziel Kultur. Abriss einer Ideen-Geschichte der Kulturpolitik in der Bundesrepublik Deutschland, in: Kulturpolitik von A-Z. Ein Handbuch für Anfänger und Fortgeschrittene, Berlin, 2009, S. 11-29; Kulturwirtschaft in Nordrhein-Westfalen: Kultureller Arbeitsmarkt und Verflechtungen. 3. Kulturwirtschaftsbericht, 1998, auf: www.creative.nrw.

5.1 Produktion bestimmt nicht

b) die Kultur-, Kunst-, Unterhaltungs- und „Creative-" Industrie sich zu einem eigenen bedeutenden Wirtschaftszweig[385] entwickelten.
Parallel dazu bzw. den kulturpolitischen Debatten vorgelagert sind Wirtschaftsaspekte in die universitäre Ausbildung von Kulturwissenschaftlern einbezogen. Sich als Tendenz seit den späten 1980er Jahren durchsetzend werden in den kulturwissenschaftlichen Studiengängen fast überall Management- bzw. Marketingkurse angeboten.[386][387]

Spätestens seit dem ersten Dezennium des neuen Jahrtausends vollzieht sich in der Ausbildung von Wirtschafts- und Finanzmanagern ein komplemen-

---

de/fileadmin/files/downloads/Publikationen/Kurzf_3_Kulturwirtschaftsbericht_NRW.pdf; Bielfeld, F.: Die Problematik staatlicher Kulturförderung aus sozioökonomischer Sicht am Beispiel der Bayreuther Festspiele, München, 2005, bes. S. 27-3, Revilla Diez, J./Mildahn, B.: Regionalwissenschaftliche Effekte der Kieler Woche 2003, Gutachten im Auftrag des Kieler Woche Büros der Stadt Kiel, Kiel, 2003; Krüger, Th.: Kulturwirtschaft: Wirtschaftspolitik oder Kulturpolitik?, in: Jahrbuch für Kulturpolitik 2006, Essen 2006, S. 311-320.

385 Vgl. z. B.: Deutscher Bundestag (2007): Schlussbericht der Enquete-Kommission „Kultur in Deutschland", Bundestags-Drs. 16/7000 v. 11.12.2007; Grüner, H./Kleine, H./Puchta, D./ Schulze, K. P. (Hrsg.): Kreative gründen anders. Existenzgründungen in der Kulturwirtschaft, Bielefeld, 2009; Institut für Kulturpolitik der Kulturpolitischen Gesellschaft: Jahrbuch der Kulturpolitik 2008. Kulturwirtschaft und kreative Stadt, Essen, 2008; Lange, B.: Die Räume der Kreativszene – Culturepreneurs und ihre Orte in Berlin, Bielefeld, 2007; Mandel, B.: Die neuen Kulturunternehmer. Ihre Motive, Visionen und Erfolgsstrategien, Bielefeld, 2007; Scheytt, O.: Kulturstaat Deutschland. Plädoyer für eine aktivierende Kulturpolitik, Bielefeld 2008, S. 38-47, 276-280.

386 Im deutschsprachigen Raum wurde der erste universitäre Lehrgang für Kulturmanagement 1976 an der Universität für Musik und darstellende Kunst in Wien eingerichtet; in Deutschland folgte 1987 die Hochschule für Musik und Theater Hamburg. 1988 bildete die Akademie Remscheid „Kulturberater" als Keimform der Kulturmanagement-Ausbildung aus. Eine vollständige Aufzählung universitärer Anbieter entsprechender Studiengänge ist inzwischen kaum noch möglich. Diese rapide Entwicklung erklärt sich aus dem Bedürfnis (und Zwang) von Kulturakteuren nach (betriebswirtschaftlicher und logistischer) Professionalität, sowie aus der sich verstärkenden Tendenz zu wissenschaftlicher Interdisziplinarität. Vgl. u. a.: Schreyögg, G.: Normensysteme der Managementpraxis, in: Fuchs, M. (Hrsg.): Zur Theorie des Kulturmanagements: Ein Blick über Grenzen. Remscheid, 1993, S. 7; Klein, A.: Kompendium Kulturmanagement – Eine Einführung, in: Klein, A. (Hrsg.): Kompendium Kulturmanagement. Handbuch für Studium und Praxis, München 2008, S. 3ff.

387 Hier soll nur der Vorgang der Zusammenführung von kulturellen und wirtschaftlichen Belangen in der (universitären) Bildung als solcher dokumentarisch dargestellt werden. Er unterliegt in der wissenschaftlichen Reflektion diversen Interpretationen bzw. analytischen Zugängen. So diskutiert z. B. Heinze die Zielkonflikte, die sich aus den unterschiedlichen Wertesystemen von Kultur und Ökonomie ergeben. Vgl.: Heinze, Th.: Kulturmanagement: Eine Annäherung, in: Heinze, Th. (Hrsg.): Kulturmanagement II, Opladen, 1997, S. 48f. Fuchs bezeichnet die 1980er und 1990er Jahre als Zeit eines „ökonomischen Zugriffs auf die Kultur" und sieht die Verbindung von Kultur und Management/Marketing begründet in einem erhöhten Legitimationsdruck der Kultur, der aus der Theorie vom „schlanken Staat" resultiert. Vgl. Fuchs, M.: Leitformeln und Slogans in der Kulturpolitik, Wiesbaden, 2011, S. 8-10.

tärer Prozess. Er kann als Wiedereinzug der Philosophie in die Ökonomie beschrieben werden.[388]
Die Breite und Anzahl von Initiativen und Veröffentlichungen im Spannungsfeld von Kultur, Philosophie und Ökonomie erweckt den Eindruck einer sich sprunghaft entwickelnden Debatte. Sie alle sind mit einer Vielzahl im wei-

---

[388] Seit Beginn des Jahrtausends reagieren diverse Universitäten auf den antizipierten generellen Nutzen von fachübergreifend entwickelten analytischen Fähigkeiten. Hochschulen von Bremen über Hamburg, Frankfurt und Bayreuth bis München bieten Studiengänge an, die Philosophie und Ökonomie miteinander verbinden. Eine der Vorreiterinnen war bereits 1990 die „HfB Business School of Finance & Management" (von deutschen Privatbanken gegründet). Laut FAZ liefern sich die Anbieter entsprechender Studiengänge einen „Wettlauf um die besten Lehrkräfte". Vgl.: Macher und Denker für eine komplexe Welt, Frankfurter Allgemeine Zeitung, 19. Juli 2006. Die durchaus wechselseitige Anziehung von Ökonomie und Philosophie wird u. a. auf www.philosophers-today.com/whats-going-on/oekonomie. html dargestellt: „Der landläufig im Begriff *Ökonomisierung* zusammengefasste Einfluss des wirtschaftlichen Handelns auf das gesellschaftliche und kulturelle Leben nimmt unaufhaltsam zu. In vielen Bereichen hat die Ökonomie bereits die Rolle, die ehedem die Politik inne hatte, übernommen. Diese Entwicklung geht auch an der Philosophie nicht spurlos vorüber. Beschränkte sich traditionell ihr Verhältnis zur Wirtschaft im Wesentlichen auf die drei Bereiche „Ökonomiekritik", „Wirtschaftsethik" und „Lebensweisheiten für Manager", so ist mittlerweile eine, wenn auch oftmals ambivalente Annäherung von beiden Seiten zu beobachten: * Seitens der Wirtschaft besteht ein allmählich aufkommendes Interesse an den Fähigkeiten der Absolventen geisteswissenschaftlicher Studiengänge.* Das Marketing kann im selben Maße, wie es von einer Theorie des Verkaufens zu einer soziologisch geprägten Marktanalyse und -gestaltung wurde, als wichtigste Realisationsinstanz politischer Philosophien angesehen werden. * Hinter Begriffen wie Marken- und Unternehmensphilosophie verbergen sich längst Konzepte sozialer Identitäten. * Marken selbst treten zugleich als Kulminationspunkte von Ideen und Ideologien wie als kommunikative Zeichen auf. * Die im Vergleich zur Betriebswirtschaftslehre seit jeher theoretisch ausgerichtete Volkswirtschaftslehre hat sich im Zuge der Auflösung nationalstaatlichen Wirtschaftens und einer veränderten Geldwirtschaft zunehmend von einer mathematisch-naturwissenschaftlich geprägten in eine eher psychologisch-geisteswissenschaftliche Disziplin verwandelt. Aber auch seitens der Philosophie bzw. genauer mancher Philosophen ist mittlerweile ein Interesse an wirtschaftlichen Fragestellungen ausmachbar, das noch vor zehn oder zwanzig Jahren kaum möglich schien. Es wird deutlich durch Philosophen, die freiberuflich oder als selbständige Unternehmer tätig sind, Philosophen, die ihre Dienste im Rahmen einer Beratungstätigkeit dem Management anbieten oder selbst ins Management wechselten, neue Studiengänge, die eine Verbindung von Philosophie und Wirtschaft evaluieren, Autoren und Philosophiepädagogen, die sich dieser neuen Liaison zuwenden u. v. a. m. ... Seit der Verlagerung des Ost-West- in einen Nord-Süd-Konflikt und den Attentaten vom 11. September 2001 präsentiert sich nicht nur die Globalisierung in einem neuen Gewand, die vielfach schon selbstverständlich erscheinende Symbiose von Demokratie und Kapitalismus hat auch eine grundlegende Revision von Fragestellungen der Sozial- und politischen Philosophie zur Folge. Sie betreffen Themen wie Armut, Hunger, Gerechtigkeit, Ethik, Bildung, Frieden, Religion oder Interkulturalität gleichermaßen wie gesellschaftliche Stellung der Frau, Geburtenrate, Klimawandel, islamische Revolution oder Chinas wirtschaftlicher Aufstieg ohne Menschenrechte. Damit einher geht nicht zuletzt ein verstärktes Engagement politischer, wissenschaftlicher, kirchlicher und anderer Gruppierungen, die entweder an die Ziele und Werte der tradierten *Megaphilosophien* Kirche oder das „Programm der Vernunft" anzuknüpfen versuchen oder nach einer neuen Lösung der Konflikte Ausschau halten."

testen Sinne ethischer und wirtschaftlicher Aspekte befasst. Nur einer kommt nicht vor: der Aspekt der Produktion materieller Güter selbst, geschweige denn der der Stoffflüsse, die dort stattfinden.

Es sieht aus, als fände die unmittelbare Produktion materieller Güter – der des Verbrauchs und Gebrauchs, wie Braungart und McDonough sie nennen – beinahe vollständig außerhalb der Horizonte von Geistes- und Sozialwissenschaften und in der Folge außerhalb des Blickwinkels von Kulturwissenschaften und Kulturpolitik statt.

Da dies keineswegs ein selbstverständlicher oder „naturgegebener", allerdings ein im Blick auf ein neues Mensch-Natur-Verhältnis zu bedenkender Zustand ist, erheben sich die Fragen: Wie ist er entstanden? Was lässt sich wie ändern?

5.2 Exotendasein. Über Produktion im philosophisch-ökonomischen Denken

Von Alters her, der schriftlichen Überlieferung nach spätestens beginnend mit Xenophon[389], Platon[390] und Aristoteles[391], wird der Zusammenhang zwischen Gesellschaft, Politik, Philosophie und Wirtschaft über die Ethik hergestellt.

Xenophon ermahnt in seiner Schrift „Oikonomikos" zum „rechten" Umgang mit den Menschen, zum „rechten" Miteinander von Hausherr und Hausherrin; er erörtert das „rechte" Verhältnis zu Arbeit und Besitz, und: die Verantwortung des Hausherrn in der Gesellschaft.[392] Platon ordnet die Wirtschaft dem Staat und den Eliten unter; er sieht die Aufgabe des Staates in der Schaffung von optimalen Voraussetzungen für die Bildung und Orientierung der Bürger sowie in der Herstellung von Gerechtigkeit. Für ihn ist „das Gute" – bzw. die Idee vom Guten

---

389 Xenophon, etwa 430 – 355 v. Chr., gehörte zu Sokrates' Schülern, war Zeitgenosse Platons, hinterließ breit angelegtes Werk, wurde zunächst vor allem als Geschichtsschreiber bis in das 19. Jh., breit rezipiert, wird neuerdings wieder verstärkt wahrgenommen und analysiert, vor allem hinsichtlich seiner politisch-philosophischen, wirtschaftswissenschaftlichen und kulturgeschichtlichen Aussagen.

390 Platon, etwa 427 – 347 v. Chr., wie Xenophon Schüler des Sokrates, bis heute einflussreicher Denker der Zeitgeschichte, prägte u. a. die Entwicklung von Metaphysik, Erkenntnistheorie, Anthropologie, Staatstheorie, Ethik, Ästhetik.

391 Aristoteles, 384 – 322 v. Chr., Schüler des Platon, entwickelte seine Staatslehre und Ethik in Kritik desselben, befasste sich darüber hinaus auch z. B. mit Logik, Wissenschaftstheorie, Biologie, Physik.

392 Vgl. Unholtz, J.: Gutsein im Oikos. Subpolitische Tugenden in den oikonomischen Schriften der klassischen Antike, Dissertation, Mainz 2010, S. 8: ubm.opus.hbz-nrw.de/volltexte/2010/2470/pdf/doc.pdf.

– Ziel und Maßstab für alles praktische Handeln.[393] Obwohl Aristoteles eine andere Staatslehre entwickelte als Platon, stimmt er mit diesem darin überein, dass die Ökonomie dem Staat unterzuordnen sei. Sie soll bei ihm „rechtes" Mittel und auf ein gutes Leben ausgerichtet sein. Als Selbstzweck lehnt er sie ab, insbesondere dann, wenn es um Zins und Gelderwerb als Selbstzwecke geht, die er moralisch als „unnatürlich" und „hassenswert" beschreibt. Bei Aristoteles geht es wie bei Platon im Kern um das „Gute" und um Gerechtigkeit, allerdings auch bereits um die naturrechtlich gestellte Frage, wie viel „Güte" vom einzelnen Menschen realistischerweise erwartet werden kann.[394]

Grundlage des antiken philosophisch-ökonomischen Nachdenkens ist eine einfache Konfiguration von Akteuren, deren wechselseitiges Verhalten befragt und beleuchtet wird: Bürger, Männer, Frauen, Bauern, Handwerker, Sklaven, Eliten, Staat. Doch der Kern der Fragen, mit denen sich Ökonomen und Philosophen im Jahrhunderte währenden Prozess der sozialen und arbeitsteiligen bis hin zur wissenschaftlichen Diversifizierung befassen, ist hier als vollständiger Keim vorhanden.

Mit wenigen Ausnahmen beschäftigten sich die verschiedenen Schulen der Philosophen und Ökonomen mit den Beziehungen zwischen Menschen bzw. Gruppen von Menschen oder Staaten, beleuchteten die jeweiligen Interessen, die sich einzuräumenden oder nicht einzuräumenden Rechte, die An- oder Abwesenheit von Ethik und Moral.[395]

Von der Beschaffenheit und Bedeutung der konkreten Orte, an denen Wirtschaft und Gesellschaft stattfinden, von den Stoffen, die in sie ein und durch sie hindurchgehen; kurz: vom Stoffwechsel mit der sie umgebendenden Umwelt und dem Einfluss der konkreten Herstellungsweise der Produkte (der Technologien und logistischen Bewegungsweise) auf die Gesellschaft wird fast immer abstrahiert.[396]

---

393 Vgl. van Ackeren, M.: Das Wissen vom Guten. Bedeutung und Kontinuität des Tugendwissens in den Dialogen Platons, Amsterdam, 2003, S. 171; Lachmann, W.: Volkswirtschaftslehre. Grundlagen, Heidelberg, 2006, S. 44ff.
394 Vgl.: Koslowski, P.: Politik und Ökonomie bei Aristoteles, Tübingen, 1993, bes. S. 33f, 38f, 42f, 49f, 56ff, 63ff.
395 Exponenten der Debatte in historischer Abfolge: Thomas von Aquin, Niccolo Machiavelli, Erasmus von Rotterdam, Thomas Morus', Thomas Hobbes, John Locke, Adam Smith, David Ricardo, Henri de Saint-Simon, Max Weber, Joseph Schumpeter.
396 Wie mit „fast immer" gesagt ist, kann diese Aussage nicht absolut getroffen werden. So spielen zum Beispiel die in den Ländern unterschiedlichen Rohstoffvorkommen in Ricardos Theorie vom komparativen Vorteil durchaus eine Rolle. Im Blick auf Materialien und Produkte reflektiert die klassische Ökonomie Seltenheit als eine Determinante der Preisbildung. Montesquieu (1689-1755) setzt sich im „Geist der Gesetze" mit der Bedeutung von Klima, Boden, geographischem Milieu für die „Psyche und Sitten" der Völker auseinander.

5.2 Exotendasein

Für unsere Untersuchungen wichtige Ausnahmen bzw. Gegenbewegungen bilden hier die Physiokraten, die Romantik sowie Karl Marx und Friedrich Engels. Begründer der Physiokratie war Francois Quesnay (1694-1774). Der Arzt und Ökonom entwickelte und veröffentlichte 1758/59, also im sehr frühen Stadium der industriellen Revolution, das berühmte „Tableau économique". Darin zeigt er als erster, dass der gesellschaftliche Austausch von Geld, Waren und Arbeit, also die Wirtschaft, kreislaufförmig stattfindet. Als Ausgangspunkt der jeweiligen Kreisläufe nimmt er den Boden. Die ihn bearbeiten sind für Quesnay die einzige produktive Klasse. Die Adligen als Bodenbesitzer nennt er die distributive Klasse. Er führte den Nachweis, – ohne sie so zu nennen – dass die industrielle Revolution nicht von Gewerben und Manufakturen ausging, sondern von der durch kapitalistisch betriebene Landwirtschaft erhöhten Nachfrage nach Industrieprodukten rührt. Gleichzeitig unterschätzt er allerdings die Händler und Gewerbetreibenden als produktive Träger von Logistik und als Antreiber der Kreisläufe – er hält sie für eine nichtproduktive „sterile" Klasse.[397]

Während Quesnay die kommende Industrialisierung in ihrer Bedeutung nicht erfasste, fühlten sich die Romantiker von deren geistigen wie sozialen und physischen Vorboten und Begleiterscheinungen[398] abgeschreckt. In ihrer schwärmerischen Hinwendung zu Natur und Idylle steckt bereits der Keim des defensivkonservativen Anteils am heutigen Verständnis von Nachhaltigkeit.

Als philosophischer Wegbereiter oder „Vater" der Romantik gilt Jean-Jaques Rousseau (1712-1778). Sein Menschenbild konnte und kann leicht als Projektionsfolie dienen – für das Unbehagen an der zunehmend differenzierten, dicht zusammen lebenden, durch Interessenkonflikte gezeichneten Gesellschaft, die Hobbes als „Krieg aller gegen alle" kennzeichnet.[399]

---

397 Vgl. : Quesnay, F.: Tableau économique (1759), deutsch Berlin, 1965; Hobson, J.M.: The Eastern Origins of Western Civilisation, Cambridge, 2004, bes. S. 201-206; Köster, H.: Die Kreislauftheorie von François Quesnay und Wassily Leontief, Dissertation Universität Erlangen, 1982; Vaggi, G: The economics of François Quesnay. Durham, 1987, bes. S. 14, 27, 28.

398 Als geistige Vorboten können gelten: die vernunft- und rationalitätsgerichtete Philosophie der Aufklärung, die mit der Entwicklung der Einzelwissenschaften und fortschreitenden wissenschaftlichen Arbeitsteilung gegebene Auflösung und Diversifizierung von bis dahin einheitlichen Weltbildern. Soziale Vorboten sind Landflucht/Verstädterung, Verlust von (unterstellter) vormaliger Geborgenheit. Physische Begleiterscheinungen waren seit der zweiten Hälfte des 18. Jahrhundert z. B. Lärm und Schmutz der Dampfmaschinen/frühen Montanindustrie usw.

399 Dass strukturell ähnlich anmutende Prozesse bis in die jüngere Vergangenheit und Gegenwart stattfinden erfährt Wolf Wagner am Beispiel amerikanischer Provinzen: „Schließlich versuchte ich, mir den Widerspruch meiner Erfahrung zu meinem neuen Wissen dadurch stimmig zu machen, dass ich die ländlich geprägte Kleinstadt zum ‚übriggebliebenen Utopia' erklärte: Früher war Amerika demokratisch, egalitär und solidarisch gewesen und zwar besonders dort, wo die neuen Siedlungen entstanden, an der Grenze der Zivilisation. In dem Maße, in dem sie

Rousseau nimmt den in Gesellschaft lebenden Menschen für grundsätzlich schlecht und böse, während er in seinem „Naturzustand" – außerhalb der Gesellschaft und wild und frei lebend – eigentlich gut sei. Ziel seines „Gesellschaftsvertrags" ist also ein Zustand, der es den Menschen ermöglicht, sich frei wie im „Naturzustand" zu fühlen. Damit meinte er zwar kein „Zurück zur Natur", sondern einen an der Natur orientierten und Freiheit gewährenden Staat, ist aber dennoch als „Verweigerer von Moderne" zu lesen:

> „Rousseau wendet der Moderne nicht nur als Theoretiker des Staatsrechts den Rücken zu, indem er Repräsentation verbietet und räsonierende Öffentlichkeit verhindern will. Auch als Gesellschaftstheoretiker erteilt er dem Selbstverständnis der Moderne eine deutliche Absage. Die Abneigung gegen den Fortschritt von Wissenschaft, Technik und die Segnungen der société commerçante gehört von Anfang an zum Repertoire republikanischer Gesellschaftskritik. ‚Wir haben Physiker, Geometer, Chemiker, Astronomen, Poeten, Herren, Maler; wir haben keine Bürger (citoyens) mehr', heißt es im *Diskurs über die Wissenschaften und Künste* (1750) in Vorwegnahme des Späteren. Der *Gesellschaftsvertrag* will deshalb neben Repräsentation auch die Arbeitsteilung und das systéme des finances aus der Republik verbannen."[400]

Karl Marx (1818-1883), der, durch Gerechtigkeitsfragen motiviert, ein ausgesprochener Fortschrittsoptimist war und als Philosoph in der aufklärerischen Tradition von Rationalität und Vernunft stand, fand früh, dass die Zusammenhänge zwischen Wirtschaft und Gesellschaft allein mit ethischen Erwägungen nicht wissenschaftlich erschließbar waren. In seinen „Ökonomisch-philosophischen Manuskripten" aus dem Jahr 1844 setzte er sich damit auseinander – und formulierte dabei Widersprüche, die die Nachhaltigkeitsdebatte bis heute begleiten:

> „Allerdings erhebt sich nun auf nationalökonomischem Boden eine Kontroverse. Die eine Seite (Lauderdale, Malthus etc.) empfiehlt den *Luxus* und verwünscht die Sparsamkeit; die andre

---

sich gegen die ‚wilderness' durchsetzten und sich mit Erfolg etablierten, es also ‚schafften', setzte der von Rousseau beschriebene Prozess der Zivilisierung ein. Ungleichheit gewann über die Gleichheit,, Eigensinn gewann gegen Gemeinsinn, Gruppenegoismen unterhöhlten die Demokratie. Der amerikanische Traum von Gleichheit, Freiheit, Brüderlichkeit existierte also nur noch in den zurück gebliebenen ländlichen Gebieten, war ein ‚übriggebliebenes Utopia', aus dem sich aber das ganze verlogene Selbstbewusstsein der amerikanischen Gesellschaft als Mythos speiste." Später im Text erklärt Wagner, wie er den Rousseau folgenden Ansatz vom „übriggebliebenen Utopia" verwirft. Für das „kulturelle Funktionieren" des widersprüchlichen Amerika trifft er eine Feststellung, die auch hier auf den konkreten Ort als entscheidendes Kriterium verweist: Er sagt, die Amerikaner führten eine „insuläre Existenz", die ihm vieles erkläre. „Die Gemeinde der jeweiligen Religionsgemeinschaft bildet für viele amerikanische Familien neben den unmittelbaren Nachbarn rechts und links die eigentliche Insel, auf die sich die meisten Erfahrungen und Hoffen beziehen." Wagner, W.: Fremde Kulturen wahrnehmen, Erfurt, 1997, S. 63-67.

400 Herb, K.: Verweigerte Moderne. Das Problem der Repräsentation, in: Brandt, R./Herb, K. (Hrsg.): Jean-Jaques Rousseau. Vom Gesellschaftsvertrag oder Prinzipien des Staatsrechts, München/Marburg 1999, S. 167-188.

5.3 Eine handgemachte Tochter 161

> (Say, Ricardo etc.) empfiehlt die Sparsamkeit und verwünscht den Luxus. Aber jene gesteht, daß sie den Luxus will, um die *Arbeit*, d. h. die absolute Sparsamkeit zu produzieren; die andre Seite gesteht, daß sie die Sparsamkeit empfiehlt, um den *Reichtum*, d. h. den Luxus zu produzieren. Die erstere Seite hat die *romantische* Einbildung, die Habsucht dürfe nicht allein die Konsumption der Reichen bestimmen, und sie widerspricht ihren eignen Gesetzen, wenn sie die *Verschwendung* unmittelbar für ein Mittel der Bereicherung ausgibt, und von der andern Seite wird ihr daher sehr ernstlich und umständlich bewiesen, daß ich durch die Verschwendung meine *Habe* verringere und nicht vermehre; die andre Seite begeht die Heuchelei, nicht zu gestehn, daß grade die Laune und der Einfall die Produktion bestimmt; sie vergißt die ‚verfeinerten Bedürfnisse', sie vergißt, daß ohne Konsumption nicht produziert würde; sie vergißt, daß die Produktion durch die Konkurrenz nur allseitiger, luxuriöser werden muß; sie vergißt, daß der Gebrauch ihr den Wert der Sache bestimmt und daß die Mode den Gebrauch bestimmt; sie wünscht nur ‚Nützliches' produziert zu sehn, aber sie vergißt, daß die Produktion von zuviel Nützlichem zuviel *unnütze* Population produziert. Beide Seiten vergessen, daß Verschwendung und Ersparung, Luxus und Entblößung, Reichtum und Armut = sind."[401]

Bereits hier stellt er über „Mode" und „verfeinerte Bedürfnisse" einen Zusammenhang zwischen Produktion und Konsumption einerseits und Kultur andererseits her.

5.3 Eine handgemachte Tochter. Kultur als Ergebnis einer naturbeherrschenden Praxis

Marx sieht, dass Quesnay die Bedeutung der Gewerbetreibenden (der Unternehmer, Kapitalisten, Proletarier) nicht ermisst und baut in dieser Frage auf der Denkrichtung von David Ricardo und Adam Smith. Die Erkenntnisse jedoch, dass erstens das Wirtschaftsleben der Gesellschaft sich in Kreisläufen vollzieht, und dass zweitens alle Wirtschaft letztlich vom Boden ausgeht, (wenn sie auch

---

401 Marx, K.: Ökonomisch-philisophische Manuskripte, Marx Engels Werke, Band 3, S. 338.

mitnichten auf ihn beschränkt ist), bilden unverzichtbare Elemente für Marx eigene Theorie.[402] [403]

In den Mittelpunkt dieser Kreisläufe stellt er die Produktion. Grob gesagt besteht darin der philosophische Kern des von ihm so begründeten historischen Materialismus.

Da er der materiellen Produktion das Primat gegenüber allem anderen zuspricht, stehen bei ihm schon deshalb immer implizite auch Stoffströme am Ausgangspunkt bzw. im bestimmenden Zentrum der wirtschaftlichen und gesellschaftlichen Kreisläufe.

Sowohl sein Kultur- als auch sein Naturverständnis[404] sind vollständig unromantisch. Sie sollen hier nicht komplex dargestellt werden, sondern nur in Punk-

---

402 „In der Tat aber, dieser Versuch, den ganzen Produktionsprozeß des Kapitals als Reproduktionsprozeß darzustellen, die Zirkulation bloß als die Form dieses Reproduktionsprozeßes, die Geldzirkulation nur als ein Moment der Zirkulation des Kapitals, zugleich in diesen Reproduktionsprozeß einzuschließen den Ursprung der Revenue, den Austausch zwischen Kapital und Revenue, das Verhältnis der reproduktiven Konsumtion zur definitiven und in die Zirkulation des Kapitals die Zirkulation zwischen Konsumenten und Produzenten (in fact zwischen Kapital und Revenue) einzuschließen, endlich als Momente dieses Reproduktionsprozeßes, die Zirkulation zwischen den zwei großen Teilungen der produktiven Arbeit – Rohproduktion und Manufaktur – darzustellen, und alles dies in einem Tableau, das in fact immer nur aus 5 Linien besteht, die 6 Ausgangspunkte oder Rückkehrpunkte verbinden – im zweiten Drittel des 18ten Jahrhunderts, der Kindheitsperiode der politischen Ökonomie – war ein höchst genialer Einfall, unstreitig der genialste, dessen sich die politische Ökonomie bisher schuldig gemacht hat. Was die Zirkulation des Kapitals betrifft – seinen Reproduktionsprozeß –, die verschiednen Formen, die es in diesem Reproduktionsprozeß annimmt, den Zusammenhang der Zirkulation des Kapitals mit der allgemeinen Zirkulation, also nicht nur den Austausch von Kapital gegen Kapital, sondern von Kapital und Revenue – hat [Adam] Smith in der Tat nur die Nachlassenschaft der Physiokraten angetreten und die einzelnen Artikel des Inventariums strenger rubriziert und spezifiziert, kaum aber die Totalität der Bewegung so richtig ausgeführt und interpretiert, wie sie der Anlage nach im Tableau Économique angedeutet war, trotz der falschen Voraussetzungen Quesnays." Marx, K.: Theorien über den Mehrwert, in Marx Engels Werke, Bd.26.1, Berlin, 1965, S. 319.

403 Da Quesnay Arzt war (unter anderem der der Pompadour) liegt es nahe, dass er den nach Marx „höchst genialen Einfall" über Wirtschaft in Kreisläufen zu denken, aus seinem Wissen über den menschlichen Blutkreislauf assoziierte. Ohne in den Verdacht des Biologismus geraten zu wollen, soll das hier hervor gehoben werden. Im Kapitel 5 (Wachstum ...) wurden Ähnlichkeiten in den Bewegungsmustern lebendiger Strukturen, zu denen auch Gesellschaft gehört, besprochen.

404 Auf die wechselvolle Geschichte des Begriffs „Natur", auf seine unterschiedliche Fassung in unterschiedlichen Wissenschaften kann hier nicht näher eingegangen werden. Vgl. dazu: Schäfer, L./Ströker,E. (Hrsg.):Naturauffassungen in Philosophie, Wissenschaft, Technik. Band I: Antike und Mittelalter. München, 1993, Band II: Renaissance und frühe Neuzeit, München, 1994; Band III: Aufklärung und späte Neuzeit, München, 1995, Band IV: Gegenwart, München, 1996; Hoffmann, Th.S.: Philosophische Physiologie. Eine Systematik des Begriffs der Natur im Spiegel der Geschichte der Philosophie, Bad Cannstatt, 2003.

5.3 Eine handgemachte Tochter

ten, in denen sie sich kristallisieren und die hier bearbeitete Fragestellung zentral berühren. Gemeinsam mit Engels schreibt er, die den Menschen umgebende Welt sei „nicht ein unmittelbar von Ewigkeit her gegebenes, sich stets gleiches Ding ..., sondern das Produkt der Industrie und des Gesellschaftszustandes, und zwar in dem Sinne, dass sie ein geschichtliches Produkt ist, das Resultat der Tätigkeit einer ganzen Reihe von Generationen, "[405] für ihn also das Ergebnis von Kultur. Wozu er weiter feststellt, „daß die Kultur – wenn naturwüchsig[406] vorschreitend und nicht bewusst beherrscht... – Wüsten hinter sich zurück läßt."[407] Erst unter der Bedingung gesellschaftlichen Eigentums an den Produktionsmitteln und gesamtgesellschaftlicher Planung könnten Menschen „ihren Stoffwechsel mit der Natur rationell regeln[408], unter ihre gemeinschaftliche Kontrolle bringen ...; ihn mit dem geringsten Kraftaufwand und unter den ihrer menschlichen Natur würdigsten und adäquatesten Bedingungen vollziehen."[409]

> „Nur soweit der Mensch sich von vornherein als *Eigentümer zur Natur* (Hervorhebung E.R.) der ersten Quelle aller Arbeitsmittel und -gegenstände, verhält, sie als ihm gehörig behandelt, wird seine Arbeit Quelle von Gebrauchswerten, also auch von Reichtum", ist eine weitere Kernbestimmung für die Relation zwischen Mensch und Natur.[410]

An diesem Natur-Kultur-Verständnis springt im Blick auf die vorigen Kapitel ins Auge:

- Marx expliziert das bei ihm bereits im Primat der materiellen Produktion implizierte Vorhandensein von Stoffströmen im Begriff „Stoffwechsel" zwischen Mensch und Natur.
- Trotzdem erscheinen Mensch und Gesellschaft als außerhalb der Natur stehend. Im vorigen Kapitel wurde gezeigt, dass es schon im Blick auf Toxizität und den inneren Stoffwechsel der Menschen sachlich notwendig ist, den Menschen auch als organischen *Teil* der Natur zu verstehen.
- Die Bewegungsmuster, die die Gesellschaft mit allen lebendigen Strukturen teilt, werden verkannt, (was sich aus dem damaligen Stand der Wissenschaften

---

405 Marx, K./Engels, F.: Die deutsche Ideologie. In: Marx Engels Werke, Band 3, Berlin, 1969, S. 43.
406 Das heißt bei ihm: anarchisch, in antagonistischen Widersprüchen verfangen.
407 Marx an Engels, 25.3.1968, in: Marx Engels Werke, Band 32, S. 53.
408 Als notwendige Bedingung dafür sieht er Erkenntnisgewinn und wissenschaftlich-technischen Fortschritt.
409 Marx, K.: Das Kapital. Dritter Band, in: Marx Engels Werke, Band 25, Berlin, 1965, S. 828.
410 Marx, K.: Kritik des Gothaer Programms, in: Marx Engels Werke, Band 19, Berlin, 1962, S. 17.

und aus der Entwicklung der damals tatsächlich beobachtbaren gesellschaftlichen Strukturen[411] erklärt.)
- Der Mensch erscheint als Eigner und Beherrscher der Natur.
- Es wird zwischen einer rohen, naturwüchsigen und einer bewusst zu beherrschenden Kultur unterschieden. (Hierin kristallisiert sich auf ambivalente Weise die Auseinandersetzung mit Rousseau. Einerseits: Wo dieser vom in Gesellschaft „bösen" Menschen als Quelle allen Übels ausgeht, nimmt Marx mit Kant den Menschen als vernunftfähig. Ursache menschenunwürdiger Umstände ist bei ihm der anarchische Charakter der kapitalistischen Verhältnisse, die durch geordnete, planbare Strukturen aufzuheben seien. Erst dann sei es qua Erkenntnisgewinn möglich, sowohl die Gesellschaft als auch den Stoffwechsel mit der Natur bewusst zu beherrschen. Andererseits: Wo Rousseau – romantisierend – die Herstellung von Naturzuständen für die Lösung hält, nimmt Marx „Natur" als Synonym für Rohes, Anarchisches, das es zu kontrollieren gilt und von dem der Mensch sich durch Herrschaft abzusetzen habe. Indem er das tut vollzieht er – wenn auch vom anderen Pol her – die gleiche Entgegensetzung von „Natur" und „Kultur". Diese Positionen sind bis heute die geistigen Antipoden der Nachhaltigkeitsdebatte, die bislang politisch-strategisch nicht zur Synthese geführt werden.

Hier ist zunächst fest zu halten: Gerade in seinem Kulturverständnis verteidigt Marx die Moderne gegen die Romantik. Rousseau sagt über die Verhältnisse nach dem ursprünglichen Naturzustand: „Alle weiteren Fortschritte waren ebensoviel Schritte scheinbar zur Vervollkommnung des Einzelmenschen, in der Tat aber zum Verfall der Gattung … Die Metallbearbeitung und der Ackerbau waren die beiden Künste, deren Erfindung diese große Revolution[412] hervor rief … Für den Dichter haben Gold und Silber, für den Philosophen haben Eisen und Korn den Menschen zivilisiert und das Menschengeschlecht ruiniert."[413]

Dem setzt Marx entgegen: „Als das rastlose Streben nach der allgemeinen Form des Reichtums treibt aber das Kapital die Arbeit über die Grenzen ihrer Naturbedürftigkeit hinaus und schafft so die materiellen Elemente für die Ent-

---

411 Zu beobachten war eine scheinbare Vereinfachung gesellschaftlicher Strukturen. Die Anzahl der Industriearbeiter wuchs bei gleichzeitiger Angleichung ihrer Lebensumstände. Die Unternehmensgröße wuchs bei sinkender Anzahl von Unternehmern. Die Oberfläche der sich entwickelnden Massengesellschaft legte für einen zunehmenden Teil der Gesellschaft Gleichheit nahe. Struktur und Rhythmus der tayloristischen großen Industrie suggerierten hierarchische Kontrollierbarkeit.
412 Umwandlung von Urwald in kultiviertes Land bei gleichzeitiger Einführung von Elend und Knechtschaft durch Eigentum.
413 Rousseau, J.-J.: Abhandlung über den Ursprung und die Grundlagen der Ungleichheit unter den Menschen, Stuttgart, 1998, S. 116f.

5.3 Eine handgemachte Tochter

wicklung der reichen Individualität, die ebenso allseitig in ihrer Produktion als Konsumption ist und deren Arbeit daher auch nicht mehr als Arbeit, sondern als volle Entwicklung der Tätigkeit selbst erscheint, in der die Naturnotwendigkeit in ihrer unmittelbaren Form verschwunden ist: weil an die Stelle des Naturbedürfnisses ein geschichtlich erzeugtes getreten ist."[414] Genau dies hält er für produktiv, nicht für destruktiv. Gleichzeitig gibt er damit seine Vorstellung von der Vielfarbigkeit und Dynamik von Kultur zu erkennen.

Seine enge Anbindung der Kultur an die Produktion bringt er so auf den Punkt:

> „Was sie (die Menschen E.R.) sind, fällt also zusammen mit ihrer Produktion, sowohl damit, *was* sie produzieren, als auch damit, *wie* sie produzieren. Was die Individuen also sind, das hängt ab von den materiellen Bedingungen ihrer Produktion."[415]

Das Ineinanderfallen von Kultur und Produktion hängt eng mit Marx Praxisbegriff zusammen. Am pointiertesten formuliert er ihn in den „Thesen über Feuerbach", einer Kritik an den von ihm so genannten Vulgärmaterialisten: als *subjektive, sinnliche, menschliche Tätigkeit*, als das Zusammenfallen des Änderns der Umstände und der menschlichen Tätigkeit in einer umwälzenden Praxis, und: „Das gesellschaftliche Leben ist wesentlich praktisch. Alle Mysterien, welche die Theorie zum Mystizismus verleiten, finden ihre rationelle Lösung in der menschlichen Praxis und im Begreifen dieser Praxis."(These 8)[416]

---

414 Marx, K.: Grundrisse der Kritik der politischen Ökonomie, Berlin, 1974, S. 231.
415 Marx, K./Engels, F.: Die deutsche Ideologie. In: Marx Engels Werke, Band 3, Berlin, 1969, S. 21.
416 These 1: „Der Hauptmangel alles bisherigen Materialismus – den Feuerbachschen mit eingerechnet – ist, daß der Gegenstand, die Wirklichkeit, Sinnlichkeit, nur unter der Form des *Objekts* oder der *Anschauung* gefaßt wird; nicht aber als *menschliche sinnliche Tätigkeit, Praxis*, nicht subjektiv. Daher geschah es, daß die *tätige* Seite, im Gegensatz zum Materialismus, vom Idealismus entwickelt wurde – aber nur abstrakt, da der Idealismus natürlich die wirkliche, sinnliche Tätigkeit als solche nicht kennt. Feuerbach will sinnliche, von den Gedankenobjekten wirklich unterschiedene Objekte; aber er faßt die menschliche Tätigkeit selbst nicht als *gegenständliche* Tätigkeit." These 3: „Die materialistische Lehre, daß die Menschen Produkte der Umstände und der Erziehung, veränderte Menschen also Produkte anderer Umstände und geänderter Erziehung sind, vergißt, daß die Umstände eben von den Menschen verändert werden und daß der Erzieher selbst erzogen werden muß. Sie kommt daher mit Notwendigkeit dahin, die Gesellschaft in zwei Teile zu sondern, von denen der eine über die Gesellschaft erhaben ist. Das Zusammenfallen des Änderns der Umstände und der menschlichen Tätigkeit kann nur als *umwälzende Praxis* gefaßt und rationell verstanden werden." These 6: „Feuerbach löst das religiöse Wesen in das *menschliche* Wesen auf. Aber das menschliche Wesen ist kein dem einzelnen Individuum innewohnendes Abstraktum. In seiner Wirklichkeit ist es das Ensemble der gesellschaftlichen Verhältnisse…" Alle Zitate aus: Marx, K.: Thesen über Feuerbach, in: Marx Engels Werke Band 3, Berlin, 1969, S. 7.

5.4 Erben als Aufgabe. Wie Marx' Natur-Kultur-Ansatz aufgehoben werden kann

Die hier vorliegende Arbeit folgt sowohl hinsichtlich des Lern- und Arbeitsprozess als auch in der Darstellung einer Art mehrdimensionaler Netzform. Um Antworten auf die praktische Ausgangs-Fragestellung zu erhalten, wird der methodische Versuch unternommen, den Gegenstand aus mehreren unterschiedlichen Perspektiven zu erfassen und die jeweils erhaltenen Informationen und Ergebnisse nicht primär nach der Systematik der einzelnen Wissensgebiete zu ordnen, sondern sie vielmehr im Blick auf die praktische Fragestellung sinnvoll zu kombinieren. Das scheint vordergründig nicht viel mit Dialektik zu tun zu haben, ist aber tatsächlich der Fall[417]. Die Abschnitts-Untergliederung wurden aus praktischen Gründen in Anlehnung an die auf Hegel (1770-1831) zurückgehende Triade des Aufhebens[418] – Aufheben als Negieren/Verwerfen, als Bewahren, als auf eine höhere Stufe Heben – gewählt. Sie bietet eine Möglichkeit, kritische Würdigung fasslich zu strukturieren.

Es erfolgt weitest mögliche Konzentration auf die Frage des Mensch-Natur-Kultur-Verhältnisses. Selbst innerhalb dieser Eingrenzung muss eine punktuelle Selektion erfolgen. Die zu untersuchenden Themen wurden nach zwei Kriterien

---

417 Dialektik: Theorie über Gegensätze/Widersprüche in und zwischen den Dingen und Begriffen, über deren Auffinden und Lösen; in der klassischen Philosophie am prominentesten von Kant und Hegel bearbeitet, durch Marx/Engels in der materialistischen Dialektik aufgehoben. Marx/Engels gehen damit davon aus, das Mechanische in den Auffassungen früher materialistischer Philosophen überwunden zu haben. Der Teil, in dem sie darin irrten, wird wiederum durch Adorno/Horkheimer in der Negativen Dialektik resp. Kritischen Theorie aufgehoben. Negative Dialektik: „Es handelt sich um den Entwurf einer Philosophie, die nicht den Begriff der Identität von Sein und Denken voraussetzt und auch nicht in ihm terminiert, sondern die gerade das Gegenteil, also das Auseinanderweisen von Begriff und Sache, von Subjekt und Objekt, und ihre Unversöhntheit, artikulieren will." Adorno, T.W.: Vorlesung über Negative Dialektik. Fragmente zur Vorlesung 1965/66. Frankfurt a.M., 2007, S. 15f. Mit der hier vorgenommenen Trennung zwischen „Begriff" und „Sache", zwischen „Subjekt" und „Objekt" geschieht in zweifacher Hinsicht Entscheidendes: Es wird die bestimmte Trennlinie zwischen menschlichen/gesellschaftlichen Strukturen/Selbstorganisationsweisen und allen anderen Lebensformen definiert. Und: Indem dies geschieht, werden für das philosophische Denken die Grenzen der formalen Logik/des Mechanischen tatsächlich gesprengt. (Damit ist die bereits angetippte Frage von Freiheit und Versöhnung/trotzdem Frieden nicht beantwortet und nicht gelöst; aber es ist Voraussetzung dafür, dass Habermas überhaupt mit der „Theorie kommunikativen Handelns" einen neuen Anlauf unternehmen konnte.). Im Abschnitt „4.3. Wachstum, Information, Mensch, Gesellschaft" wird gezeigt, dass die Unterscheidung zwischen realen „Sachen" und Aussagen über dieselben in der Tat ausschlaggebende Bedeutung nicht nur für theoretische Reflektion, sondern für das Verständnis der innersten Antriebe von potenziertem Wachstum und potenzierter Beschleunigung in der Entwicklung gesellschaftlicher gegenüber allen anderen Lebensformen besitzt.

418 Abgehandelt in: Hegel, G.W.F.: System der Wissenschaft. Erster Theil, die Phänomenologie des Geistes (1806/1807) und in: Wissenschaft der Logik (1812-1816/überarb. 1831).

gewählt. Zum einen nach der Relevanz, die sich aus dem für diese Arbeit zurück gelegten und in den vorigen Kapiteln dargestellten Denkprozess ergibt. Zum anderen nach der Relevanz, die sie im Überlagerungsbereich von geistigen Grundlagen der deutschen Kulturpolitik und Nachhaltigkeitsdebatte besitzen, also in der „Neuen Kulturpolitik", die sich als Gesellschaftspolitik versteht und wesentlich in der Tradition der Kritischen Theorie der Frankfurter Schule wurzelt.

5.4.1 Raffinesse des Rohen. Was verwerfend aufzuheben ist

Wie vorn gesagt und zitiert, versteht Marx unter Natur das „Rohe", „Anarchische", wie es ohne den in Gesellschaft lebenden Menschen existiert. Der Unterschied zwischen Mensch und Tieren oder Pflanzen erscheint bei ihm größer, als der zwischen organischer und anorganischer Materie.

Jüngere Einzel- und interdisziplinäre Wissenschaften wie die Mikrobiologie, die Biochemie, die Neurobiologie oder die Verhaltensbiologie liefern seit Jahrzehnten Einsichten über Einsichten in die Komplexität, Effektivität und Stabilität lebendiger, darunter organischer Strukturen, über die Geschwindigkeit und Genauigkeit mit der hier Informationen so ausgetauscht und verarbeitet werden, dass hochkomplexe Zellen, Organe, Lebewesen, ökologische Milieus in einer Weise ausbalanciert werden, für die man einen Superlativ zu „seismisch" erfinden müsste.

Unter dem Aspekt, inwieweit Konsum-Verzichts-Erwartungen realistisch sein können, haben wir auf die Erkenntnisse des Mathematikers Barabási über die Struktur und Dynamik des Internet und World Wide Web zugegriffen. Hier ist die Tatsache wichtig, dass beide wesentlich in emergent-spontanen bzw. in Marx' Vokabeln: in naturwüchsig-anarchischen Prozessen entstanden sind. Barabási stellt über das Internet fest, es lebe sein eigenes Leben und sei „einer Zelle ähnlicher als einem Chip"[419] Auf seine Veröffentlichung haben Physiologen, Biologen, Mikrobiologen, Ökologen, Neurologen, Soziologen, Linguisten mit der Feststellung reagiert, ihre Forschungsergebnisse entsprächen genau dem, was Barabási mathematisch darzustellen in der Lage ist.

Daraus ergibt sich zwingend: Es ist nicht, wie Marx das tut, davon auszugehen, dass die menschliche Gesellschaft gegenüber der lebendigen Natur das grundsätzlich „Andere" sei. Vielmehr ist nicht nur der einzelne menschliche Organismus ein biologisches Wesen, sondern menschliche Gesellschaft insgesamt der lebendigen Natur grundsätzlich verwandt. Wobei letztere sich in mehrerlei Hinsicht vom Organischen abhebt: Die gesellschaftliche Kapazität zur Verarbeitung von Informationen, zur Bewegung und Speicherung von Informationsströ-

---

419 Barabási, A.-L.: Linked. How Everything is Connected to Everything Else and What It means for Business, Science and Everyday Life, New-York, 2003, S. 149.

men bewegt sich auf einem qualitativ wie quantitativ gänzlich neuen Niveau. Die Untergliederungen von Organismen, die Organe also, können nicht willkürlich beschließen, ein eigenes Dasein zu führen. Es wird sich kein Magen von seinem Körper verabschieden, um fortan anderswo ohne ihn weiter zu leben. Die Existenz gesellschaftlicher Gliederungen hingegen hängt vom Willen und den Entscheidungen handelnder Subjekte ab. Die vorn besprochene menschliche Fähigkeit Aussagen zu treffen, steht gleichzeitig für die Fähigkeit, sich tatsächlich bewusst zu entscheiden, denn ihr ist als anderer Ausdruck für Vieldeutigkeit die Qualität Zweifel immanent.

Innerhalb der Biosphäre nimmt also die Population Mensch eine abgehobene Position ein.

Jedoch: Bei der Biosphäre der Erde handelt es sich um einen gigantischen, dynamischen, prinzipiell materiell offenen (ständiger Einfall von Sonnenenergie) und entwicklungsoffenen, sich permanent selbst erweiternden Zusammenhang sich wechselseitig durchdringender Kreisläufe. Das blanke gewaltige Ausmaß der ineinander verwobenen und miteinander korrespondierenden Strukturen sowie der Informations-, Kraft-, Stoff- und Energieflüsse, um die es hier geht, verlangt Respekt. Die Tatsache, dass Menschen als Organismen unmittelbar Betroffene der biosphärischen Entwicklungen und Naturereignisse sind, verlangt Partnerschaftlichkeit – aus Eigennutz.

Beides verbietet, im Zusammenhang mit Natur in Kategorien von Eigentum oder Herrschaft zu denken.

Aus der Perspektive der Gegenwart, insbesondere des jetzt gegebenen Kenntnistandes der Naturwissenschaften, auf die vorgestellten marx'schen Ansätze blickend, erscheint die Vorstellung einer „rohen" Natur historisch naiv. Der Irrtum, für Natur und Gesellschaft sei durch rationalen Erkenntnisgewinn Planungsfähigkeit erreichbar, und aus dieser heraus wiederum humanistisch vernünftige Herrschaft möglich, zeigte sich in tragischen realen Entwicklungen.[420]

---

420 Planwirtschaft war als das „Gegenmittel" gegen zu erwartende negative Folgen anarchisch stattfindender Produktion und Machtverteilung gedacht, also auch als Vorbeugung von Ereignissen wie Fukushima, die Katastrophe Harrisburg usw. Die planwirtschaftlich „beherrschte" friedliche Nutzung der Atomkraft hat zur Katastrophe von Tschernobyl geführt, und damit „menschliche" Grenzen für Planwirtschaft gezeigt. Außerdem wurde lediglich „anarchische" Gewalt durch organisierte ersetzt. Der vollzogene Versuch, Gesellschaft mittels zentralistischer Planung und Macht aus der kapitalistischen Anarchie in eine freiheitliche Ordnung zu führen, zeitigte mit dem Stalinismus Folgen, die den Absichten von Marx diametral widersprachen: Nachdem die „Diktatur des Proletariats" bereits unter Lenin in der frühen Sowjetunion Konzentrationslager hervor gebracht hatte, führte dort ab Ende der 1920er Jahre die planwirtschaftlich verfolgte Strategie der nachholenden industriellen Modernisierung zu einer Neuauflage der Sklaverei. Die Moskauer Schauprozesse der späten 1930er Jahre dienten neben der Beschaffung massenhaft billiger Arbeitskräfte der Vernichtung der kritischen

5.4 Erben als Aufgabe

An die Seite von Rousseaus romantischer Überhöhung der Natur tritt bei Marx deren Unterschätzung. Darüber, dass zwischen beidem vermittelt werden muss, gibt es seit Jahrzehnten einen theoretischen Klärungsprozess, in den verschiedene Einzelwissenschaften und unterschiedlichste Akteure einbezogen sind.[421] Jedoch – um es vorsichtig zu formulieren – : Ähnlich wie bei der nationalen Nachhaltigkeitsstrategie entsteht aus dem Überblick der gesichteten Literatur der Eindruck eines Nebeneinander von diversen Facetten und Blickwinkeln.

Mit dem Konzept der Öko-Effektivität gelingt es Braungart und McDonough nicht nur, die Entgegensetzung von positiver Mystifizierung und Unterschätzung bzw. Verkennung in einem unromantischen, aber respektvoll partnerschaftlichen Naturverständnis aufzulösen; sie setzen mit ihrer Lösung nicht bei den Folgen und äußeren Symptomen des Übels (Umweltzerstörung) an, sondern an seinem „genetischen Code", an der Produktionsweise. Das ist der historischen Einordnung nach der Kern ihrer kulturellen Leistung.

Weiterhin als zu verwerfen erweist sich Marx' Formel des Ineinanderfallens von Kultur und Produktion. Die Wahrnehmung der Autonomie von Wissenschaft, Kultur usw. gegenüber der Ökonomie – und den sozialen Klassen! – war eines der Hauptmotive für die Entwicklung der Kritischen Theorie.[422] Kurz zusammengefasst lassen sich die Gründe für diese Autonomie auch so formulieren: Dass Kultur eine ihr immanente Seite der Produktion ist, dass Kultur in vielerlei Weise von Produktion abhängt, ist richtig. Aber sie bildet eben im Bewusstsein der Menschen wie im gesellschaftlichen Leben Institutionen und besitzt damit sich selbst organisierende Eigendynamik. In Anlehnung an Luhmann könnte man – auch ohne Anhänger der Systemtheorie zu sein – sagen: Kultur entwickelt

---

Intelligenz. Vgl. dazu: Stettner, R.: „Archipel GULag": Stalins Zwangslager, Terrorinstrument und Wirtschaftsgigant, Paderborn, 1996. Ruge, W.: Stalinismus – eine Sackgasse im Labyrinth der Geschichte, Berlin, 1991.

421 Zur Entwicklung eines integrativen Verständnisses von Natur vgl.: Großklaus, G./Oldemeyer, E. (Hrsg.): Natur als Gegenwelt – Beiträge zur Kulturgeschichte der Natur. Karlsruhe, 1983; Zur Integration der Umweltfragen in Überlegungen zur Stadtentwicklung vgl.: Schwencke, O.: Der Stadt Bestes suchen. Kulturpolitik im Spektrum der Gesellschaftspolitik, Bonn, 1997.

422 Dazu z. B.: Horkheimer: „ ... auch die Situation des Proletariats bildet in dieser Gesellschaft keine Garantie der richtigen Erkenntnis. Wie sehr es die Sinnlosigkeit des Fortbestehens und Vergrößerung der Not und des Unrechts an sich selbst erfährt, so verhindert doch die von oben noch geförderte Differenzierung seiner sozialen Struktur und die nur in ausgezeichneten Augenblicken durchbrochene Gegensätzlichkeit von persönlichem und klassenmäßigem Interesse, dass dieses Bewusstsein sich unmittelbar Geltung verschaffe." „Allgemeine Kriterien für die kritische Theorie als Ganzes gibt es nicht. (...) Ebenso wenig existiert eine gesellschaftliche Klasse, an deren Zustimmung man sich halten könnte. (...) Die kritische Theorie hat *keine spezifische Instanz* für sich als das mit ihr selbst verknüpfte Interesse an der Aufhebung des gesellschaftlichen Unrechts.", in: Horkheimer, M.: Traditionelle und kritische Theorie (1937), Frankfurt/M., 1992, S. 230, 259.

sowohl historisch – über Generationengrenzen hinweg – als auch in der zeitlichen Horizontale Selbstreferentialität. Daraus ergibt sich zwingend Autonomie gegenüber Produktion.

5.4.2 Wert der sinnlichen Hände. Was positiv aufzuheben ist

Oben wurde dargestellt, dass Marx sich in seinen ökonomischen Arbeiten kritisch auf Adam Smith und David Ricardo stützt. Von ihnen übernimmt er die Betrachtung der Arbeit als einerseits konkrete Arbeit – das ist sinnlich – gegenständliche Arbeit (wie backen, bauen, pflanzen...), die den Gebrauchswert schafft, aus der also die Gebrauchsgegenstände hervor gehen – und als andererseits abstrakte Arbeit – hier wird ein Maßstab gebildet und eine Aussage darüber getroffen, wie viel Muskel-, Nerven-, und Hirnarbeit in einem Erzeugnis steckt.

Es handelt sich bei der abstrakten Arbeit nicht um eine theoretische, sondern um eine faktische Abstraktion, die im Prinzip ständig erfolgt, damit überhaupt Preise gebildet und Waren bzw. arbeitsteilige Leistungen ausgetauscht werden können. Wenn man so will, sind der Begriff und die Tatsache „abstrakte Arbeit" ausschließlich im Blick auf die Verhältnisse und Beziehungen der Menschen unter einander von Bedeutung. Damit befasst sich Marx als Ökonom. Seinen so umrissenen Arbeitsgegenstand, nennt er „Politische Ökonomie", eben weil es hier genau um die pur zwischenmenschlichen Macht- und Kräfteverhältnisse geht.

Als Philosoph nimmt er zur Kenntnis: Damit abstrakte Arbeit überhaupt gedacht werden kann, ist konkrete Arbeit notwendig. Ohne letztere entbehrt erstere ihrer Existenzvoraussetzung.

Er spricht von „Praxis" als – siehe vorn – „subjektiver, sinnlich gegenständlicher Tätigkeit", also von Menschen, die konkret arbeiten, durch deren Hände konkrete Stoffe gehen, die konkrete Energie, konkrete Werkzeuge, konkrete Hilfsmittel, Computer, Maschinen anwenden.

Diese konkrete Arbeit, mit konkreten Materialien, Methoden und Technologien geht in Marx Begriff von der „Produktionsweise" ein. Der umfasst eben nicht nur die Beziehungen der Menschen untereinander, sondern gerade auch den Stoffwechsel mit der Natur als grundlegende Determinante. Das hält er in den „Randglossen zum Gothaer Programm" seinen Konterparts so vor Augen:

> „Die Arbeit ist NICHT DIE QUELLE alles Reichtums. Die NATUR ist ebensosehr die Quelle der Gebrauchswerte (und aus solchen besteht doch wohl der sachliche Reichtum!) als die Arbeit, die selbst nur die Äußerung einer Naturkraft ist, der menschlichen Arbeitskraft."[423]

---

423 Marx, K.: Kritik des Gothaer Programms, in: Marx Engels Werke, Band 19, Berlin, 1962, S. 17.

5.4 Erben als Aufgabe

Nachdem sich die Kritische Theorie – Marx' engen Praxisbegriff kritisierend – mit dem Verhältnis von Theorie, Kultur und Praxis befasste, stellt Habermas in das Zentrum seines Verständnisses gesellschaftlicher Praxis das „kommunikative Handeln." Damit reagiert er auf die vergleichsweise neue Situation, dass sich die Teilnehmer gesellschaftlicher Aushandlungen abnehmend direkt gegenüber stehen, während sich gleichzeitig ihre konkreten Erfahrungen und kulturellen Codes, über die hinweg Verständigung erreicht werden muss, immer weiter ausdifferenzieren. Aus dieser Frage-Perspektive spielen die konkrete Arbeit als sinnlich-gegenständliche Arbeit und die Stoff- und Energieströme, mit denen sie es zu tun hat, keine direkte Rolle. Ebenso wenig die geographischen Orte in ihrer Konkretheit. „Die Abstraktion und Vergleichgültigung der konkreten Arbeit habe ich ... als speziellen Fall der Umstellung kommunikativ strukturierter Handlungsbereiche auf mediengesteuerte Interaktionen gedeutet – eine Deutung, die die Deformation der Lebenswelt mit Hilfe einer anderen Kategorie, nämlich der des verständigungsorientierten Handelns entschlüsselt," stellt Habermas als seinen theoretischen Zugang dar.[424] Er sucht nach Antworten auf die Frage, wie in fragmentierten, durch immer komplizierter werdende Wechselbeziehungen und Durchformungen gekennzeichneten Gesellschaften eine Art und Weise der Kommunikation stattfinden kann, die Demokratie ermöglicht.

Um herauszufinden, auf welche Weise die Mensch-Natur-Verhältnisse neu gestaltet werden können, muss seine Abstraktion wieder aufgehoben werden.

Tatsächlich hängt alle geistige Arbeit, wie alle Kultur und Kommunikation von der schlicht stofflich zu verstehenden materiellen Produktion ab, insofern, dass sie nicht möglich wären, würden nicht zuvor Bücher gedruckt, Häuser gebaut und beheizt, Papier, Instrumente, Kugelschreiber, Tische, Stühle, Farben usw. hergestellt. Selbst die konkrete Art und Weise, in der kommuniziert wird, hängt von den Bedingungen ab, die zuvor in der Sphäre der materiellen Produktion erzeugt wurden.

Hier ist wie zu Beginn des Kapitels auf den dort zitierten Schumpeter zu verweisen, der den Akt und Prozess, in dem gesellschaftliche Strukturen geschaffen und zerstört werden, in der Produktion sieht.[425] Die Beschaffenheit, Veränderung

---

424 Habermas, J.: Theorie des kommunikativen Handelns, Band 2, Frankfurt/M., 1982, S. 592-593.
425 Schumpeter a. a. O. – Als Beispiele für solch durchgreifenden und folgenreichen Strukturwandel seien hier genannt: die Veränderung der Mobilität und Wanderungsbewegungen, der Verkehrs- und Infrastruktur sowie der Lagerhaltung im Zusammenhang mit dem Übergang zum Just-in-Time-Prinzip in der Produktion wie im Handel; die Auswirkungen der Ausstattung von Privathaushalten mit Computern/Internet auf Handelsnetze (Online-Shopping), Konsumverhalten, Kommunikation; durch Investitionsentscheidungen ausgelöste Wanderungsbewegungen

und Entwicklung solcher Strukturen ist Gegenstand auch der Geistes- und Sozialwissenschaften, in deren Theoriegebäuden Kulturpolitik wurzelt.

Im Blick auf den Zusammenhang zwischen Kultur- und Umweltpolitik ist zu fragen: Wie weit kann das Urteilsvermögen einer Kulturpolitik – besonders wenn sie sich als Gesellschaftspolitik versteht – in Umwelt- und Naturfragen reichen, solange in ihrer Aufmerksamkeit die materielle Produktion vollständig abwesend ist? Und sie deshalb nicht weiß, wie genau die Schäden entstehen, die behoben oder denen vorgebeugt werden soll? Letztlich bleiben ihr nur Fragen der Ethik, der Normen und der Werte.

Die marx'sche Würdigung der konkreten Arbeit, des Stoffwechsels mit der Natur in der materiellen Produktion an konkreten Orten sollte für mögliche Beiträge der Kulturpolitik zu einer intelligenten Umweltpolitik eine Schlüsselposition einnehmen.

5.4.3 Einsiedeln. Aufheben als Ortsbestimmung

Beim Prüfen, inwieweit marx'sche Überlegungen in aktuelle Fragestellungen implementierbar sind, geht es unter dem hier gewählten Gesichtspunkt der positiven Gestaltung des Mensch-Natur-Verhältnisses wesentlich um zwei Aspekte. Der eine besteht in der Bedeutung des Stoffwechsels mit der Natur, der in der konkreten materiell-gegenständlichen Produktion stattfindet. Der andere in der Synthese der unterschiedlichen notwendigen Kenntnisse und der unterschiedlichen Verfügungsmöglichkeiten, die sich im Prozess der gesellschaftlichen Arbeitsteilung und der Herausbildung der fragmentierten Gesellschaft ergeben haben.

In Habermas' Theorie findet das, was Marx die sinnlich-gegenständliche Umgebung der Menschen nennen würde, eine Entsprechung in der Fassung des Begriffs „Lebenswelt" (Familie, Freunde, unmittelbare Umgebung). Er betont, dass diese Lebenswelt nur „a tergo", von hinten, eingesehen werden kann, und dass sie nur präreflexiv gegenwärtig ist[426], also kaum bewusst reflektiert in den Diskurs eingeht.

---

[426] „Indem sich Sprecher und Hörer frontal miteinander über etwas in einer Welt verständigen, bewegen sie sich innerhalb des Horizonts ihrer gemeinsamen Lebenswelt; die bleibt den Beteiligten als ein intuitiv gewußter, unproblematischer und unzerlegbarer holistischer Hintergrund im Rücken. [...] *Die Lebenswelt kann nur a tergo eingesehen werden. Aus der frontalen Perspektive der verständigungsorientiert handelnden Subjekte selber muß sich die immer nur mitgegebene Lebenswelt der Thematisierung entziehen. Als Totalität, die die Identitäten und lebensgeschichtlichen Entwürfe von Gruppen und Individuen ermöglicht, ist sie nur präreflexiv gegenwärtig.* (Hervorhebung E.R.) Aus der Perspektive der Beteiligten läßt sich zwar das praktisch in Anspruch genommene, in Äußerungen sedimentierte Regelwissen rekonstruieren, nicht aber der zurückweichende Kontext und die im Rücken bleibenden

5.4 Erben als Aufgabe

Sowie der einzelne aus seiner „Lebenswelt" heraus tritt und mit Menschen anderer Lebenswelten kommuniziert, sind demzufolge die Selbstverständlichkeiten seines Lebens relativ schwer mitzuteilen. Mit steigender Ebene der Kommunikation über die allgemeinen, öffentlichen Angelegenheiten sinkt die den individuellen wie kollektiven Urteilen relativ leicht zugängliche Konkretheit; die Abstraktheit – und damit die Entfernung vom konkreten Stoff – steigt.

Hinzu kommt: Die Anzahl der Mitglieder der Gesellschaft, die in der Lebenswelt Umgang mit unmittelbar stofflicher Produktion haben, nimmt aus gleich zwei Gründen absolut und relativ ab – durch den Prozess der fortscheitenden Arbeitsteilung und durch die sich erhöhende Produktivität, die zur Ersetzung von immer mehr Menschen durch Maschinen, Automaten und Anlagen führt. Selbst Kopf-Arbeit unterliegt ja, was ihren Routine-Anteil betrifft, seit Jahrzehnten einem Technisierungsprozess.

Dies zusammengenommen bedeutet: Auch ohne Rücksicht auf Eigentumsfragen, Betriebsgeheimnisse usw.[427] entglitt – ganz im Unterschied zur Ökonomie (die Beziehungen zwischen Menschen bzw. sozialen Gruppen zum Gegenstand hat und deshalb permanente Aufmerksamkeit erfährt) – die materielle Produktion und damit der ausschlaggebende Teil des konkreten Stoffwechsel zwischen Mensch und Natur seit Beginn der industriellen Revolution der öffentlichen Wahrnehmbarkeit und Verhandelbarkeit – dies mit zunehmender Beschleunigung.

Es ist keine Besonderheit des Kulturbereichs oder der Kulturpolitik, die stofflichen Grundlagen der Gesellschaft in ihrer konkreten Gestalt und Bewegungsweise aus dem Auge verloren zu haben.

Allerdings gilt auch: Jede Ware schlägt ihren „Salto mortale" auf dem Markt[428]. Es kann also umgekehrt nicht ohne Rücksicht auf die Gesellschaftsbereiche produziert werden, denen Produktion sachlich und gedanklich fern liegt. Mindestens in seiner Gestalt als Kunde übt der Bürger Macht aus. Im Zuge der durch die „neuen Medien" gegebenen neuen Sozialisations- und Veröffentlichungsmöglichkeiten wächst diese Macht und nimmt neue Qualitäten an.[429]

Ressourcen der Lebenswelt im ganzen." Habermas, J: Der philosophische Diskurs der Moderne, Frankfurt/M. 1988, S. 348f.

427 In deren Folge sind die Orte der Produktion tatsächlich für den größten Teil der Gesellschaft zu Nicht-Orten geworden. Und zwar in viel stärkerem Maße, als das im Abschnitt 5.4.1im Zusammenhang mit Transiträumen eine Rolle spielte – nämlich im Sinne von „Zustritt verboten!"
428 Marx, K.: Das Kapital. Erster Band, in Marx Engels Werke, Band 23, Berlin, 1962, S. 120.
429 Die britische C-operative Bank hat im Jahr 2007 eine Studie über ethisch motiviertes Kaufverhalten veröffentlicht. Das betrifft sowohl Normen der Produktion (Kinderarbeit) als auch Nebenwirkungen (Umwelt, ältere Menschen) Nach der Studie hat sich der Umfang solcher Käufe von 9,6 Mrd. GBP im Jahr 1999 auf 32,3 Mrd. GBP im Jahr 2006 erhöht. Siehe: Hoffmann, St.: Boykottpartizipation: Entwicklung und Validierung eines Erklärungsmodells durch ein vollständig integriertes Forschungsdesign, Wiesbaden, 2008, S. 1. – Zur Rolle des

Kunden bzw. Konsumenten können jedoch nur zu den Folgen – und dies nur bedingt – des Produktionsprozesses faktische Stellung beziehen. Auf seine Gestaltung, auf die Entwicklung produktiver Alternativen in Gestalt ökonomisch-ökologisch-sozial komplex integrierter Gesamtkonzepte, wie eines am Beispiel von River Rouge gezeigt wurde, haben sie direkt keinen Einfluss.

Die Frage, die sich in dieser Situation erhebt, lautet: Wie kann überhaupt der konkrete Mensch-Natur-Stoffwechsel den Weg in die öffentliche Verhandlung finden? Und zwar so, dass sowohl das mit der Arbeitsteilung, Theorie- und Wissenschaftsentwicklung erworbene Wissen als auch die unmittelbar konkret-praktische Kompetenz der materiellen Produktion „Teilnehmer" dieser Verhandlung sind?

Am Beispiel von „River Rouge" zeigt sich, wie komplexe Urteilsfähigkeit durch Denken in Stoffwechselkreisläufen, durch konkretes Orts-Bewusstsein und einen konsequent kooperativen Ansatz entsteht, in Face-to-Face-Kommunikation.

Diese bedeutet gleichzeitig: die Verortung der öffentlichen Verhandlung dort, wo die realen Stoff- und Energiekreisläufen in der materiellen Produktion stattfinden. Es ergibt sich daraus eine neue soziale Sesshaftigkeit, in der Verbraucher dem Unternehmen nicht nur als individuelle Konsumenten, sondern direkt als strukturierte Gesellschaft gegenüber treten, in der die sozialen Bindungen zwischen beiden stark genug sind, um Werte unmittelbar zu verhandeln.

5.5 Geist als Materie zu Masse kommend. Zum Verhältnis von Stoff und virtueller Welt

Wir haben die Zusammenhänge zwischen stofflichem Wachstum und dem exponentiellen Wachstum der Menge von Informationen und der Anzahl der Operationsmöglichkeiten von und zwischen Informationen gesehen, die sich aus der menschlichen Fähigkeit Aussagen zu treffen ergeben. Es handelt sich dabei um einen mathematisch darstellbaren Aspekt gesellschaftlicher Kommunikation.

Als seine grundlegenden Tendenzen wurden festgehalten: Wachstum, Beschleunigung und die Tendenz zur raum- und zeitunabhängigen Omnipräsenz des gesamten Informationsvorrates der Menschheit. Als letzter Beschleunigungsschub ist die Digitalisierung genannt. In deren Ergebnis entstand die sogenannte „virtuelle Welt".

In diesem Zusammenhang – wie auch in Kontexten des kulturzentrischen, technologie-optimistischen Strangs der Nachhaltigkeitsbewegung – wird häufig

---

Internet: Raake, St./Hilker, C.: WEB 2.0 in der Finanzbranche. Die neue Macht des Kunden, Wiesbaden 2010, bes. S. 143 ff.; Shirkey, C.: Here Comes Everybody. The Power of Organizing Without Organizations, New York, 2008.

5.5 Geist als Materie zu Masse kommend

von De- oder Entmaterialisierung gesprochen.[430] Daraus entsteht der Eindruck, wir hätten es mit einer gigantischen Entstofflichung, besonders im Bereich der Lagerung und Übertragung von Informationen zu tun. So schreibt z. B. Werner Boysen: „Dass Information nicht an Materie gebunden ist, scheint selbstverständlich."[431] Er begründet das mit ihrer Übertragbarkeit durch Wellen.

Was immer man in der Physik oder Biologie oder Chemie über wechselnde Zustände von Materie und Energie diskutieren mag: Im Blick auf die gesellschaftliche Kommunikation sind Informationen zwingend an Materie bzw. mindestens an materiegebundene Informationsträger gebunden.

Das beginnt damit, dass die nun einmal nötigen Sinnesorgane, Nervenzellen, Sprechwerkzeuge usw. Materie sind. Die Annahme, Informationen seien materiefrei zu haben, stimmt aber auch nicht im Blick auf die Evolution gesellschaftlicher Kommunikation, und nicht im Blick auf die „virtuelle Welt".

Einerseits – insofern wird in der These von der Dematerialisierung teilweise ein realer Prozess wieder gespiegelt – ist seit den Anfängen gesellschaftlicher Kommunikation eine beeindruckende Tendenz der stofflichen Minimierung von Informationsträgern zu verzeichnen. Das zeigt sich im Kontrast zwischen der geringen Anzahl von Zeichen, die unsere Vorvorfahren in Höhlenwände ritzten, und der in Zahlen kaum noch vorstellbaren Menge an Informationen, die auf einen einzigen daumennagelgroßen Computer-Chip passt. Dahinter steht vor allem die gewachsene Fähigkeit zur Codierung komplexer Zusammenhänge als geistige Leistung.

Aber, wie unter anderem Elias und Bourdieu zeigten, besteht ein Aspekt des Zivilisationsprozesses darin, dass die wesentlichen kulturellen Neuerungen Massenbasis erreichen. Daraus entsteht der in aktuellen Debatten so genannte Rebound-Effekt.

Die Massenbasis äußert sich als beschleunigter und erweiterter materieller Stoffwechsel.

Das gilt auch und besonders für den Bereich der Kommunikation. Die Annahme, es handele sich bei der Digitalisierung um Entstofflichung ist so verkehrt wie die frühere Annahme, mit der Einführung von vernetzten Computern könne Papier gespart werden. Das ist nicht eingetreten. Ganz im Gegenteil hat sich der

---

430 Siehe z. B. Maaß, Ch.: E-Business Management, Stuttgart, 2008, S. 128; Urban, K.K.: Kreativität. Herausforderung für Schule, Wissenschaft und Gesellschaft, Münster, 2004, S. 194; Süle, G.: Die Entmaterialisierung von Dokumenten in Rundfunkanstalten, in: Englert, M et al. (Hrsg.): Medieninformationsmanagement. Archivarische, dokumentarische, betriebswirtschaftliche, rechtliche und Berufsbildaspekte, Münster, 2003, S. 47-53.
431 Boysen, W.: Management Turnaround. Wie Manager durch Enzymisches Management wieder wirksam werden, Wiesbaden, 2009, S. 27.

Papierverbrauch erhöht, unter anderem – siehe Massenbasis – weil nun jeder PC-Besitzer leicht ein eigener Privatverleger sein und seinem persönlichen Gedanken die abstrakte Autorität des gedruckten Wortes verleihen kann.

Erstens stehen also einer bemalten Höhlenwand mehrere Milliarden Computer-Chips gegenüber. Zweitens nicht nur Computer-Chips, sondern unter anderem auch:

- Schulen und Universitäten einschließlich Mobiliar und technischer Ausstattung, in denen die Entwickler dieser Computer-Chips gelernt und studiert haben
- Abermillionen Computer, Mobiltelefone und Geräte, in die die Chips eingebaut werden,
- Netze aus Millionen Kilometern Kabel für Daten und Energie,
- unzählige Server, Router, Sender, Steckdosen,
- die Fahrzeuge der Reparateure und Serviceanbieter für diese gesamte Infrastruktur, deren Immobilien samt Einrichtung,
- Maschinen, Anlagen und Transportmittel für die Gewinnung und Lieferung der nötigen Rohstoffe,
- Transportmittel und Immobilien und Ausstattung der betreffenden Händler.

Hinter dem, was oft geradezu leichtfertig als „Entmaterialisierung" beschrieben wird, stehen in Wahrheit umfangreichere, kompliziertere und: schnellere Stoffströme als je zuvor. Genau deshalb ist es so wichtig, eben diese Stoffströme sehr schnell in ihrer Beschaffenheit wie in ihrem „genetischen Code" intelligenter zu gestalten, worauf die Dienstleistungsaspekte des Cradle-to-Cradle-Prinzips zielen.

Weiterhin legt gerade der Bereich der Unterhaltungs- bzw. Privatkonsumelektronik nahe, über die unter „Verzicht als gesellschaftliche Option" genannten Aspekte hinaus über die Funktion von Konsum nachzudenken. Die immer schnellere Abfolge von Produktgenerationen hat bei Beibehaltung der jetzigen Produktionsweise dramatische Folgen für die Umwelt. Aber: Sie bewirkt dabei nicht nur gesellschaftlichen Leistungsaustausch und Arbeitsplätze, sondern erzwingt auch einen gesamtgesellschaftlichen, lebenslangen Lernprozess – völlig selbstregelnd – der in dieser Dimension staatlich administriert entweder nur viel langsamer oder gar nicht erreicht werden kann.

Hinzu kommt: Die Beschleunigung der Produktabfolge lässt sich in freiheitlich organisierten Gesellschaften nicht unterbinden. Wer demokratisch und sozial eingestellt ist, müsste konsequenterweise darauf dringen, dass jeder über das gesellschaftlich mögliche und zur Kommunikation auf der jeweiligen Entwicklungsstufe nötige Equipment verfügen kann. Daraus folgend wäre dessen Konsum zu fördern, um nicht Teile der Gesellschaft von den sich immer neu etablierenden technischen Kommunikationsmodi auszuschließen. Allerdings ist dafür ein Produktionsdesign nötig, dass eben nicht mit jeder neuen Produkt-Generation die vorigen Geräte beerdigt, sonder sie statt dessen aufrüstet oder zerlegt und neu verwendet.

5.6 Afrika sehen. Snow und Folgen von Arbeitsteilung

Was die Wirkungen der Arbeitsteilung betrifft, verhält es sich im Bereich der Wissenschaften nicht anders, als in allen anderen Bereichen der Gesellschaft: Es ist unmöglich aus einer Perspektive das Ganze zu überblicken.

Mit den Folgen dieser Entwicklung für die Geisteswissenschaften hat sich erstmals gründlich 1931 der spanische Aristokrat Ortega auseinander gesetzt und in heimlicher Verwandtschaft mit Rousseau seine Meinung über die Einzelwissenschaftler so ausgedrückt: „Der Forscher, der eine neue Naturtatsache entdeckt ... besitzt ... ein Stück Erkenntnis, das zusammen mit anderen, die er nicht besitzt, das wahrhafte Wissen aufbaut. ... Der Spezialist ist in seinem winzigen Weltwinkel vortrefflich zu Hause; aber er hat keine Ahnung von dem Rest. ... früher konnte man die Menschen einfach in Wissende und Unwissende, in mehr oder weniger Wissende und mehr oder weniger Unwissende einteilen. Aber der Spezialist lässt sich in keiner der beiden Kategorien unterbringen. Er ist nicht gebildet, denn er kümmert sich um nichts, was nicht in sein Fach schlägt; aber er ist auch nicht ungebildet, denn er ist ein Mann der Wissenschaft und weiß in seinem Weltausschnitt glänzend Bescheid. Wir werden ihn einen gelehrten Ignoranten nennen müssen; und das ist eine überaus ernste Angelegenheit; denn es besagt, dass er sich in allen Fragen, von denen er nichts versteht, mit der ganzen Anmaßung eines Mannes aufführen wird, der in seinem Spezialgebiet eine Autorität ist."[432]

Darauf erwidert 1959 Charles Percy Snow, der sich in seiner berühmt gewordenen „Rede Lecture"[433] mit dem Verhältnis von Natur- und Geisteswissenschaftlern auseinandersetzt:

---

432 Ortegay Gasset, J.: Der Aufstand der Massen, Stuttgart, 1993, S. 117f. – Damit, dass es nicht zwingend nötig, in seinem Fachgebiet tatsächlich eine Autorität zu sein, sondern völlig genügt, im Fernsehen den Vollaien als solche zu erscheinen, setzt sich Bourdieu auseinander: Bourdieu, P.: Über das Fernsehen (bes. Vortrag 2: Die unsichtbare Struktur und ihre Auswirkungen,), Frankfurt/M. 1998, S. 55-96.
433 Snow, C.P.: Die zwei Kulturen, in: Kreuzer, H. (Hrsg.): Die zwei Kulturen. Literarische und naturwissenschaftliche Intelligenz. C.P. Snows Thesen in der Diskussion, München, 1987, S. 19-58.

„Aber wie steht es auf der anderen Seite? Auch hier herrscht Verarmung – und vielleicht ist sie noch bedenklicher, weil mehr Eitelkeit dabei ist. Man stellt sich hier gern immer noch so, als wäre die überlieferte Kultur die ganze ‚Kultur', als gäbe es das Reich der Natur gar nicht. Als wäre die Erforschung seiner Ordnung weder um ihrer selbst willen noch ihrer Folgen wegen interessant. Als wäre das wissenschaftliche Gebäude der physikalischen Welt in seiner geistigen Tiefe, Komplexität und Gliederung nicht die schönste und wunderbarste Gemeinschaftsleistung des menschlichen Geistes. Dennoch haben die meisten Menschen, die nicht Naturwissenschaftler sind, überhaupt keine Vorstellung von diesem Gebäude."[434]

Er fährt fort, dass die Kluft zwischen den „zwei Kulturen" dringend überwunden, dass Kooperation entwickelt werden müsse, dass Großbritannien dringend ein verbessertes Bildungssystem brauche, denn vor allem im Blick auf Asien und Afrika sei rasche Industrialisierung mit Hilfe der Länder des Westens der „… einzige Weg …, den drei Bedrohungen unserer Zeit zu entgehen: dem Atomkrieg, der Überbevölkerung und der Kluft zwischen Arm und Reich."[435]

Snow hatte also für seine Fragestellung einen existentiell wichtigen praktischen Anlass. Er löste bis ins Heute reichende Reaktionen aus. Einige wichtige davon hat Kreuzer als – die eben zitierte – Aufsatzsammlung heraus gegeben. Sie zeigen im Blick auf Snows praktisches Redemotiv vollständige Indifferenz. Diese ist, übertragen, auch für die Umweltfrage bzw. nötige Leistungen zur intelligenten Gestaltung des Mensch-Natur-Stoffwechsels von Belang.

Die Diskutanten verteidigen mit Verve die Ehre ihrer jeweiligen Seiten, sie entwickeln auch, einschließlich Habermas, eigene theoretische Ansätze über die Gemeinsamkeiten, Unterschiede und Entwicklungswege der unterschiedlichen Wissenschaften.

Doch um Asien und Afrika – die hier als Stellvertreter für konkrete gesellschaftliche Herausforderungen stehen – kümmern sie sich nicht. Für die praktische Aufgabe, zu deren Lösung Snow sie heranziehen will, haben sie keine Aufmerksamkeit. Ebenso verhält es sich mit dem Artikel, den die FAZ am 50. Jahrestag der Rede veröffentlichte. Das wäre – auf einem der Höhepunkte der Nachhaltigkeitsdebatte[436] – eine Gelegenheit gewesen, um über die unterschiedlichen Industrialisierungsgrade, die demographische Entwicklung auf den Kontinenten nachzudenken, auch über das halbe verstrichene Jahrhundert. Stattdessen befasst sich die Spalte mit „Ressentiments", „Tratsch" und „Unterirdischem Gerede".[437]

---

434 A.a.O., S. 29.
435 A.a.O., S. 54.
436 Die Regierung aus SPD und Bündnis90/Die Grünen war seit circa einem Jahr im Amt. Es wurden sowohl die ökologische Steuerreform als auch die Nachhaltigkeitsstrategie der Bundesregierung mindestens in den Funktionseliten breit diskutiert.
437 Steinfeld, Th.: Ressentiment und Wissenschaft, FAZ vom 7. Mai 2009.

5.6 Afrika sehen

Der Vorgang lässt sich nicht – jedenfalls nicht annähernd vollständig – aus allgemeiner Beleidigung über Snows spitze Zunge erklären. Vielmehr: Snow hat einen abstrakt-praktischen Appell an die Wissenschaftler gerichtet. Es erscheint logisch, dass Theoretiker, die abstrakt heraus gefordert sind, als Theoretiker – und nicht spontan kooperativ über die Grenzen der Arbeitsteilung hinweg – reagieren.

Gerade Snow hat gezeigt, dass die unterschiedlichen Wissenschaften unterschiedliche Chiffren, Codes, Arbeits- sowie Kommunikationsmodi entwickelt haben. Kooperation erfordert aber eindeutige Verständigung. Jeder muss sicher sein, dass wechselseitig genau verstanden wird, was jeweils gemeint ist. Diese Situation ist erst dann überhaupt herstellbar, wenn die Beteiligten sich auf einen konkreten Gegenstand bzw. eine konkrete gemeinsame (Forschungs-)Aufgabe beziehen.

Eine weitere Betrachtungsebene: Die arbeitsteiligen Wissenschaften entstanden und entwickeln sich bekanntlich nicht grundlos in ihrer Differenziertheit. Sie erfassen jeweils die zu erforschenden/zu untersuchenden Aspekte aus unterschiedlichen Perspektiven, und sie sind ja deshalb jeweils für sich von Bedeutung.

Die Frage ist, wie weit Versuche führen können, die qualifiziert unterschiedlichen Expertisen abstrakt zur „Einheit" bringen bzw. miteinander „versöhnen" zu wollen. Einen solchen Versuch unternimmt zum Beispiel Schmidt-Salomon. Er befasst sich mit Biologismus und Kulturismus als entgegengesetzten Denkschulen. „Jenseits" davon sieht er in „evolutionärem Humanismus" und in einer „Einheit des Wissens" einen Lösungsweg – als allgemeine Weltinterpretation.[438] Snows Graben zwischen den Naturwissenschaften hier und den Sozial- und Geisteswissenschaften da zu überspringen, soll durch die „wissenschaftliche Entzauberung des Körper-Geist-Dualismus" gelingen.

Dass die Gesellschaft in der Tatsache „Produktion" selbst einen stofflich-lebendigen Körper mit eigenen Gesetzen besitzt, spielt bei seiner Betrachtung keine Rolle. Mit anderen Worten: Er fragt in Reaktion auf das Snowsche Problem so wenig wie Habermas und andere nach Asien und Afrika. Und: In dieser Art von Suche nach einer Einheit des Wissens probiert – vergeblich – der Aristokrat Ortega als moderner Demokrat wieder aufzuerstehen.

Hilfreich ist – auch analog zur kulturellen Vielfalt – eben nicht die Vereinheitlichung unterschiedlicher Wissen, sondern ihre Synthese und Kooperation. Es geht nicht um die Nivellierung von Informationen, sondern um ihre intelligente Kombination. Dies wird aber erst an konkret zu lösenden Aufgaben fruchtbar und möglich. Bei Snow waren das Asien und Afrika, bei Schmidt-Salomon

---

[438] Schmidt-Salomon, M.: Auf dem Weg zur Einheit des Wissens. Die Evolution der Evolutionstheorie und die Gefahren von Biologismus und Kulturismus, Schriftenreihe der Giordano-Bruno-Stiftung, Band 1, 2007.

müsste nicht nur über ethisch-politische bzw. normative Fragestellungen nachgedacht werden, sondern z. B. darüber, wie biologisches und kulturelles Wissen in intelligenten Konzepten ästhetischer Bildung *praktisch* zur produktiven Synthese kommen können.

Mittels des Cradle-to-Cradle-Prinzips mit seiner konkreten, auch sinnlich in komplexen Dimensionen erfassbaren Aufgabenstellung für jeweils konkrete Orte von Produktion und gesellschaftlichem Leben, könnten in idealer Weise Voraussetzungen für eine tatsächlich erfolgversprechende, lösungsorientierte Interdisziplinarität entstehen.

5.7 Resümee

Die kulturpolitisch geführten Debatten zur Nachhaltigkeit wurzeln wesentlich in den Geisteswissenschaften bzw. der Gesellschaftstheorie.

Bis zur Philosophie der Aufklärung und zur klassischen Ökonomie wurde der Zusammenhang zwischen Philosophie, Wirtschaft, Politik und Gesellschaft über die Ethik hergestellt. Während des 19. Jahrhunderts hält vor allem Marx diesen Zugang – in Auseinandersetzung mit Rousseau und der Romantik – für unzureichend und entwickelt gemeinsam mit Engels den von ihnen so genannten „dialektischen und historischen Materialismus", der hier ausschließlich hinsichtlich des Mensch-Natur-Verhältnisses heran gezogen wird.

Aus dieser Perspektive sind zu verwerfen: Die Vorstellung von einer „rohen" Natur, deren Eigentümer und Beherrscher der Mensch sein kann, sowie die These des Ineinanderfallens von Kultur und Produktion.

Hilfreich ist die Perspektive eines Stoffwechsels zwischen Mensch und Natur, in deren Zentrum die sinnlich-gegenständliche Arbeit bzw. stoffliche Produktion steht.

Diese Perspektive bedarf der Umsetzung in einer neuen Weise und Praxis sozialer und geographischer Sesshaftigkeit, genau an den Orten, an denen die Produktion stattfindet. Damit wären sowohl Kooperation zwischen arbeitsteilig unterschiedlichen Wissen und Kompetenzen, soziale Interessenverhandlung als auch politische Kommunikation in neuer Qualität möglich.

6. Wandelwege.
Strategische Ansatzpunkte und Potenziale von Kulturpolitik

Auslöser für die Erkundungen zu Nachhaltigkeit, Wachstum und Produktion war die Frage, welche Beiträge eine Kulturpolitik, die sich als Gesellschaftspolitik versteht, zur Lösung gesellschaftlicher Herausforderungen leisten kann. Diese Frage wiederum entsprang einem Unbehagen am Schlussbericht der Enquete-Kommission „Kultur in Deutschland." Er zeugt mit dem gleichwertigen Nebeneinander von mehr als 500 Empfehlungen und der also unterlassenen Prioritätensetzung von strategischer Indifferenz.

Die Logik der ursprünglichen Forschungsabsicht gebietet, uns mit den kulturpolitischen Folgerungen aus den gewonnenen Befunden auf das Wesentliche zu konzentrieren, indem wir pointierte, essentielle Prioritäten setzen.

Die vorgefundene Handlungssituation stellt sich so dar: Wachstum ist als zentrales Wesensmerkmal biologischer wie auch sozialer Evolution und als eigendynamischer, im Prinzip unendlicher Prozess[439] gegeben, der allerdings durch Natur- und soziale Katastrophen unterbrochen und beendet werden kann.

In der sozialen Evolution schlägt sich Wachstum stofflich nieder. Die auf der Erde verfügbaren Stoff-Ressourcen sind aber endlich. Gleichzeitig eignen sich Appelle zum Konsumverzicht, mit hoher Wahrscheinlichkeit soziale Katastrophen auszulösen. Die einzige Lösung der Crux besteht darin, die vorhandenen endlichen (nicht nachwachsenden) Stoffe nicht zu *ver*brauchen und so womöglich auf ewig zu vernichten, sondern sie möglichst unverändert oder mit Nutzeffektszuwächsen häufiger und schneller umzuschlagen bzw. durch nachwachsende Rohstoffe zu ersetzen. Dafür sind kulturelle Bildung und wechselseitige Selbst-Erziehung der Konsumenten nötig, aber sie reichen nicht hin.

Der erforderliche neue, intelligente Umgang mit Stoffen setzt ein entsprechendes Produktions-Design voraus, worauf Konsumenten per Kaufverhalten nur indirekt Einfluss ausüben. Die eigentlichen Entscheidungen finden in den Unter-

---
439 Unendlichkeit ergibt sich aus der Perspektive der Bewegungsweise von Informationsströmen. Gegenüber der linearen Beschaffenheit von natürlichen Zahlen ist ihnen – analog zum Lotto-Prinzip – überdies Exponentialität eigen, da sich mit jeder hinzugefügten neuen Information bzw. Informationskombination die daraus folgenden neuen Kombinationen exponentiell erhöhen.

nehmen selbst statt, dies auf der Grundlage gebildeter natur- und ingenieurswissenschaftlicher Urteile.

Der Bereich, in dem das Cradle-to-Cradle-Konzept bzw. das Prinzip der Öko-Effektivität als Schlüssel zur Neugestaltung der Mensch-Natur-Verhältnisse letztlich wirksamst umgesetzt werden kann, und in dem es zuerst umgesetzt werden muss, ist der Bereich der materiellen Produktion. Hier werden die realen Stoff- und Energieströme tatsächlich bewegt.

Der Umfang der nötigen Änderungen ist gegenwärtig schwer und nur ansatzweise zu überblicken. Braungart und McDonough sprechen von der Notwendigkeit einer „neuen industriellen Revolution". Es geht ihrem Urteil nach um eine Umwälzung der Produktionsweise, die ähnlich durchgreifende Änderungen in allen gesellschaftlichen Strukturen zur Folge haben würde/haben wird, wie das mit dem Übergang zur großen Industrie geschehen ist.[440]

Für die Produktionsprozesse selbst bedeutet das im Ganzen die Aufgabe, sie hinsichtlich der verwendeten Materialien, der eingesetzten Energie, der Technologien und der inneren wie nach außen zu gestaltenden Firmenstrukturen fast vollständig: neu zu erfinden.

Die Entwicklung des Cradle-to-Cradle-Prinzips von der realen Möglichkeit zur Wirklichkeit steht und fällt in ihrem Kern mit Schumpeters begeistertem, aktivem, risikobereitem Unternehmer.

Damit dieser in Erscheinung treten kann, ist er auf Leistungen aus anderen gesellschaftlichen Bereichen angewiesen; strategisch: hauptsächlich auf gezielt zu erwerbende und zu entwickelnde neue Erkenntnisse über Materialsubstitution, innovative Werkstoffe und Verfahren, also auf einen natur- und ingenieurswissenschaftlichen Schub.

---

440 Ein Beispiel: Wie dargestellt, fußt das Prinzip der Öko-Effektivität hinsichtlich der Schaffung geschlossener technischer Kreisläufe auf dem Cradle-to-Cradle-Design. Das bedeutet unter stofflicher Perspektive: Produkte, Verfahrenstechniken und der gesamte Produktionsprozess müssen so organisiert werden, dass zum einen die Null-Schadstoff-Toleranz eingehalten werden kann, dass zum anderen jedes technische Erzeugnis nach Erlöschen seines Gebrauchswerts vollständig zerlegt und als „Nahrung" für den nächsten Produktionskreis zur Verfügung stehen kann. Die daraus resultierenden Folgen für die Beziehungen zwischen Produzenten und Konsumenten wurden dargestellt. Sie haben auch erhebliche Konsequenzen für den gesamten Bereich der Logistik. Die öko-effektive Produktionsweise wird durch die mit dem Just-in-Time-Prinzips aus der postfordistischen Betriebsweise eingetretene „Verflüssigung" des Warenverkehrs überhaupt erst ermöglicht, aber sie nimmt auch den hier ebenfalls eingetretenen Rückgang von Lagerung zurück. Allein damit sind nicht nur Änderungen im Verhältnis zum realen Produktionsort, sondern auch im Umgang mit Immobilien zu erwarten. Es werden zusätzliche Arbeitskräfte für den Bau und Betrieb von Disassembly-Lines sowie für die „upcycle"-Aufbereitung benötigt.

Die allgemeinen politischen Möglichkeiten, einen solchen Prozess zu unterstützen, bestehen in der Nutzung von Steuerungs-Instrumenten wie finanzielle Belohnungen und Bestrafungen oder Subventionen, um langfristig Rahmenbedingungen und Regulierungsweisen zu ändern, sowie in einer entsprechenden Ausrichtung der symbolischen Politik, in der eines der Handlungsfelder der Kulturpolitik besteht.

Deutsche Kulturpolitik erweist sich bislang als mit weiten Bereichen nötigen Wissens so gut wie vollkommen unverbunden. Weder verfügt sie innerhalb ihres Feldes über die nötige Expertise, noch schließen im Regelfall ihre Debattenräume die tatsächlichen Experten und ihre Denkweisen ein.

Zwar werden in kulturpolitischen Debatten Worte wie „Technologie" und „Industrie" häufig benutzt, aber es geschieht, wie Poeten ohne astronomische Einsicht von „Gestirnen" und „Kosmos" sprechen, überdies weit eher im Tenor von Dante und Benn als in dem von Petrarca oder Goethe.

Die Neugestaltung der Mensch-Natur-Verhältnisse verlangt eine prinzipiell bejahende, kritisch informierte Position zu Industrie und Produktion als ausschlaggebenden Akteurszusammenhängen.

Aufgrund ihrer Ansiedlung im konservativ-defensiven, schwerpunktmäßig industrie- und konsumkritischen sowie ethik-fokussierten Strang der Nachhaltigkeitsdebatte übt Kulturpolitik direkt hinsichtlich der zu gewinnenden Lösungen faktisch keine beschleunigende Wirkung aus.

Aber sie verfügt über entscheidende Voraussetzungen, um nicht nur die allgemeine Nachhaltigkeits-Wachstums-Debatte zielführend zu fokussieren, sondern auch, um im Blick auf das Mensch-Natur-Verhältnis Initialzündungen für wünschenswerte gesellschaftliche Entwicklungen auszulösen.

6.1 Blickwechselworte. Folgerungen für Leitbilddiskussionen

Eine zentrale Aufgabe von Kulturpolitik besteht in der Artikulation gesellschaftlicher Differenzen und in deren symbolischer Verhandlung.

Die Kulturpolitische Gesellschaft, die sich als gesellschaftspolitischer Akteur versteht, betont darüber hinausgehend: „Hauptaufgabe der *Kulturpolitischen Gesellschaft* ist es, Leitbilder und Zielsetzungen für Kulturpolitik, die auf die aktuellen gesellschaftlichen Herausforderungen bezogen sind und den Werten der kulturellen Demokratie entsprechen, zu entwickeln und an deren praktischer Umsetzung mitzuwirken."[441]

---
441 www.kupoge.de/dok/programm_kupoge.pdf, S. 4.

Mit dieser Dreiheit von Leitbild, konkreter Ziel- und praktischer Umsetzung teilt die Kulturpolitische Gesellschaft ein wesentliches Element von innovativem strategischem Management.

McDonough und Braungart beschreiben in The Upcycle die Umstellung eines Gobal Players auf erneuerbare Energien. Der Innovationsschub erfolgt als eine sich beschleunigende und erweiternde mehrdimensionale Kettenreaktion, mit lukrativen Wirkungen auf das Unternehmen, auf seine Kunden und Zulieferer. Sie enden mit dem Schlüssel-Satz: „Your intention itself is powerful."[442] Dies illustriert noch einmal die theoretische Erkenntnis: Der Erfolg jeder Strategie hängt davon ab, dass ihre Leitbilder und Ziele überzeugend, in sich stimmig und widerspruchsfrei sind.

Nach dem für die vorliegende Arbeit zurück gelegten Weg und dem so erfolgten Zwang, sich mit Produktion und ansatzweise auch mit Naturwissenschaft auseinander zu setzen, erweisen sich die Grundlagen der kulturpolitischen Nachhaltigkeits-Kommunikation als erneuerungsbedürftig.

Das ist auch durchaus selbstbetrachtend und unmittelbar erfahrungsgestützt feststellbar. In der oben zitierten Kurt/Wagner-Publikation gibt es neben anderen einen Beitrag von Monika Griefahn.[443] Darin wird für selbstverständlich genommen, dass es kein „quantitatives Wachstum" mehr geben darf. Es wird zwar die protestantische Verzichtsethik von Nachhaltigkeit moniert, der Begriff aber nicht hinterfragt, sondern ebenfalls für selbstverständlich genommen. Das „Tutzinger Manifest"[444] wird ungeteilt begeistert zitiert.

Ähnliches wäre über andere Wortmeldungen, selbst noch über einen Buchbeitrag aus dem Jahr 2008 zu sagen.[445] Obwohl ihm bereits ein gutes Stück Reflexion des Cradle-to-Cradle-Prinzips anzumerken ist, werden wie selbstverständlich Wirtschaft und Produktion für eines genommen, der Begriff „Nachhaltigkeit"

---

442 McDonough, W./Braungart, M.: 2013, S. 5.
443 Griefahn, M.: Nachhaltigkeitspolitik und Kulturpolitik – eine Verbindung mit Zukunft?, in: Kurt, H./Wagner, B. (Hrsg.): Kultur-Kunst-Nachhaltigkeit. Die Bedeutung von Kultur für das Leitbild Nachhaltige Entwicklung, Bonn/Essen, 2002, S. 59-68.
444 Ursprung dieses Manifests ist die Tagung „Ästhetik der Nachhaltigkeit" im April 2001, veranstaltet von der Evangelischen Akademie Tutzing, der Deutschen Gesellschaft für Ästhetik e. V., der anstiftung gmbh, München, der Schweinsfurth- Stiftung, München sowie Dipl. Ing. Werner Schenkel, 1. Direktor und Prof. beim Umweltbundesamt. Die Teilnehmenden kamen zum einen aus dem gesamten Spektrum kreativer Gestaltung – aus Kunst, Architektur, Film, Design, Werbung, Stadt- und Landschaftsentwicklung – und zum anderen aus den Feldern Ökologie und Nachhaltigkeit. Der Text kann auf der Homepage der Kulturpoltischen Gesellschaft aufgefunden werden: www.kupoge.de
445 Griefahn, M.: Kulturwirtschaft und kulturelle Intelligenz, in: Wagner, B.: Jahrbuch für Kulturpolitik 2008. Thema: Kulturwirtschaft und kreative Stadt, Bonn/Essen 2008, S. 221-226.

6.1 Blickwechselworte

unkritisch benutzt und das Wort „Konsument" in einer Absatzüberschrift als das Gegenteil von „Mensch" gesetzt.

Es zeigt sich: Die Fragen von Wachstum, von den zu bewegenden Stoffen und von Produktion ernst zu nehmen, kurz: das Prinzip der Öko-Effektivität konsequent zu denken, bedeutet mehr als ein sogenanntes „missing link". Die Perspektive auf das Vertraute und bekannt Geglaubte ändert sich grundsätzlich. Es ergeben sich deutliche Verschiebungen bzw. Revisionen von Denkpositionen. So:

- besteht, vgl. oben, in einem *„Kulturbegriff, der von der Naturzugehörigkeit des Menschen ausgeht und grundsätzlich den Mensch und Natur gleichermaßen umfassenden Lebenszusammenhang mitdenkt"*, zwischen Mensch und Natur ein Vakuum, eine nichtreflektierte Dimension, wenn nirgendwo im Kontext die Stoffe und die Produktion vorkommen, die den Lebenszusammenhang zwischen Mensch und Natur tatsächlich herstellen.
- erscheint es gleichzeitig als anspruchsvolle Herausforderung an die Kulturpolitik und als „Mangel an Erdhaftung", wenn im Tutzinger Manifest für eine *„lebendigere Wechselbeziehung zwischen natur- und sozialwissenschaftlichen Strategien einerseits und kulturell-ästhetischer Gestaltungskompetenz andererseits"* geworben wird, die Orte und Stoffe, in denen sie zur Realisierung kommen müssten, aber nicht ansatzweise Gegenstand sind.
- wäre Olaf Schwenckes Satz über die Mühe der Kulturpolitik *„auf hohem Niveau den Anschluss an die allgemeine gesellschaftliche Debatte zu finden, wenn ihre ureigensten Anliegen von einer breiteren Öffentlichkeit diskutiert werden"*, womöglich zu ergänzen um den Einschub: oder schon verwirklicht sind/werden; denn wesentliche Entwicklungen finden außerhalb kulturpolitischer Wahrnehmung statt.
- erweisen sich die oben zitierten kulturpolitisch entwickelten Leitbilder – auch in ihrer Abstraktheit – als nicht hilfreich für eine Strategie zur Gestaltung tatsächlich zukunftsfähiger Mensch-Natur-Verhältnisse; und mögliche (praktische) kulturpolitisch gangbare Einflusswege außerhalb der symbolischen Diskurse gewinnen als Option an Gewicht bzw. rücken stärker in das Blickfeld.

Aus den zu Beginn erörterten Gründen besteht im Moment die einzige, sich sichtbar abzeichnende, in sich widerspruchsfreie und die Realitäten nüchtern reflektierende Strategie für eine zukunftsfähige Produktionsweise im Prinzip der Öko-Effektivität.

Die dafür notwendigen Leitbilder hinsichtlich des Mensch-Natur-Verhältnisses, hinsichtlich der Beziehungen zu Naturwissenschaften, Industrie und Produktion sind nicht kongruent mit den Leitbildern, die innerhalb der Kulturpolitik entwickelt wurden und dort gegenwärtig tragen.

Diese Leitbilder zu re-formulieren wäre der wichtigste Beitrag, den Kulturpolitik gegenwärtig leisten kann. Es ist gleichzeitig der schwierigste, denn er bedeutet tiefgehende Auseinandersetzung mit den eigenen geistigen Wurzeln, mit der eigenen kulturellen „Erbsubstanz", mit dem eigenen Reflexionsvermögen für andere gesellschaftliche Bereiche.

Das zu erstreitende Leitbild müsste in seinen Grundzügen so aussehen:

In ihm erscheint der Mensch nicht als sich in einer unbestimmt lebendigen Wechselbeziehung mit der Natur befindend, sondern als aktiver Teilnehmer am Naturprozess; noch genauer: als Teilnehmer mit der besonderen Begabung, bewusst und absichtsvoll einen „großen positiven ökologischen Fußabdruck" zu hinterlassen, also die Biosphäre zu bereichern.

Darin ist er ausdrücklich als lustvoller Konsument gefragt, als Produzent von Müll allerdings ebenso ausdrücklich abgelehnt.

Darin sind Effizienz und Sparen nicht Werte an sich; sie helfen nur als Begleiter der effektiv richtigen Lösung.

Darin wird nicht nur an die moralische Seite menschlicher Vernunft appelliert, sondern mindestens in gleicher Intensität an seine Intelligenz und Klugheit, an die Lust zum neu Entdecken und neu Erfinden der Welt, die er selbst täglich hervor bringt.

Das spröde klingende Instrument „Null-Schadstoff-Toleranz"[446], mit dessen Hilfe langfristig das Produzieren, Konsumieren, und Wirtschaften in konsequent in biologische und technische geschiedenen Stoffwechselkreisläufen regulativ bewirkt werden kann – es wäre nicht aus Angst vor Schäden, sondern aus purer Lust an Gesundheit, Fruchtbarkeit und Zeugung politisch zu verfolgen.

Im Prinzip geht es darum, den blinden Fortschrittsoptimismus der ersten Stadien der industriellen Revolution und sein biozentrisch-defensives Pendant in kritisch reflektierendem Optimismus zur Synthese zu führen.

Dazu müsste Kulturpolitik: nicht heimlich lediglich Korrektor einer falschen, sondern offensiv Inspiratorin und Partnerin einer neuen Produktionsweise sein wollen.

---

446 Um Missverständnissen vorzubeugen: Wie in Kapitel 6 erläutert geht es dabei nicht um die illusorische Vorstellung, die technischen Produktionskreisläufe könnten ohne Schad- und Giftstoffe auskommen. Diese müssen allerdings innerhalb dieser geschlossenen technischen Kreisläufe und ohne Wirkung auf die biologischen Stoffwechselkreisläufe verbleiben. Die sukszessive Annäherung an eine Null-Schadstoff-Toleranz ist der politisch-regulative Weg, auf dem die Trennung der beiden Stoffwechselarten erreicht werden kann.

6.2 Kombinationsräume

Angesichts des offensichtlichen Schwerpunkts der sachlichen Zusammenhänge von Öko-Effektivität in den Politikbereichen Wirtschaft, Wissenschaft und Forschung, scheint es auf den ersten, die großen Strukturen erfassenden Blick, als würde Kulturpolitik über die Kommunikation von Leitbildern hinaus nur marginal zu seiner Umsetzung in die Wirklichkeit beizutragen vermögen.

Doch konkrete Umsetzungen eines novellierten Leitbildes könnten z. B. folgende Ansatzpunkte sein:

- Analog zum Atomausstieg und zur Reduzierung/Beendigung von CO_2-Ausstößen in die Atmosphäre sind Beiträge zur Herstellung eines gesellschaftlichen Konsensus über das Erreichen der Null-Schadstoff-Toleranz als politisches Regulierungsziel, inklusive der anwendbaren Steuerbegünstigungen bzw. -belastungen hilfreich;
- Um langfristig die nötigen personellen Voraussetzungen zu schaffen bedarf es der Verabredung entsprechender Ziele und Schwerpunkte für die universitäre wie industrienahe Forschung für Natur- und Ingenieurswissenschaften, einschließlich adäquater Talente- sowie institutioneller Förderung;
- Im Bereich der symbolischen Politik: Die Entwicklung des Prinzips der Öko-Effektivität zu einem Leit-Thema wünschenswerten gesellschaftlichen Wandels erfordert seine Kommunikation an den Kristallisationspunkten öffentlicher Selbstvergewisserung („Sonntagsreden"), die Auslobung von Wettbewerben, Verleihung von Preisen und andere Würdigungen usw.

Für die Kulturpolitik hätte dies nicht nur nebenbei den Vorteil, dass sie anders und verstärkt wahrgenommen werden könnte und allein durch entsprechende Themenangebote ihren Debattenraum auf bislang unerreichte Akteure ausdehnt.

6.2 Kombinationsräume. Kulturpolitische Möglichkeiten vor Ort

Unsere empirischen Ergebnisse berühren eine der Hauptfragen von Demokratie-Theorie: Wie lassen sich in einer hochkomplexen – fragmentierten, in sich vielfach gegliederten, differenzierten, dem Wissen und der Berührbarkeit nach arbeitsteiligen, zutiefst unübersichtlichen – Welt gewünschte Wirkungen erreichen? Wie genau erfährt der Eine vom Anderen, was sie eint und trennt, wie fließen Informationen, kann Kommunikation stattfinden – über die ebenso unsichtbaren wie vorhandenen Scheidelinien?

Der Mathematiker Barabási hat sich ebenfalls gefragt, wie in seinem Netzwerk-Modell, das einer Zelle ähnlicher ist als einem Chip, Verbindungen zwischen den Teilbereichen hergestellt werden. Als dafür fähig und in der Realität existent macht er den Typus „Connector" aus. Connectoren, sagt er, seien eine extrem wichtige Komponente sozialer Netzwerke. „Sie kreieren Trends und Moden, sie machen bedeutende Deals, sie verbreiten Ticks oder helfen ein Restaurant zu starten. Sie sind das Garn der Gesellschaft, das unterschiedliche Rassen, Bildungsniveaus und Stammbäume geschmeidig zusammen bringt." Darin sei nicht nur etwas speziell Menschliches, sondern ein viel größeres Phänomen zu sehen. Connectoren, also Typen mit einer unnormal großen Anzahl von Links/ Verbindungen zu anderen Typen, sagt Barabási, existieren in sehr unterschiedlichen, von der Ökonomie bis zur Zelle reichenden komplexen Systemen. Sie sind eine fundamentale Eigenschaft/ein fundamentales Merkmal der meisten Netzwerke, eine Tatsache, die Wissenschaftler so verschiedener Disziplinen wie Biologie, Computer-Wissenschaft und Ökologie fasziniert.[447]

Für Kulturpolitiker gilt wie für alle Politiker: Wer die spezielle Begabung, Connector zu sein, nicht besitzt, kann für sich selbst Erfolg in der Politik so gut wie ausschließen. Die „Hohe Kunst" der Demokratie besteht – inner- und außerhalb von Parteien – nicht nur im Feststellen von Mehrheiten, sondern wesentlich darin, dass Mehrheiten und Minderheiten wechselseitig erträglich miteinander verbunden sind – auch über Persönlichkeiten, in denen alle Beteiligten hinreichende Respektabilität vorfinden, und von denen sie gewinnbar sind. Das Thema wird hinsichtlich spezifischen individuellen Leistungsvermögens im folgenden Abschnitt noch einmal aufgerufen.

In der Gesellschaft finden sich Connectoren nicht nur als individuelle Subjekte, sondern vor allem auch als kollektive Subjekte, Institutionen oder allgemein Strukturgebilde.

Nimmt man z. B. die Ressorts, in die Exekutive und Legislative ihre Arbeitsfelder aufgeteilt haben, so fällt auf: Die höchste Connectionskapazität liegt in der Finanzpolitik. Durch sie sind alle Ressorts miteinander verbunden und wirken in unterschiedlicher Weise darauf zurück. Der Stellenwert der Kulturpolitik in diesem Verbindungsgefüge lässt sich auch daraus ablesen, dass sie vergleichsweise geringen Einfluss auf finanzpolitische Bewegungen ausübt.

---

[447] "Connectors are an extremely important component of our social network. They create trends and fashions, make important deals, spread fads, or help launch a restaurant. They are the thread of society, smoothly bringing together different races, levels of education, and pedigrees. In notzing connectors, Gladwell thought that he was seeing something particularly human. In fact, unknown to him, he had stumbled across something altogether bigger, a phenomenon that was puzzling my research group well before the publication of the *Tipping Point*. Connectors – nodes with an anomalously large number of links – are present in very divers complex systems, ranging from the economy to the cell. They are a fundamental property of most networks, a fact that intrigues scientists from disziplines as disparate as biology, computer science, and ecology." Barabási, A.-L.,: a.a.O., S. 56.

6.2 Kombinationsräume

Das Bild ändert sich geradezu schlagartig, wen man den engen politischen Raum verlässt und die ganze Gesellschaft in Betracht nimmt. Hier ergibt sich aus dem Gegenstand der Kulturpolitik, dass ihre Verbindungen in alle Bereiche, alle Schichten der Gesellschaft reichen: Aus ihrer Zuständigkeit für kulturelles Erbe und Museen rührt Einfluss auf die allgemeine Interpretation und Konstruktion von Geschichte. Mit den Kriterien für Kunstförderung werden Werte ausgehandelt und zur Sichtbarkeit gebracht. Die öffentlichen Kulturereignisse vor Ort schaffen Räume und Anlässe, dank derer man sich über die sozialen und professionellen Teilungen hinweg überhaupt trifft. Aus der Förderung der sogenannten „Hochkultur" in Theatern, Opern- und Konzerthäusern sowie aus Kunst- und Kulturdebatten mit hohem Symbolwert (in Berlin z. B. die Schloss-Debatte und die über das Holocaust-Mahnmal) resultiert zudem eine spezielle Wirkung. Hier treffen sich – außerhalb des Dienstwege-Korsetts – in beträchtlicher Menge Menschen, die selbst Connectoren mit vielen Verbindungen zu anderen Connectoren sind. So findet physisch statt, was Barabási „Hubs" nennt und was vorn als Ballungszentren mit starker Gravitationskraft bezeichnet wurde. Wendet man das Wissen und die Vokabeln von Wirtschafts-Kommunikation auf diesen Umstand an, dann stellen „Hochkultur"-Veranstaltungen etwas wie die Flure der Gesellschaft dar. Flurgespräche sind in Unternehmen die täglichen, massenhaften Mikro-Ereignisse, die der Langsamkeit und – hinsichtlich der realen Ressourcen – der Ungenauigkeit von Organigrammen bzw. Dienstwegen sowie den Defizite von Weisungspersonal effektiv entgegen wirken. In Anlehnung an die Verhaltensbiologie kann davon ausgegangen werden, dass diese Art des unmittelbaren Kontakts und der damit ermöglichte beschleunigte Fluss wesentlicher Informationen wesentlich zu dem Maß an Synchronizität beitragen, auf das funktionierende Gesellschaften angewiesen sind.

Alle bis hierhin genannten Beispiele stehen für Wirkungen, die durch Kulturpolitik ausgelöst werden, ohne dass sie für sich unmittelbaren gesellschaftspolitischen Gestaltungsanspruch erhebt.

Sie verstärken sich drastisch, wenn es gelingt, kulturpolitisch für konkrete Orte gemeinsame Entwicklungsziele zu formulieren.

Als Beispiel kann der Prozess der Bewerbungen um den Titel „Kulturhauptstadt Europas 2010" stehen. Nachdem in den Jahren 2002 und 2003 insgesamt 16 Städte beschlossen hatten in den Wettbewerb einzutreten, brach in fast allen eine spontane Welle von bürgerschaftlicher Mobilität und Mitwirkungswillen aus. Nachdem über die Titelvergabe entschieden war, zogen die unterlegenen Städte die finanziellen und personellen Ressourcen aus den angefangenen Projekten zurück. Es lässt sich nicht einmal spekulieren ob und wo es hätte gelingen können, langfristige Verstetigungen von kulturgestütztem kommunalem Gestaltungsengagement zu erreichen.

Der Verlauf eines längeren Zeitraumes war deshalb hauptsächlich beim Titelträger RUHR.2010 zu beobachten.

Für analytisch fundierte Aussagen zum gesamten Prozess der Erarbeitung und Durchführung des Konzepts „Wandel durch Kultur – Kultur durch Wandel" als Ziel und Leitmotiv der Europäischen Kulturhauptstadt ist es derzeit zu früh und ist sicher mehrjährige wissenschaftliche Arbeit erforderlich.

Einige Aspekte mit Bedeutung auch für das Prinzip der Öko-Effektivität lassen sich dennoch umreißen. Deshalb soll RUHR.2010 hier als Exempel stehen.

Das Projekt war seit der ersten Idee zur Bewerbung durch Multi-Perspektivität geprägt, zunächst allein wegen der mehr als 50 im Kommunalverband Ruhr vertretenen Städte, die damit die gemeinsamen Ziele von Aufschwung, Erhöhung der Lebensqualität und Image-Gewinn für das Ruhrgebiet anstrebten.

Es wurde mit hoher Strukturintelligenz aus seiner Keimform entwickelt und verfolgt: Für den ersten Zeitraum waren lediglich zwei Personen damit beauftragt, die Chancen für Zustimmung zu sondieren, unter anderem durch Erfragen von Sponsoringbereitschaft, Meinungen der wichtigsten Kultur- und Kunstinstitutionen sowie übergeordneten politischen Ebenen.

Im Modell des Mathematikers Barabási gedacht ist zu formulieren: Es wurden systematisch die „Hubs", also die Gravitationszentren gesellschaftlicher Verlinkung und Handlungsmacht an den Anfang gesetzt und so die Voraussetzungen zur effektiven Verbreitung bzw. Bewerbung der Idee durch Einbindung der Informationskanäle mit der größten Reichweite geschaffen. Damit kam auch eine Art von Spezialwissen zum Tragen, das in Zusammenhängen von Marketing, Werbung und Management – ausgedrückt zum Beispiel in Bezeichnungen wie „Trendsetter" oder „Multiplikator" geläufig ist.

Die arbeitsteilige Herausbildung des Spezialzweiges „Kulturmarketing und Kulturmanagement"[448] als professionell vertretene Perspektive hat sich hier praktisch als Erfolgsbedingung erwiesen.

Ohne das weiter auszuführen: Die Vorbereitung und Durchführung der Kulturhauptstadt Ruhr.2010 war durchgängig durch intelligent vernetzte inhaltliche, soziale und politische Multi-Perspektivität gekennzeichnet. Es gelang, eine Unzahl von Akteuren und Publikum für eine Unzahl von Veranstaltungen zu gewinnen, darunter Großveranstaltungen von bis dahin ungekanntem Ausmaß.[449]

---

448 Zu Begründungen und Arbeitsweise siehe z.B. Klein, A.: Der exzellente Kulturbetrieb, Wiesbaden, 2007.
449 Zu den Wirkungen vgl. auch: Schwencke, O.: Auf dem Weg zur Metropole Ruhr, in: Kulturpolitische Mitteilungen 132, I/2011, S. 22; Ganser, K.: Mut zum Wandel durch RUHR.2010,

Karl Ganser hebt dazu hervor: „Gelobt und bewundert wird die logistische Leistung, mit Recht."[450] Es waren tatsächlich viele Millionen Menschen unterwegs, es wurden gigantische Mengen differenziertester Stoffe (von Schnüren zum Aufhängen von Bildern über Regencapes für die Eröffnungsveranstaltung, über Ton-, Licht- und Bildtechnik bis zu Biertischgarnituren für 60 Kilometer Autobahn) transportiert. Doch bevor all dies logistisch in den und in die richtigen Bahnen gelenkt werden konnte, mussten Millionen Menschen sich erst einmal *selbst bewegen wollen*, und sich darüber verständigen, *wie* sie das tun *wollen*.

Diese die arbeitsteiligen Strukturen und gesellschaftlichen Fragmente – unter Einschluss von stofflicher Produktion und Natur- sowie technischen Wissenschaften – organisch verbindende soziale Dynamik, die in ihrem Kern auf der der Kunst gegebenen effektiven Kommunikation und hohen symbolischen Wirksamkeit sowie der Begabung der Kultur zur Synthese beruht, kann als die „Macht des Ortes" bezeichnet werden, von der weiter vorn die Rede war.

Voraussetzung für ihre Entfaltung ist die Formulierung und Vereinbarung gemeinsamer, praktisch umsetzbarer kultureller Ziele an den konkreten Orten.

Wenn es also der Kulturpolitik gelingt, neue Leitbilder für das Mensch-Natur-Verhältnis zu entwickeln und das Prinzip der Öko-Effektivität ortskonkret als praktisches Ziel zu formulieren, dann verfügt sie über die intellektuellen, strukturellen und sozio-dynamischen Fähigkeiten, um Beiträge für eine Strategie zur Neugestaltung der Mensch-Natur-Verhältnisse zu leisten.

6.3 Mit Kunst rechnen. Über die informative Kraft von Ästhetischem

Vorweg: Die Terminologie und das Verständnis von „Kunst" bilden ein weites umstrittenes Feld.[451] Damit wollen wir uns für unseren Zweck nicht auseinander setzen und brauchen es nicht zu tun. Der Einfachheit halber sprechen wir überwiegend von „ästhetischen Techniken." Das verstehen wir als eine spezifische Weise

---

in: Kulturpolitische Mitteilungen 132, I/2011, S. 26; Scheytt, O.: RUHR.2010 und die Folgen, in: Kulturpolitische Mitteilungen 132, I/2011, S. 29; Ebert, K./Kunzmann, K. R.: Kulturwirtschaft und RUHR.2010, in: Kulturpolitische Mitteilungen 132, I/2011, S. 34; Jansenberger, R.: TWINS – ein europäisches Dornröschen, in: Kulturpolitische Mitteilungen 132, I/2011, S. 38; Dennemann, R.: Kleine Hoffnung im Wahrnehmungsnebel, in: Kulturpolitische Mitteilungen 132, I/2011, S. 41; Sedlack, A.: Im Revier der Local Heroes, in: Kulturpolitische Mitteilungen 132, I/2011, S. 44; Mittag, J.: Die drei Kulturhauptstädte 2010 im Vergleich, in: Kulturpolitische Mitteilungen 132, I/2011, S. 46; Lammert, N.: Die Metropole Ruhr als Kulturmetropole, in: Kulturpolitische Mitteilungen 132, I/2011, S. 50.

450 A.a.O., S. 27.
451 Siehe dazu: Fuchs, M.: Die Künste, die Wilden und wir, in: Politik&Kultur, Nr. 1/13, Januar-Februar 2013.

der sinnlichen Wahrnehmung, der reflexiven Verarbeitung und des anschließenden Selbstausdrucks, der durch andere ebenfalls sinnlich-reflexiv entschlüsselbar ist. Dabei sind die konkret zur Anwendung kommenden Materialien und Medien ebenso wenig von Belang wie die Frage, ob jemand die Entwicklungen von Formensprache überblicken und aufzuheben imstande sein muss, um Künstler genannt zu werden, oder eben nicht.

Hier liegt der Schwerpunkt darauf, was das ganze mit Informationsströmen und auf diese Weise mit sozialer Evolution und Wachstum zu tun hat.

An die Feststellungen zum Zusammenhang zwischen per Reflexion gewonnenen Aussagen und Wachstum erinnernd, sollen zunächst auch ästhetische Ausdrücke als Aussagen gelten, mit der Besonderheit, dass ihnen kein bestimmbarer Wahrheitswert zukommt, sie deshalb vieldeutig sind, und ihnen deshalb gesteigerte Kapazitäten zur Kombination sowie Codierung und Decodierung von Informationen eigen sind.

Als allgemein bekannte Beispiele für damit verbundenes neurologisches Leistungsvermögen können der dichtende und zeichnende Polyhistor Goethe, der violine-spielende Einstein und die dichtende und zeichnende Luxemburg gelten.

Es ist eher anzunehmen als auszuschließen, dass ästhetisch gebildete Hirnstrukturen eine befördernde Voraussetzung für den Umgang mit Komplexität bilden, für die der Psychologe Dörner empirisch bewiesen hat, dass ihr als Handlungssituation die sachlogischen Bedingungen für programmiertes Misslingen immanent sind.

Als gegenwärtiges Indiz für diese Vermutung ziehen wir einen erfolgreichen individuellen politischen Connector heran: Oliver Scheytt, einen der beiden Geschäftsführer der RUHR.2010-Gmbh.

Noch vor den zusätzlichen Unübersichtlichkeiten der praktischen Vorbereitung und Durchführung des Europäischen Kulturhauptstadt-Jahres hat Olaf Schwencke beschrieben, zwischen welchen Welten Oliver Scheytt ständig wechselte; er sah einen wesentlichen Grund für Scheytts Entscheidungs- und Handlungsfähigkeit in ästhetischer Bildung: „Mir scheint, Oliver Scheytt ist ein personifiziertes Beispiel dafür, dass musikalische Bildung geeignet ist, jene Klarheit des Unterbewussten zu schaffen, die wir brauchen, um unter komplexen, hochdifferenzierten Bedingungen blitzschnell intuitiv-analytisch reagieren und entscheiden zu können."[452]

---

452 „Als er 1993 sein Amt als Beigeordneter der Stadt Essen für Kultur und Freizeit antritt, gerät er mitten in den postindustriellen Umbruch des Ruhrpotts und dessen Transformation in eine kulturgeprägte Region. Peu á peu nimmt er Kontur als Experte für das völlig neue Arbeits-, Streit- und Wissensgebiet „Kultur und Wirtschaft – Kulturwirtschaft" an. In unzähligen Arbeitskreisen und Gremien von Bund, Ländern und Kommunen, deren Felder

6.3 Mit Kunst rechnen

Auch das Prinzip der Öko-Effektivität benötigt für neue Verfahren, für neues Stoffmanagement vor allem außergewöhnliche natur- und ingenieurswissenschaftliche Leistungen und damit besondere Allgemeinbildung. Für den Kulturbereich ist das an sich nichts Neues. Dass für effektive und erfolgreiche Allgemeinbildung wiederum kulturelle Bildung von Bedeutung ist, gilt unter deutschen Kulturpolitikern als konsent. Dafür stehen als faktische Tatsache die geschaffene Infrastruktur kultureller Bildung[453] wie auch eine umfangreiche Publikationsliste eines breiten Expertenfeldes.[454]

---

von Kommunalrecht, Organisationsentwicklung, Tourismuskonzepten, Kulturwirtschaft über internationale Ausstellungen, Kulturprojekte und Veranstaltungsmanagement bis zu Jurorenaufgaben reichen, arbeitet Oliver Scheytt mit. Er ist Mitglied in elf Aufsichtsräten, Beiräten, Ausschüssen, Kuratorien, Kommissionen, darunter die Kulturdezernentenkonferenz beim Regionalverband Ruhr, die Enquete-Kommission „Kultur in Deutschland" und der Fachausschuss Kultur der Deutschen UNESCO-Kommission. Neun Jahre lang wirkte er im Bundesvorstand des Verbandes deutscher Musikschulen, ebenso lange als Vorsitzender der Dezernentenkonferenz des Kultursekretariates NRW und als Vorsitzender des Kuratoriums des Fonds Darstellende Künste. Seine Mitgliedschaft im Bundesvorstand des Kulturforums der Sozialdemokratie befindet sich nun auch schon im neunten Jahr. Hinzu kommen Vorträge und Lehraufträge an 13 Universitäten und Hochschulen sowie eine lange Publikationsliste. ... Wie macht er das, diese Fülle von staatlicher Verantwortung und zivilgesellschaftlichem Engagement zu beherrschen? Seit ich vor zehn Jahren das Amt des Präsidenten der Kulturpolitischen Gesellschaft in Oliver Scheytts Hände übergab, erlebe ich regelmäßig die Hochgeschwindigkeit, mit der er Versammlungen und Sitzungen leitet. ... Viele kluge Menschen sind in einem Raum versammelt – mit noch mehr klugen Ideen und Gedanken, die so gern ausgeführt sein wollen. Er aber zwingt sie mit fast rigide kurzem Griff zurück in den gegebenen Raum, in die gegebene Zeit, zum im Moment zu entscheidenden und zu lösenden praktischen Problem. ... Wie kann jemand ... derart komplex verästelten und verflochtenen Verantwortungen gerecht werden?" Die Antwort sieht Schwencke in Scheytts musikalischer Bildung: „Wer diese Kunst des Komponierens nachempfindet, indem er sie sich auf hohem Niveau erspielt, erlernt gleichzeitig die Kunst, den in einer bestimmten Situation vorhandenen Vorrat an Harmonien und Wirkungen zu erschließen, Dissonanzen oder Verwirrungen oder Ergebnislosigkeit zu vermeiden, auch in anderen Kontexten anzuwenden. Es handelt sich hier um eine Fähigkeit, die mit größerer Geschwindigkeit zur Verfügung steht, als sie in unseren bewussten Denkabläufen gegeben ist.", aus: Schwencke, O.: Laudatio zur Verleihung der Silbernen Stimmgabel an Oliver Scheytt, unveröffentlicht, 2006, mit freundlicher Genehmigung.

453 „Es besteht ... eine ausgebaute Infrastruktur kultureller Bildung. Angefangen von den Musikschulen, den Jugendkunstschulen, den Medienwerkstätten, museums- und theaterpädagogischen Angeboten, Musikvereinen, Theatergruppen, Kinder- und Jugendmuseen bis hin zu den Angeboten an Volkshochschulen, Familienbildungsstätten usw. Diese Infrastruktur wird vornehmlich von den Kommunen, teilweise von den Ländern und zu einem kleinen Teil vom Bund finanziert. In der Bundesvereinigung Kulturelle Kinder- und Jugendbildung sind 50 bundesweit agierende Fachverbände, Institutionen und Landesvereinigungen Kultureller Jugendbildung aus den Bereichen Musik, Spiel, Theater, Tanz, Rhythmik, bildnerisches Gestalten, Literatur, Fotografie, Film und Video, neue Medien und kulturpädagogische Fortbildung zusammengeschlossen." Deutscher Bundestag – 16. Wahlperiode: Schlussbericht der Enquete-Kommission Kultur in Deutschland, Drucksache 16/7000, 2007, S. 377.

454 Ausschnitt aus dem Spektrum und von Vertretern: Zacharias, W.: Kulturpädagogik: Kulturelle Jugendbildung. Eine Einführung, Opladen, 2001; Mandel, B. (Hrsg.): Kulturvermittlung

Dass weiterhin innerhalb der kulturellen Bildung großes Gewicht auf der ästhetischen Bildung liegt, entspricht ebenfalls der mehrheitlichen Auffassung in der Kulturpolitik. „Zahlreiche wissenschaftliche Forschungen der Neurobiologie, der Psychologie und Pädagogik haben seit den 80er-Jahren nachgewiesen, dass die passive wie die aktive Beschäftigung mit Musik, bildender Kunst und Tanz zu einer höheren Strukturierung des Gehirns und damit zu einer differenzierteren Wahrnehmung und Verarbeitung von Informationen führt. Kunst hat als kulturelle Fertigkeit zumeist eine derart hohe Komplexität, dass sie die Möglichkeiten des Gehirns nach heutigen Erkenntnissen am weitest gehenden beansprucht. Beschäftigung mit Kunst führt zu einer Stimulierung der Neuroplastizität. Eine hohe Neuroplastizität ist Voraussetzung für eine hohe Kreativität. Eine ganzheitliche Bildung, die Musik, Bewegung und Kunst einbezieht, führt, wenn diese Komponenten im richtigen Verhältnis stehen, im Vergleich zu anderen Lernsystemen bei gleicher Informationsdichte des Unterrichts für den Lernenden zu höherer Allgemeinbildung. Gleichzeitig werden höhere Kreativität, bessere soziale Ausgeglichenheit, höhere soziale Kommunikationsfähigkeit, höhere Lernleistungen in den nichtkünstlerischen Fächern (Mathematik, Informatik), bessere Beherrschung der Muttersprache und allgemein bessere Gesundheit erreicht."[455]

Parallel zur Informationsperspektive sind also die aus anderen Sichtwinkeln erfassten positiven Folgewirkungen ästhetischer Bildung überwältigend. Bislang mangelt es weithin an einer entsprechenden Praxis.[456]

---

zwischen kultureller Bildung und Kulturmarketing, Bielefeld, 2005; Busse, K.-P. (Hrsg.): Kunstdidaktisches Handeln, Dortmund, 2003; Bastian, H.-G.: Kinder optimal fördern- mit Musik: Intelligenz, Sozialverhalten und gute Schulleistungen durch Musikerziehung, Weinheim, 2005; Büchner, P./Brake, A.: Bildung, Erziehung und soziale Lage, Stuttgart, 2010; Scheurer, St.: Schlüsselqualifikation Kulturelle Bildung? Ein Handlungsmodell ästhetischer Erziehung als Beitrag zur Praxis ästhetisch-kultureller Bildung zwischen Persönlichkeitsentwicklung und Qualifikationsbedarf, Berlin, 2003; Bundesverband Alphabetisierung und Grundbildung e. V./Bothe, J. (Hrsg.): Das ist doch keine Kunst! Kulturelle Grundlagen und künstlerische Ansätze von Alphabetisierung und Grundbildung, Münster, 2010; Schneider, W. (Hrsg.): Theater und Schule. Ein Handbuch zur kulturellen Bildung, Bielefeld, 2009; Fuchs, M.: Kulturelle Bildung. Grundlagen –Praxis-Politik, München, 2008; Bockhorst, H.: Kinder brauchen Spiel & Kunst, München, 2007; Baer, U.: Entdecken – gestalten – verstehen: kreative Bausteine für die kulturelle Bildung in Kita, Hort und Grundschule; (Akademie Remscheid, Projekt „Ganzheitliche Frühförderung kultureller Intelligenz), Münster, 2007.

455 Deutscher Bundestag – 16. Wahlperiode: Schlussbericht der Enquete-Kommission Kultur in Deutschland, Drucksache 16/7000, 2007, S. 379.
456 „Es besteht ein Missverhältnis von Theorie und Praxis: Die Akteure der kulturellen Bildung (zum Beispiel „Bundesvereinigung Kulturelle Kinder- und Jugendbildung e. V." – BKJ, „Deutscher Kulturrat e. V.", „Kulturpolitische Gesellschaft e. V.", „Deutscher Städtetag", die „Bundesakademien für Kulturelle Bildung e. V.", „Bund-Länder- Kommission für Bildungsplanung und Forschungsförderung" – BLK) haben sich seit mehreren Jahrzehnten auf theoretischer Ebene und in Modellversuchen eingehend mit dem Thema befasst und

6.3 Mit Kunst rechnen

Diese zu erreichen erscheint noch folgerichtiger und dringender, wenn die Bedeutung von Informationsströmen für die soziale Evolution und die spezifischen informationsbezogenen Eigenschaften ästhetischer Techniken in den Blick genommen werden.

Die Evolution kann wie gezeigt als ein Prozess des Wachstums sowohl der Menge als auch der Operationsmöglichkeiten von und mit Informationen gelesen werden. Das „Geheimnis" menschlicher und sozialer Evolution besteht unter anderem aufgrund der Fähigkeit zu reflektieren und Aussagen zu treffen in exponentiell beschleunigter und erweiterter Kombination von Informationen. Diese Informationsmengen wären nicht austauschbar, wenn sie nicht gleichzeitig „verdichtet", also als Codes bzw. Kombinationsanleitung für jeweils gegebene überschaubare Informationsmengen transportiert würden.

Die zitierte Stellungnahme der Enquete-Kommission zur Wirkung der ästhetischen Bildung ergänzend, heißt das: Mit ästhetischen Techniken sind die Codes gegeben, die die komplexesten biologischen, sozialen, emotionalen und rationalen Informationsströme – im einzelnen Menschen und zwischen mehreren – zueinander in Beziehung setzen. In der frühkindlichen Bildung entscheiden sie buchstäblich prägend über die Komplexität und Differenziertheit der Operationen mit Informationen, die später für das Individuum *objektiv* ausführbar sein werden.[457]

Hierin liegt ein grundsätzlich anderer möglicher Zugang zum Nachdenken über das Ästhetische, als er z. B. von Kant über Adorno bis Lyotard und Welsch gewählt wurde, bei denen es um das „Erhabene", „Sinn"- bzw. „Sinnenhafte" usw. geht.[458]

---

fundierte Konzepte vorgelegt. Von Ausnahmen abgesehen scheint es dennoch so, dass der Alltag der meisten Schulen und vieler Kulturinstitutionen noch nicht durch eine verbreitete Praxis kultureller Bildung bestimmt ist. Exemplarisch sei der häufige Unterrichtsausfall vor allem bei den Schulfächern Musik und Kunst genannt. Es ist allerdings anzuerkennen, dass im Zuge der Entwicklung der Ganztagsschule die kulturelle Bildung an Bedeutung gewonnen hat. In der Mehrzahl der Länder wurden Kooperationsvereinbarungen mit den Trägern der kulturellen Bildung geschlossen. Da die Infrastruktur der musikalischen Bildung durch ein sehr umfassendes Netz an Musikschulen im Vergleich zu den anderen künstlerischen Sparten besonders gut ausgebaut ist, wurden besonders viele Kooperationsvereinbarungen im Bereich der musikalischen Bildung geschlossen. Diese Defizite sind keine Petitesse, denn Kultur vermittelt sich nicht von selbst. Dafür sind die Formen und Zusammenhänge, die sich in der Kunst zum Teil in Jahrhunderten entwickelt haben, zu komplex." ebd., S. 377.

457 Über Zusammenhänge zwischen natürlicher sowie psycho-sozialer Umgebung und Wirkungen auf die organisierenden/informationswechselnden Fähigkeiten des Hirns vgl. u. a.: Dörner, G.: Die Humanontogenese als umwelt- und genabhängiger Selbstorganisationsprozess des Neuro-Endokrino-Immun-Systems unter Vermittlung von Hormonen und Neurotransmittern, in: Zeitschrift für Humanontogenetik, Heft 1/1998, S. 41-46.

458 Vgl.: Pries, Ch. (Hrsg): Das Erhabene. Zwischen Grenzerfahrung und Größenwahn, Weinheim, 1989; Welsch, W.: Ästhetisches Denken, Stuttgart, 1990; Lyotard, J.-F.: Der Widerstreit, München, 1989, S. 279ff.

Ähnlich, wie in der Grammatik oder in der Logik als Meta-Grammatik die bloßen Strukturen und inneren Bezüge von Sprache bzw. Aussagen erfasst werden, wäre damit unter Ästhetischem ein hocheffektives Codierungssystem nicht nur für die Darstellung und Wahrnehmung von Erscheinungen und Sachverhalten, sondern auch für die Schaffung der Voraussetzungen von Denk- und Entscheidungsabläufen im Hirn zu verstehen. Bei jemandem, der Sprechen gelernt hat, bleibt zunächst unbestimmt ob er dann Gutes, Wahres, Schönes oder Richtiges sagt. Aber er muss als ermöglichende Voraussetzung Sprechen gelernt haben, um überhaupt irgendetwas zu sagen zu vermögen. Analog dazu kann ästhetischer Umgang mit Informationen als elementare Grundfähigkeit wie Sprache verstanden werden, die allerdings für mehr als Kunst die Voraussetzung ist.

Von Mintzberg war zu lernen, dass das Geheimnis strategischen Erfolgs in Multi-Perspektivität liegt.[459] Man muss ein und denselben Gegenstand, ein und dasselbe Ziel aus vielen Blickwinkeln betrachten und erkennen, um die erwünschten Wirkungen zu erzielen. In die Terminologie der Demokratie-Theorie übersetzt wäre hier von Multi-Partizipation als Erfolgsgeheimnis zu sprechen. Gleichzeitig handelt es sich bei der dabei stattfindenden Kommunikation um den Weg zur Überwindung arbeitsteiliger Trennlinien.

Gelangen ästhetische Techniken in Kunstwerken zu ihrer meisterhaften Ausformung, dann codieren sie genau: Multi-Perspektivität. Es werden diverse Informationsströme, diverse Assoziationsketten auf einen „Punkt" gebracht. Dass Wissenschaft in dieser Hinsicht weniger effektiv im Informationstransfer ist als Kunst, zeigt sich z. B. an der zur Entschlüsselung nötigen Länge von Bildbesprechungen oder an der Fülle von Bewegungsabläufen, die neben der „eigentlichen Musik" in einem einzigen Notenblatt codiert sind, darunter z. B. auch Bewegungsbefehle für die Gliedmaßen und Münder von Musikern.

Man kann Ästhetisches und Kunst als „ultimativen Trick" der sozialen Evolution bezeichnen.

Die Schlüsselerklärung für Kreativität und Innovation liegt in neuen Kombinationen von Informationen, in neuen Operationen mit vorhandenen Informationen und in der Entwicklung effektiver Codierungen.

Es ist also kein Zufall, dass sich Kunst und Naturwissenschaften in einem der Leit-Themen des Cradle-to-Cradle-Prinzips treffen: dem Design. Hier geht es um etwas wie die Entwicklung von genetischen Codes für die Produktion, die alle sozialen, biologischen, stofflichen, technologischen und logistischen Dimen-

---

459 Er setzt sich mit der Bedeutung der unterschiedlichen Strategie-Schulen für Unternehmen auseinander und kommt zu dem Schluss, es werden alle Perspektiven gebraucht. Mintzberg, H./Ahlstrand, B./Lampel, J, Strategy Safary, New York, 1998, S. 370f.

6.3 Mit Kunst rechnen

sionen einschließlich der jeweils bewegungsauslösenden Momente (also der operationalen Seite) enthalten.

Nicht nur aus dem Blickwinkel der erstrebten Öko-Effektivität, die auf alle denkbare naturwissenschaftliche, soziale und kommunikative Intelligenz angewiesen ist, sondern aus vielen guten Gründen sollte der Stellenwert ästhetischer Bildung neu verhandelt werden.

„Hier liegen," sagt Schneider dazu, „nicht nur aus gesamtwirtschaftlicher Sicht unausgeschöpfte Wachstumspotentiale brach."[460]

Gründe, sich neu über die Rolle ästhetischer Bildung zu verständigen, bieten auch das Selbstbewusstsein der Kulturpolitik selbst und ihre inneren „Ressortaufgaben". Wer den „ultimativen Trick" der sozialen Evolution in seinem „Zuständigkeitsbereich" (Max Fuchs) hat, sollte nicht (wie z.B. im Tutzinger Manifest) in geradezu demütiger Semantik „Gleichberechtigung" neben Ökonomie, Ökologie und Sozialem verlangen, auch nicht regelmäßig Legitimationsdruck[461] beklagen, sondern darauf hinarbeiten, dass er die ihm möglichen Beiträge zur Gesellschaftsentwicklung tatsächlich leistet und so allgemeine gesellschaftliche Nachfrage nach sich weckt. Zu den Aufgaben von Kulturpolitik gehört es, die Rahmenbedingungen zur Ausübung von Kunst zu gestalten. Eines der größten Probleme bildet dabei seit Jahren die soziale Lage der Künstler. Ihre organische Einbeziehung in eine intensive frühkindliche und schulische ästhetische Bildung wäre ein für die Gesellschaft unmittelbar gewinnbringender Weg, ihnen die soziale Freiheit zur Ausübung ihrer Kunst zu gewährleisten.

Unter den vielen Themen und Feldern, die innerhalb der Kulturpolitik bearbeitet werden, stellt frühkindliche und schulische ästhetische Bildung evident dasjenige dar, von dem die komplexesten positiven Wirkungen für die Zukunft ausgehen können. Es rangiert jedoch im Schlussbericht der Enquete-Kommission[462], im Programm der Kulturpolitischen Gesellschaft wie in den Programmen

---

460 Schneider, W.: Wo ist Kulturpolitischer Reformbedarf evident? In: Loccumer Protokolle 06/09, S. 58.
461 Siehe auch z.B.: Fink, T./Hill, B./Reinwand, V.-I./Wenzlik, A.: Wirkungsforschung zwischen Erkenntnisinteresse und Legitimationsdruck, www.forschung-kulturelle-bildung.de, April 2011.
462 Die Präambel des Schlussberichts der Enquete-Kommission für Kultur in Deutschland steht unter der Überschrift „Die Bedeutung von Kunst und Kultur für Individuen und Gesellschaft". Außer, dass eine einige einzelne Künstlergruppen namentlich zur Aufzählung kommen, bleibt es bei dieser Nebeneinandersetzung. In welchem Verhältnis sich beide befinden, wird nicht erklärt. Ihre Bedeutung wird im Bereich von Werten und Normen angesiedelt. Als unmittelbare Ressource für Wissens- und Produktionsentwicklung werden sie nicht wahrgenommen.: „Sie sind keineswegs nur dekorative Elemente. Daher sind Aufwendungen für sie auch kein bloßer Konsum, sondern unverzichtbare Investitionen in die Entwicklung einer Gesellschaft" In der Sphäre der Kultur findet die ständige Selbstreflexion der Gesellschaft über ihre Werte und Standards statt. Deswegen

der Parteien günstigen Falles als eines neben vielen. Für den Bereich der Bundeskulturverbände stellt sich die Situation nicht entscheidend anders dar.[463]

Aus unserer Sicht müsste eine Kulturpolitik, die sich als Gesellschaftspolitik versteht und Beiträge zur Neugestaltung der Mensch-Natur-Verhältnisse leisten will, hauptsächlich an drei strategischen Schwerpunkten arbeiten:
- An der Neu-Erarbeitung entsprechender Leitbilder.
- An der Ausweitung ihrer Debattenräume und an der Schaffung ortskonkreter, kulturbasierter Gestaltungsräume.
- Gemeinsam mit Bildungs- und Familienpolitikern: An Konzepten, Mehrheiten und der Realisierung frühkindlicher und schulischer ästhetischer Bildung.

---

ist es nicht nur für die Individuen und ihre Lebensqualität, sondern auch für die Entwicklung der Gesellschaft wichtig, dass möglichst viele Menschen in jenen kulturellen Diskurs einbezogen werden, der mit dem Medium der Künste stattfindet. Das ist der Hintergrund von Programmen wie „Kultur für alle" und „Bürgerrecht Kultur", aber auch die Legitimation von „Kultur von allen" als aktiver Teilnahme möglichst breiter Bevölkerungsgruppen am kulturellen Leben. Gesellschaftspolitik gestaltet die Rahmenbedingungen" Deutscher Bundestag – 16. Wahlperiode: Schlussbericht der Enquete-Kommission Kultur in Deutschland, Drucksache 16/7000, 2007, S. 48-49.

463 In einer Veröffentlichung des Kulturrates über Kulturberufe taucht auf den mehr als 600 Seiten das Berufsbild des Erziehers für frühkindliche ästhetische Bildung nicht auf. Die unter dem entsprechenden Suchwort auf der Homepage des Kulturrates nachzulesenden Positionierungen/Pressemeldungen nehmen sich der reinen Anzahl nach vergleichsweise spärlich aus. Zimmermann O./Schulz, G. (Hrsg):Kulturelle Bildung in der Wissensgesellschaft. Zukunft der Kulturberufe, Berlin/Bonn 2002, www.kulturrat.de.

7. Nachworte

Kunst ist schön, aber sie macht auch viel Arbeit.

Karl Valentin

Befragt über sein Verhältnis zur Natur, sagte Herr K.: „Ich würde gern mitunter aus dem Haus tretend ein paar Bäume sehen. Besonders da sie durch ihr der Tages- und Jahreszeit entsprechendes Andersaussehen einen so besonderen Grad von Realität erreichen. Auch verwirrt es uns in den Städten mit der Zeit, immer nur Gebrauchsgegenstände zu sehen, Häuser und Bahnen, die unbewohnt leer, unbenutzt sinnlos wären. Unsere eigentümliche Gesellschaftsordnung läßt uns ja auch die Menschen zu solchen Gebrauchsgegenständen zählen, und da haben Bäume wenigstens für mich, der ich kein Schreiner bin, etwas beruhigend Selbständiges, von mir Absehendes, und ich hoffe sogar, sie haben selbst für die Schreiner einiges an sich, was nicht verwertet werden kann." „Warum fahren Sie, wenn Sie Bäume sehen wollen, nicht einfach manchmal ins Freie?" fragte man ihn. Herr Keuner antwortete erstaunt: „Ich habe gesagt, ich möchte sie sehen aus dem Hause tretend." (Herr K. sagte auch: „Es ist nötig für uns, von der Natur einen sparsamen Gebrauch zu machen. Ohne Arbeit in der Natur weilend, gerät man leicht in einen krankhaften Zustand, etwas wie Fieber befällt einen.")

Bertolt Brecht

8. Literatur und Quellen

A Literatur

Abbate, J.: Inventing the Internet. Cambridge,1999; Friedewald, M.: Vom Experimentierfeld zum Massenmedium: Gestaltende Kräfte in der Entwicklung des Internet. In: Technikgeschichte 67, Nr. 4, 2000, S. 331-361

Ackeren, M. v.: Das Wissen vom Guten. Bedeutung und Kontinuität des Tugendwissens in den Dialogen Platons, Amsterdam, 2003, S. 171

Addis, L: The Individual and the Marxist Philosophy of History. in: Brodbeck, M: Readings in the Philosophy of the Social Sciences. New York London, 1968

Adorno, T.W.: Vorlesung über Negative Dialektik. Fragmente zur Vorlesung 1965/66. Frankfurt a.M., 2007, S. 15f.

Albers, S./Herrmann, A.: Handbuch Produktmanagement, Wiesbaden, 2002,

Alkofer, A. P.: Suche Glück!- aber jage ihm nach?, Fribourg, 2004, S. 71

Aquin, Th. Aquin, Groner, J. F.: Summa theologica, Graz, 1993

Arendt, H.: Rahel Varnhagen. Lebensgeschichte einer deutschen Jüdin aus der Romantik.. Frankfurt a.M., 1975

Aristoteles: Politik, (Hrsg. Flashar, H.) Berlin, 1991, Buch III

Axelrod, R.: *Die Evolution der Kooperation,* München, 2000, (Orig. 1984)

Axelrod, R.: *The Complexity of Cooperation,* Princeton, 1997

Backhaus, K/Bonus, H (Hrsg.): Die Beschleunigungs-Falle oder der Triumph der Schildkröte, Stuttgart 1994

Baer, U.: Entdecken – gestalten – verstehen: kreative Bausteine für die kulturelle Bildung in Kita, Hort und Grundschule; (Akademie Remscheid, Projekt „Ganzheitliche Frühförderung kultureller Intelligenz), Münster, 2007

Baier, L, Volk ohne Zeit, Berlin, 1990

Barabási, Albert-László: Linked. How Everything is Connected to Everything Else and What It means for Business, Science and Everyday Life, New York, 2003,

Bastian, H.-G.: Kinder optimal fördern- mit Musik: Intelligenz, Sozialverhalten und gute Schulleistungen durch Musikerziehung, Weinheim, 2005

Bauer, Joachim: Das Gedächtnis des Körpers. Wie Beziehungen und Lebensstile unsere Gene steuern, Hamburg, 2002

Bauer, Joachim: Das kooperative Gen – Abschied vom Darwinismus, Hamburg, 2008

Behrens, Hermann: Die Jungsteinzeit im Mittelelbe-Saale-Gebiet. Veröffentlichungen des Landesmuseums für Vorgeschichte in Halle 27, Berlin, 1973,

Berger, P. L./Luckmann, T.: Die gesellschaftliche Konstruktion der Wirklichkeit. Eine Theorie der Wissenssoziologie, Frankfurt a.M., 2007

Bergsdorf, W. Zur Entwicklung der Sprache der amtlichen Politik in der Bundesrepublik Deutschland, in: Liedke, F./Wengeler, M./Böke, K. (Hrsg.): Begriffe besetzen. Strategien des Sprachgebrauchs in der Politik, Opladen, 1991,

Berry, R.J.: Evolution mit und ohne Grenzen, in: Weizsäcker, E.U. v.(Hrsg.): Grenzenlos. Jedes System braucht Grenzen – aber wie durchlässig müssen diese sein? Berlin, 1997,

Bielfeld, F.: Die Problematik staatlicher Kulturförderung aus sozioökonomischer Sicht am Beispiel der Bayreuther Festspiele, München, 2005,

Bloch, E.: Das Prinzip Hoffnung, Frankfurt a.M., 1985,

Bloemen, E.: The Moevement for Scientific Management in Europe between the Wars. In: Spender, J.-C./Kijne, H. J. (Hrsg.): Scientific Management: Fredrick Winslow Taylor's Gift to the World? Norwell,, 1996,

Bockhorst, H.: Kinder brauchen Spiel & Kunst, München, 2007

Bourdieu, P.: **Gegenfeuer.** Wortmeldungen im Dienste des Widerstands gegen die neoliberale Invasion, Konstanz, 1998

Bourdieu, P.: Kritik der theoretischen Vernunft, Frankfurt a.M., 1987

Bourdieu, P.: Über das Fernsehen (bes. Vortrag 2: Die unsichtbare Struktur und ihre Auswirkungen,), Frankfurt/M. 1998, S. 55-96

Bourdieu, P.: Über das Fernsehen, Frankfurt a.M., 1998

Bourdieu, P.: Vom Gebrauch der Wissenschaft. Für eine klinische Soziologie des wissenschaftlichen Feldes, Konstanz, 1998

Boysen, W.: Management Turnaround. Wie Manager durch Enzymisches Management wieder wirksam werden, Wiesbaden, 2009,

Brand, K.-W.: Wollen wir was wir sollen? Plädoyer für einen dialogisch-partizipativen Diskurs über nachhaltige Entwicklung, in: Fischer A./Hahn, G. (Hrsg.): Vom schwierigen Vergnügen einer Kommunikation über die Idee der Nachhaltigkeit, Frankfurt a.M., 2001,

Brand, U./Raza, W. (Hrsg.): Fit für den Postfordismus? Theoretisch-politische Perspektiven des Regulationsansatzes, Westfälisches Dampfboot, Münster 2002

Brand, U./Görg, C.: „Nachhaltige Globalisierung"? Sustainable Development als Kitt des neoliberalen Scherbenhaufens, in: Görg, C./Brand, U.: Mythen globalen Umweltmanagements, Münster, 2002,

Brand, Ulrich; Raza, Werner (Hrsg.): Fit für den Postfordismus? Theoretisch-politische Perspektiven des Regulationsansatzes, Münster 2002;

Braungart, M./McDonough, W.: Cradle to Cradle: Remaking the Way We Make Tings, New York, 2002, deutsch: Einfach intelligent produzieren, Berlin, 2003

Büchner, P./Brake, A.: Bildung, Erziehung und soziale Lage, Stuttgart, 2010

Bundesverband Alphabetisierung und Grundbildung e.V./Bothe, J. (Hrsg.): Das ist doch keine Kunst! Kulturelle Grundlagen und künstlerische Ansätze von Alphabetisierung und Grundbildung, Münster, 2010

Busse, K.-P. (Hrsg.): Kunstdidaktisches Handeln, Dortmund, 2003

Butschek, F.: Industrialisierung: Ursachen, Verlauf, Konsequenzen, Wien/Köln/Weimar, 2006,

Camilo Mora et al.: *How Many Species Are There on Earth and in the Ocean?* In: PLoS Biol, 9(8): e1001127,

Canetti, E.: Masse und Macht, Franfurt/Main, 1980,

Carlowitz, H.C.: Sylvicultura oeconomica, oder haußwirthliche Nachricht und Naturmäßige Anweisung zur wilden Baum-Zucht, 1732, Reprint Remagen-Oberwinter, 2009,

Carson, Rachel: Der stumme Frühling, München, 1996

Childe, G: Der Mensch schafft sich selbst. Dresden, 1959

8. Literatur und Quellen

Christen, M./Marti, E.: „Wachstumsart und Wachstumsbewusstsein", in Deutscher Studienpreis (Hg), Ausweg Wachstum. Arbeit, Technik und Nachhaltigkeit in einer begrenzten Welt, Wiesbaden, 2007,
Clemens, P.: Prosperity, Depression and the New Deal: The USA 1890-1954, London, 2008
Cohen-Soleil, A.: Sartre 1905-1980, Hamburg, 1988,
Coser, L.: Theorie sozialer Konflikte, Wiesbaden, 2009,
D'Eramo, M.: Das Schwein und der Wolkenkratzer. Chikago. Eine Geschichte unserer Zukunft, München 1996,
Darwin, Ch.: Mein Leben, Frankfurt a. M., 1993,
Dennemann, R.: Kleine Hoffnung im Wahrnehmungsnebel, in: Kulturpolitische Mitteilungen 132, I/2011,
Dietzsch, St.: Dimensionen der Transzendentalphilosophie 1780-1810, Berlin, 1990
Dörner, D.:Die Logik des Misslingens – Strategisches Denken in komplexen Situationen, Hamburg, 2003
Dörner, G.: Die Humanontogenese als umwelt- und genabhängiger Selbstorganisationsprozess des Neuro-Endokrino-Immun-Systems unter Vermittlung von Hormonen und Neurotransmittern, in: Zeitschrift für Humanontogenetik, Heft 1/1998,
Dubislav, W.: Die Definition, Hamburg, 1981 (1931),
Dumanoski, D/Peterson Myers, J.: Die bedrohte Zukunft: Gefährden wir unsere Fruchtbarkeit und Überlebensfähigkeit?, München, 1988
Dumanoski, Dianne/Peterson Myers, John: Our Stolen Future, New York, 1977
Dunham, W.: The Genius of Euler: Reflections on his Life and Work, Washington ,2007
Ebert, K./Kunzmann, K. R.: Kulturwirtschaft und RUHR.2010, in: Kulturpolitische Mitteilungen 132, I/2011,
Ehmer, M.K.: Die Weisheit des Westens, Düsseldorf, 1998,
Ehmer, M.K.: Göttin Erde. Kult und Mythos der Mutter Erde, Berlin, 1994,
Elias, N.: Über den Prozess der Zivilisation, Frankfurt a. M., 1997, Band II, S.
Elster, J. (Hg), Deliberative Democracy, Cambridge 1998
Emigholz, H.: Interaktive Narration, 2002, auf
Engel, K., Zur Energienachfrage von Haushalten, auf: www.fz-juelich.de/ief/ief-ste/datapool/page/307/ STE-Preprint%2006-2009.pdf, November 2010
Engels, F.: Herrn Eugen Dührings Umwälzung der *Wissenschaft,* („Anti_Dühring"), in: MEW, Band 20, Berlin, 1962,
Eppler, E.: Maßstäbe für eine humane Gesellschaft. Lebensstandard oder Lebensqualität? Stuttgart, 1974,
Erasmus, D. v. R.: Fürstenerziehung: Die Erziehung eines christlichen Fürsten, Paderborn, 1968
Erwin Schrödinger: Was ist Leben?, München, 2001
Evangelische Akademie Loccum: „Kultur in Deutschland"- Was ist geschehen, wie geht es weiter? Aufgaben der Kulturpolitik ein Jahr nach Erscheinen des Bundestags-Enquete-Berichts, Loccumer Protokolle 06/09, Loccum 2009
Farmer, K.: Beiträge zur wirtschaftstheoretischen Fundierung ökologischer und sozialer Ordnungspolitik, Berlin, Hamburg, Münster, 2005
Farmer. Beiträge zur wirtschaftstheoretischen Fundierung ökologischer und sozialer Ordnungspolitik. Berlin, Hamburg, Münster, 2005
Fink, T./Hill, B./Reinwand, V.-I./Wenzlik, A.: Wirkungsforschung zwischen Erkenntnisinteresse und Legitimationsdruck, www.forschung-kulturelle-bildung.de, April 2011

Fishkin, J.S./Lasslett, P. (Hg), Debating Deliberative Democracy, Oxford, 2003
Foucault, M.: Von anderen Räumen, in: Dits et Ecrits Schriften, Frankfurt a. M., 1984,
Frege, G.: Der Gedanke. Eine logische Untersuchung, in: Beiträge zur Philosophie des deutschen Idealismus, Band I, 1918–1919,
Fromm, E.: „Haben oder Sein" und „Anatomie der menschlichen Destruktivität"
Fuchs, M. Kulturpolitik als gesellschaftliche Aufgabe. Eine Einführung in Theorie, Geschichte, Praxis, Wiesbaden, 1998,
Fuchs, M.: Auf dem Weg zur Kulturschule, Wiesbaden, 2010
Fuchs, M.: Kultur Macht Sinn, Wiesbaden, 2008
Fuchs, M.: Kulturelle Bildung. Grundlagen –Praxis-Politik, München, 2008
Fuchs, M.: Kulturpolitik, Wiesbaden, 2007
Fuchs, M.: Kultur-Teilhabe-Bildung, Wiesbaden, 2008
Fuchs, M.: Leitformeln und Slogans in der Kulturpolitik, Wiesbaden, 2011,
Ganser, K.: Mut zum Wandel durch RUHR.2010, in: Kulturpolitische Mitteilungen 132, I/2011,
Gaugler, E.: The Principles of Scientific Management: Bedeutung und Nachwirkungen. In: Gaugler, E. (Hrsg.): Taylor, Frederick Winslow: The principles of scientific management; Vademecum zu dem Klassiker der Wissenschaftlichen Betriebsführung. Düsseldorf, 1996,
Gege, M.: Unterwegs zu einem ökologischen Wirtschaftswunder, Hamburg, 2008
Gerhart, E. V.: An introduction to the study of philosophy with an outline treatise on logic. Philadelphia, 1858, (vollständige Vorschau auf google-books)
Gilcher-Holtey, I.: Die 68er Bewegung: Deutschland, Westeuropa, USA, München 2001,
Gilcher-Holtey, I.: Die Nacht der Barrikaden, in: Neidhart, F. (Hrsg.): Öffentlichkeit, Öffentliche Meinung, Soziale Bewegungen, Sonderheft 34 der Kölner Zeitschrift für Soziologie und Sozialpsychologie, Köln, 1994,
Glaser; B.G./Strauss, A.L./Paul,A.T.: Grounded Theory. Strategien qualitativer Forschung, Bern, 2008
Glogner, P.: Kulturelle Einstellungen leitender Mitarbeiter kommunaler Kulturverwaltungen. Empirisch-kultursoziologische Untersuchungen, Wiesbaden, 2006
Gossmann, K. et.al (Hrsg.): Auf den Spuren des Comenius, Reinbek, 2005
Granovetter, M.S.: The Strength of Weak Ties, in American Journal of Sociology 78, Chicago, 1973,
Griefahn, M (Hrsg.): Greenpeace Report 5. Wir kämpfen für eine Welt, in der wir leben können. Reinbek, 1989,
Griefahn, M.: Kulturwirtschaft und kulturelle Intelligenz, in: Wagner, B.: Jahrbuch für Kulturpolitik 2008. Thema: Kulturwirtschaft und kreative Stadt, Bonn/Essen 2008,
Griefahn, M.: Nachhaltigkeitspolitik und Kulturpolitik – eine Verbindung mit Zukunft?, in: Grober, U.: Modewort mit tiefen Wurzeln – Kleine Begriffsgeschichte von ‚sustainability' und ‚Nachhaltigkeit', in: Jahrbuch Ökologie 2003, München, 2003
Großklaus, G./, Oldemeyer, E. (Hrsg.): Natur als Gegenwelt – Beiträge zur Kulturgeschichte der Natur. Karlsruhe, 1983
Grüner, H./Kleine, H./Puchta, D./Schulze, K. P. (Hrsg.): Kreative gründen anders. Existenzgründungen in der Kulturwirtschaft, Bielefeld, 2009
Grunwald, A.: Technikfolgenabschätzung. Eine Einführung, Berlin, 2010
Habermas, J. Technischer Fortschritt und soziale Lebenswelt, in: Kreuzer, H. (Hrsg.): Die zwei Kulturen. Literarische und naturwissenschaftliche Intelligenz. C.P. Snows These in der Diskussion, München, 1987,
Habermas, J., Faktizität und Geltung. Beiträge zur Diskurstheorie des Rechts und des demokratischen Rechtsstaats, Frankfurt a. M., 1992

8. Literatur und Quellen

Habermas, J.: Die Zeit hatte einen doppelten Boden. Der Philosoph Theodor W. Adorno in den fünfziger Jahren. Eine persönliche Notiz. In: Feuilleton Die Zeit v. 4.9.2003
Habermas, J.: Protestbewegung und Hochschulreform, Frankfurt a. M., 1969,
Habermas, J.: Theorie des kommunikativen Handelns, Band 2, Frankfurt/M., 1982,
Habermas, J.: Theorien kommunikativen Handelns, Frankfurt/M., 1981
Habermas, J: Der philosophische Diskurs der Moderne, Frankfurt/M. 1988, S.
Hahn, H.P.: Gibt es eine „soziale Logik des Raumes"? Zur kritischen Revision eines Strukturparadigmas, in: Trebsche, P./Müller-Scheeßel, N./Reinhold, S.(Hg): Der gebaute Raum. Bausteine einer Architektursoziologie vormoderner Gesellschaften, Münster, 2010,
Hammond, P.: The current magnitude of biodiversity. in: Heywood V. H./Watson R.T. (Hrsg.): Global Biodiversity Assessment, Cambridge, 1995,
Hauff, V. (Hrsg.): Unsere gemeinsame Zukunft. Der Brundtland-Bericht der Weltkommission für Umwelt und Entwicklung, Greven, 1987
Hegel, G.W.F.: System der Wissenschaft. Erster Theil, die Phänomenologie des Geistes (1806/1807) und in: Wissenschaft der Logik (1812-1816/überarb. 1831)
Heidbrink, H.: Einführung in die Moralpsychologie, Weinheim, Basel, 2008
Heinze, Th.: Kulturmanagement: Eine Annäherung. In: Heinze, Th. (Hrsg.): Kulturmanagement II, Opladen, 1997,
Herb, K.: Verweigerte Moderne. Das Problem der Repräsentation. In: Brandt, R./Herb, K. (Hrsg.): Jean-Jaques Rousseau. Vom Gesellschaftsvertrag oder Prinzipien des Staatsrechts, München/ Marburg 1999,
Hildenbrand, B.: Vorwort in: Strauss, A. L.: Grundlagen qualitativer Sozialforschung, München 1998,
Hirsch, J./Roth, R.: Das neue Gesicht des Kapitalismus. Vom Fordismus zum Postfordismus, Hamburg 1986;
Hobbes, Th.: Leviathan, München, 2006
Hobson, J.M.: The Eastern Origins of Western Civilisation, Cambridge, 2004,
Hoffmann, E.: Geheimnisse der Steinzeit mit Blick auf die Evolution des Menschen, Books on Demand, 2011,
Hoffmann, St.: Boykottpartizipation: Entwicklung und Validierung eines Erklärungsmodells durch ein vollständig integriertes Forschungsdesign, Wiesbaden, 2008,
Hoffmann,Th.S.: Philosophische Physiologie. Eine Systematik des Begriffs der Natur im Spiegel der Geschichte der Philosophie, Bad Cannstatt, 2003
Homburg, Ch./Krohmer, H.: Marketingmanagement: Strategie – Instrumente – Umsetzung – Unternehmensführung, Wiesbaden, 2009,
Hopfenbeck, W.: Umweltorientiertes Management und Marketing. Landsberg a. Lech 1990;
Horkheimer, M. in: Traditionelle und kritische Theorie (1937), Frankfurt/M.,1992
Hörst, S.M. et al., Origin of Oxygen Species in Titan's Atmosphere, auf www.lpl.arizona.edu/~horst/ Publications_files/europlanet2007poster_SMH.pdf, Oktober 2010
Huber, J.: Allgemeine UmweltSoziologie, Springer DE, 2011,
Innerwinkler, S.: Sprachliche Innovation im politischen Diskurs, Frankfurt a.M., 2010,
Institut für Kulturpolitik der Kulturpolitischen Gesellschaft: Jahrbuch der Kulturpolitik 2008. Kulturwirtschaft und kreative Stadt, Essen, 2008
Jackson, T.: Doing the math on the green economy, Nature 472, April 2011,
Jakosky, B.M.,University of Colorado, American Astronomical Society, 10/14/98, The History of Live on Earth, auf draget.net/hoe/index.php, Oktober 2010

Jänicke, M.(HG): Umweltpolitik der Industrieländer. Entwicklungen – Bilanz – Erfolgsbedingungen, Berlin, 1996,
Jansenberger, R.: TWINS – ein europäisches Dornröschen, in: Kulturpolitische Mitteilungen 132, I/2011,
Jens (Hrsg.). Der Umbau. Von der Kommandowirtschaft zur öko-sozialen Marktwirtschaft. Baden-Baden. 1991,
Jens, U. (Hrsg.): Der Umbau. Von der Kommandowirtschaft zur Öko-sozialen Marktwirtschaft,
Jörrissen, J et al.: Ein integratives Konzept nachhaltiger Entwicklung, Wissenschaftliche Berichte FZKA 6393, Karlsruhe, 1999,
Kafka, P: Gegen den Untergang. Schöpfungsprinzip und globale Beschleunigungskrise, München Wien, 1994
Kagan, S.: Art and Sustaiability. Connecting Patterns for a Culture of Complexity, Bielefeld, 2011,
Kant, I.: Kritik der praktischen Vernunft, Kritik der Urtheilskraft, Berlin, 1908, Band V
Kant, I.: Kritik der reinen Vernunft, Berlin, 1968, Band III
Keman, H., Strategy Development and Variations of Party Government, in: Raschke, J./Tils, R., (Hg), Strategie in der Politikwissenschaft, Wiesbaden, 2010,
Kemfert, C.: Die andere Klima-Zukunft: Innovation statt Depression, Hamburg, 2008
Kitcher, Ph.: In Mendel's Mirror: Philosophical Reflections on Biology, Oxford, 2003.
Kitcher, Ph.: Living with Darwin: Evolution, Design, and the Future of Faith , Oxford, 2007
Klafki, W.: Neue Studien zur Bildungstheorie und Didaktik: Zeitgemäße Allgemeinbildung und kritisch-konstruktive Didaktik, Beltz/Weinheim, 1991
Klauer, B.: Was ist Nachhaltigkeit und wie kann man eine nachhaltige Entwicklung erreichen?, in: Zeitschrift für angewandte Umweltforschung, Jg. 12, Bonn, 1999, Heft 1
Klein, A.: Der exzellente Kulturbetrieb, Wiesbaden, 2007
Klein, A.: Kompendium Kulturmanagement – Eine Einführung. In: Klein, A. (Hrsg.): Kompendium Kulturmanagement. Handbuch für Studium und Praxi, München 2008,
Klein, J.: Kann man „Begriffe besetzen"? Zur linguistischen Differenzierung einer plakativen politischen Metapher, in: Liedke, F./Wengeler, M./Böke, K. (Hrsg.): Begriffe besetzen. Strategien des Sprachgebrauchs in der Politik, Opladen, 1991
Kneip, V./Niesyto, J.: Politischer Konsum und Kampagnenpolitik als nationalstaatliche Steuerungsinstrumente? Das Beispiel der Kampagne Echt gerecht. Clever kaufen. In: Baringhorst, S./ Kneip, V./März, A./Niesyto, J.(Hg): Politik mit dem Einkaufswagen. Unternehmen und Konsumenten als Bürger in der globalen Mediengesellschaft, Bielefeld, 2007,
Kopfmüller, J. et al.: Nachhaltige Entwicklung integrativ betrachtet. Konstitutive Elemente, Regeln, Indikatoren, Berlin, 2001,
Koslowski, P.: Politik und Ökonomie bei Aristoteles, Tübingen, 1993,
Köster, H.: Die Kreislauftheorie von François Quesnay und Wassily Leontief, Dissertation Universität Erlangen, 1982
Krajewski, M.: Vom Krieg des Lichtes zur Geschichte von Glühlampenkartellen, in: Berz, P./Höge, H./Krajewski, M (Hrsg.): Das Glühbirnenbuch, Wien 2001,
Kraushaar, W. (Hrsg.): Frankfurter Schule und Studentenbewegung. Von der Flaschenpost zum Molotow-Cocktail, Hamburg, 1998
Kröger, F.: Übersättigungsfolgen. Über neue Bescheidenheit in Politik und Kultur, in: Kulturpolitische Mitteilungen, Heft 132, I/2011,
Krüger, Th.: Kulturwirtschaft: Wirtschaftspolitik oder Kulturpolitik? In: Jahrbuch für Kulturpolitik 2006, Essen, 2006,

Kuhn, F. Anmerkungen zu einer Metapher aus der Welt der Machbarkeit, in: Liedke, F./Wengeler, M./Böke, K. (Hrsg.): Begriffe besetzen. Strategien des Sprachgebrauchs in der Politik, Opladen, 1991

Kuhn-Schnyder, E.: Die Geschichte des Lebens auf der Erde. In: Mitteilungen der Naturforschenden Gesellschaft des Kantons Solothurn, 1977,

Kümmel, Ch./Schweizer, B./Veit, U.: Körperinszenierung, Objektsammlung und Monumentalisierung: Totenritual und Grabkult in frühen Gesellschaften, Münster, 2008,

Kurt, H./Wagner, B.(Hrsg.): Kultur-Kunst-Nachhaltigkeit. Die Bedeutung von Kultur für das Leitbild Nachhaltige Entwicklung, Bonn/Essen, 2002,

Kurt, H./Wagner, B.(Hrsg.): Kultur-Kunst-Nachhaltigkeit. Die Bedeutung von Kultur für das Leitbild Nachhaltige Entwicklung, Bonn/Essen, 2002,

Lachmann, W.: Volkswirtschaftslehre. Grundlagen, Heidelberg, 2006

Lammert, N.: Die Metropole Ruhr als Kulturmetropole, in: Kulturpolitische Mitteilungen 132, I/2011,

Lange, B.: Die Räume der Kreativszene – Culturepreneurs und ihre Orte in Berlin, Bielefeld, 2007

Langenscheidt: Taschenwörterbuch Englisch, Berlin, München, 2007,

Lehmann, A.: Mythos deutscher Wald, In: Landeszentrale für politische Bildung Baden-Württemberg (Hrsg.): Der deutsche Wald, Heft 1/2001,

Li-Hung Lin et al: Long term biosustainability in a high energy, low diversity crustal biome, In: Science. Bd.314, Nr. 5798, 2006,

Locke, J.: Zwei Abhandlungen über die Regierung, Frankfurt/M., 2008

Luhmann, N.: Soziale Systeme, Frankfurt a. M., 1987,

Luhmann, N.: Systemtheorie, Evolutionstheorie und Kommunikationstheorie, in: Soziologische Gids. 22/Nr. 3, 1975,

Lyotard, J.-F.: Der Widerstreit, München, 1989,

Maaß, Ch.: E-Business Management, Stuttgart, 2008,

Machiavelli, N.: Der Fürst, Neuenkirchen, 2007

Madson, B./Brownstein, R.: The new industrial revolution.: The power of dynamic value chains, Litepoint, 2007

Mandel, B. (Hrsg.): Kulturvermittlung zwischen kultureller Bildung und Kulturmarketing, Bielefeld, 2005

Mandel, B.: Die neuen Kulturunternehmer. Ihre Motive, Visionen und Erfolgsstrategien, Bielefeld, 2007

Marcuse „Triebstruktur und Gesellschaft", „Der eindimensionale Mensch", „Repressive Toleranz"

Marsiske, H.-A.: Verstecktes Verfallsdatum: Wirkprinzipien der geplanten Obsoleszenz, in: C't 15/2012,

Marx an Engels, 25.3.1968, in: Marx Engels Werke, Band 32,

Marx, K, Klassenkämpfe 1848–1850, in: MEW Band 7, Berlin, 1990,

Marx, K.: Das Kapital, MEW Band 23, Berlin, 1969,

Marx, K.: Das Kapital. Dritter Band, in: Marx Engels Werke, Band 25, Berlin, 1965,

Marx, K.: Das Kapital. Erster Band, in Marx Engels Werke, Band 23, Berlin, 1962,

Marx, K.: Kritik des Gothaer Programms, in: Marx Engels Werke, Band 19, Berlin, 1962,

Marx, K.: Ökonomische-philosophische Manuskripte (1844) in: MEW, Ergänzungsband I;

Marx, K.: Theorien über den Mehrwert, in Marx Engels Werke, Bd.26.1, Berlin, 1965,

Marx, K.: Thesen über Feuerbach, in: Marx Engels Werke Band 3, Berlin, 1969,

Marx, K: Das Elend der Philosophie. Antwort auf Proudhons „Philosophie des Elends"(1847), Berlin, 1979

Marx, Karl, Ökonomisch-philosophische Manuskripte, Marx Engels Werke, Band 3,

Marx,K./Engels,F.: Die deutsche Ideologie. In: Marx Engels Werke, Band 3, Berlin, 1969,

McTaggart, D.: Rainbow Warrior. Die Autobiographie des Greenpeace-Gründers. München, 2002
Meadows, D. H. and Others: The Limits of Growth. A Report for The Club of Rome's Project on the Predicament of Mankind, New York, 1972
Meffert, H./Kirchgeorg, M: Marktorientiertes Umweltmanagement. Konzeption. Strategien. Implementierung mit Praxisfällen. Stuttgart, 1998.
Meffert, H.:Marketing, Stuttgart, 1998
Michels, R.: Soziologie des Parteiwesens, Stuttgart, 1998
Mikhail V. Volkenstein: Entropy and Information. Progress in Mathematical Physics, Vol. 57, Basel-Boston, 2009
Mintzberg, H./Ahlstrand, B./Lampel, J, Strategy Safary, New York, 1998
Mittag, J.: Die drei Kulturhauptstädte 2010 im Vergleich, in: Kulturpolitische Mitteilungen 132, I/2011,
Morus, Th. (Kothe, H./Günther, H. Hrsg.): Utopia, Berlin, 1992
Müller, H.: Der Bogen Feuerbach, Marx, Bloch, Bourdieu. Realismus und Modernität des Praxisdenkens. in: Müller, H. (Hrsg.): Das PRAXIS-Konzept im Zentrum gesellschaftskritischer Wissenschaft, Norderstedt, 2005,
Münch, R: .Risikopolitik, Frankfurt a. M., 1996
Naughton, J.: A Brief History of the Future: The Origins of the Internet. London, 2000
Neumann J. v./Morgenstern, O.: Theory of Games and Economic Behavior, Princeton University Press, 1944
Nicolesco, B.: Manifesto of Transdisciplinarity, New York, 2002,
Ninck, M.: Zauberwort Nachhaltigkeit, Zürich, 1997,
Oels, Angela: Warten aufs Christkind, in: Politische Ökologie Heft 76, 2002,
Oliver, R. W.: *The Future of Strategy: Historic Prologue*. Journal of Business Strategy, 2002, Band. 23, Ausgabe 4
Ortega y Gasset, J.: Der Aufstand der Massen, Stuttgart, 1993,
Ostendorf, J: Die programmatische Entwicklung der „Grünen" von den 1980er bis Anfang der 1990er Jahre. Ursachen und Folgen des Wandels von Weltbild und Politikverständnis, München, 2010
Pinn, K., Order and Chaos in Hofstadter's Q(n) Sequence, in: Complexity 4, Mering, 1999,
Pörksen, U.: Plastikwörter, Stuttgart, 2004 (1988),
Pörksen, U.: Wissenschaftssprache und Sprachkritik, Tübingen, 1994,
Preuß, J.: Ein Grabhügel der Baalberger Gruppe von Preußlitz, in: Jahresschrift für mitteldeutsche Vorgeschichte 41, Bernburg, 1958,
Pries, Ch. (Hg): Das Erhabene. Zwischen Grenzerfahrung und Größenwahn, Weinheim, 1989
Priewe, J./Rietzler, K.: Deutschlands nachlassende Investitionsdynamik 1991-2010 – Ansatzpunkte für ein neues Wachstumsmodell. Expertise im Auftrag der Abteilung Wirtschafts- und Sozialpolitik der Friedrich-Ebert-Stiftung., Berlin, 2010, Kapital 4: Investitionen und Wachstumstheorien,
Quesnay F.: Tableau économique (1759), deutsch Berlin, 1965
Raake, St./Hilker, C.: WEB 2.0 in der Finanzbranche. Die neue Macht des Kunden, Wiesbaden 2010
Randow, G. v.: Vorwort zu: Hofstadter, D.R., Gödel, Escher, Bach, München, 2001
Ranz, A.: Inka und Azteken – Unterschiede und Gemeinsamkeiten zweier angloamerikanischer Hochkulturen, München, 2012,
Raschke, J./Tils, R., Politische Strategie: eine Grundlegung, Wiesbaden, 2007
Raschke, J./Tils, R., Strategie in der Politikwissenschaft – Konturen eines neuen Forschungsfeldes, Wiesbaden, 2009
Rauschenberg, R.H.: Die Bedeutung des 2. Hauptsatzes der Thermodynamik für die Umweltökonomie, www.wiwi.uni-frankfurt.de/~rainerh/Diplomarbeit/dbdzh.htm, 1990, 4. Schlussbetrachtung

8. Literatur und Quellen

Reheis, F.:Nachhaltigkeit, Bildung und Zeit. Zur Bedeutung der Zeit im Kontext der Bildung für eine nachhaltige Entwicklung in der Schule, Baltmannsweiler, 2005
Reheis, F: Entschleunigung: Abschied vom Turbokapitalismus. München, 2003
Rejali, D. M.: Torture and Democracy, Princeton, 2007,
Revilla Diez, J./Mildahn, B.: Regionalwissenschaftliche Effekte der Kieler Woche 2003, Gutachten im Auftrag des Kieler Woche Büros der Stadt Kiel, Kiel, 2003
Ricardo D.: Über die Grundsätze der politischen Ökonomie und der Besteuerung, München, 2006
Rifkin, J.: Access, Das Verschwinden des Eigentums, Franfurt/Main 2007
Rifkin, J.: The Empathic Civilization. The race to Global Consciousness in a World of Crises, Cambridge, 2009
Röbcke, Th. (Hrsg.): Zwanzig Jahre Neue Kulturpolitik. Erklärungen und Dokumente, Essen, 1993,
Robinson, J.: Squaring the Cicle? Some Thoughts on the Idea of Sustainable Development, in: Ecological economics, 48, 2004,
Ropohl, G.: Ethik und Technikbewertung, Frankfurt a. M., 1996
Rosa, H: Beschleunigung. Die Veränderung der Zeitstrukturen in der Moderne. Frankfurt a. M., 2005
Rousseau, J.-J.: Abhandlung über den Ursprung und die Grundlagen der Ungleichheit unter den Menschen , Stuttgart, 1998
Ruge,W.: Stalinismus – eine Sackgasse im Labyrinth der Geschichte, Berlin, 1991
Saage, R.: Utopische Horizonte: Zwischen historischer Entwicklung und aktuellem Geltungsanspruch, Münster, 2010
Sachs, W./Wuppertal Institut für Klima, Umwelt und Energie/BUND et.al: Zukunftsfähiges Deutschland in einer globalisierten Welt: ein Anstoss zur gesellschaftlichen Debatte : eine Studie des Wuppertal-Instituts für Klima, Umwelt, Energie, Band 755 der Schriftenreihe der Bundeszentrale für Politische Bildung, 2008
Salmon, W.C.: Logic, Prentice-Hall, 1981
Sassen, S.: The Global City. New York London Tokio, Princeton, 2001
Schäfer, L./Ströker,E.(Hrsg.):Naturauffassungen in Philosophie, Wissenschaft, Technik. Band I: Antike und Mittelalter. München, 1993, Band II: Renaissance und frühe Neuzeit, München, 1994; Band III: Aufklärung und späte Neuzeit, München, 1995, Band IV: Gegenwart, München, 1996.
Scheer, H.: Der energethische Imperativ. 100 Prozent jetzt: Wie der vollständige Wechsel zu erneuerbaren Energien zu realisieren ist, München, 2010
Scheer, H.: Energieautonomie, München, 2005
Scheer, H.: Solare Weltwirtschaft, München, 1999
Scheer, H.: Sonnen-Strategie, München, 1993
Scheurer, St.: Schlüsselqualifikation Kulturelle Bildung?. Ein Handlungsmodell ästhetischer Erziehung als Beitrag zur Praxis ästhetisch-kultureller Bildung zwischen Persönlichkeitsentwicklung und Qualifikationsbedarf, Berlin, 2003
Scheytt, O.: Kommunales Kulturrecht, München , 2005
Scheytt, O.: Kulturstaat Deutschland. Plädoyer für eine aktivierende Kulturpolitik, Bielefeld, 2008
Scheytt, O.: RUHR.2010 und die Folgen, in: Kulturpolitische Mitteilungen 132, I/2011,
Scheytt, Oliver: Kulturstaat Deutschland. Plädoyer für eine aktivierende Kulturpolitik, Bielefeld 2008,
Schmidt, A./Altwicker, N. (Hrsg.): Max Horkheimer heute: Werk und Wirkung. Frankfurt, 1986.
Schmidt-Bleek, F.: Wieviel Umwelt braucht der Mensch. Faktor 10 – das Maß für ökologisches Wirtschaften, München, 1997

Schmidt-Salomon, M.: „Es war eine schwierige Geburt": Darwins Dankesrede auf dem Festakt zu seinem 200. Geburtstag, in: Happy Birthday, Charly! Schriftenreihe der Giordano Bruno-Stiftung, Band 3, 2009,
Schmidt-Salomon, M.: Auf dem Weg zur Einheit des Wissens. Die Evolution der Evolutionstheorie und die Gefahren von Biologismus und Kulturismus, Schriftenreihe der Giordano-Bruno-Stiftung, Band 1, 2007
Schneider, W. (Hrsg.): Theater und Schule. Ein Handbuch zur kulturellen Bildung, Bielefeld, 2009
Schneider, W.: Wo ist Kulturpolitischer Reformbedarf evident? In: Loccumer Protokolle 06/09,
Scholz, E: Die Gödelschen Unvollständigkeitssätze und das Hilbertsche Programm einer „finiten" Beweistheorie. In: Achtner, W.: Künstliche Intelligenz und menschliche Person, Marburg 2006,
Schreyögg, G.: Normensysteme der Managementpraxis. In: Fuchs, M. (Hrsg.): Zur Theorie des Kulturmanagements: Ein Blick über Grenzen. Remscheid, 1993,
Schrödinger, E.: Was ist Leben?, München, 2001
Schumpeter, J.A., Capitalism, Socialism, and Democracy, New York, 1950, S.
Schütze, Ch.: Das Grundgesetz vom Niedergang, München, Wien, 1989
Schwencke, O.: Auf dem Weg zur Metropole Ruhr, in: Kulturpolitische Mitteilungen 132, I/2011,
Schwencke, O.: Das Europa der Kulturen – Kulturpolitik in Europa. Dokumente, Analysen und Perspektiven – von den Anfängen bis zum Vertrag von Lissabon, Bonn, 2010,
Schwencke, O.: Der Stadt Bestes suchen. Kulturpolitik im Spektrum der Gesellschaftspolitik, Bonn, 1997
Schwencke, O.: Die Kunst, in die Zukunft zu handeln – Nachhaltigkeit als kulturpolitisches Prinzip. Robert Jungk anlässlich seines neunzigsten Geburtstages zu ehren, in: Kulturpolitische Mitteilungen Nr. 100, I/2003,
Schwencke, O.: Hoffen lernen. Zwölf Jahre Politik als Beruf. Eine Zwischenbilanz, Stuttgart, 1985,
Schwencke, O.: Laudatio zur Verleihung der Silbernen Stimmgabel an Oliver Scheytt, unveröffentlicht, 2006,
Schwencke,O. Staatsziel Kultur. Abriss einer Ideen-Geschichte der Kulturpolitik in der Bundesrepublik Deutschland, in: Kulturpolitik von A-Z. Ein Handbuch für Anfänger und Fortgeschrittene, Berlin, 2009,
Sedlack, A.: Im Revier der Local Heroes, in: Kulturpolitische Mitteilungen 132, I/2011
Seidel, Th.: Von Thales bis Platon. Vorlesungen zur Geschichte der Philosophie, Berlin, 1980
Sennett, R.: Der flexible Mensch, Berlin, 1998,
Shirkey, C.: Here Comes Everybody. The Power of Organizing Without Organizations, New York, 2008
Shlaes, A.: Der vergessene Mann: Eine neue Sicht auf Roosevelt, den New Deal und den Staat als Retter, Weinheim 2011
Simmel, G.: Soziologie: Untersuchungen über die Formen der Vergesellschaftung, Berlin, 1958
Simonis, U.: Globaler Wandel und das Leitbild nachhaltige Entwicklung, discussion paper des Wissenschaftszentrums für Sozialforschung Berlin, 2009
Simonis, U.: Umweltinformation+Umweltpolitik, discussion paper des Wissenschaftszentrums für Sozialforschung Berlin, 2010
Simons, D./Warfield,K.: The Biocentric and Culture-centric Orientations of Cultural Ecology, heran gezogen nach Kagan 2011
Sitte, P./Weiler, E./Kadereit, J.W./Bresinsky, K./Körner, Ch.: Lehrbuch der Botanik für Hochschulen, Heidelberg, 2002,
Slade, G.: Made to break: technology and obsolescence in America, Cambridge, 2006

8. Literatur und Quellen

Smith, A.: Theorie der ethischen Gefühle; oder, Versuch einer Analyse der Grundveranlegungen: mit deren Hilfe die Menschen natürlicherweise das Verhalten und den Charakter zunächst ihrer Mitmenschen und sodann ihrer selbst beurteilen, Werke Band 1, Frankfurt/M., 1949

Smith, J. M./Szathmáry, E.: the origin of life. From the Birth of Life to the origins of Language, Oxford, 2009,

Snow, C.P.: Die zwei Kulturen, in: Kreuzer, H. (Hrsg.): Die zwei Kulturen. Literarische und naturwissenschaftliche Intelligenz. C.P. Snows These in der Diskussion, München, 1987,

Solomon, M.R./, Bamossy, G./Askegaard: Consumer Behaviour, Essex 2007,

Solow, R. M.: The Economics of Resources or the Resources of Economics, The American Economic Review, Bd. 64, 1974,

Spielmann, W.: Die Einübung des anderen Blicks. Gespräche über Kunst und Nachhaltigkeit, Salzburg, 2009

Steinfeld, Th.: Ressentiment und Wissenschaft, FAZ vom 7. Mai 2009

Stets, J.E.: The Social Psychology of the Moral Identity, in: Hitlin, S./Vaisey, S. (Hrsg.): Handbook of the Sociology of Morality, New York, 2010,

Stettner, R.: „Archipel GULag": Stalins Zwangslager, Terrorinstrument und Wirtschaftsgigant, Paderborn, 1996

Strauss, A.L.: Grundlagen qualitativer Sozialforschung., München, 1998

Strübing, J.: Grounded Theory: Zur sozialtheoretischen und epistemologischen Fundierung des Verfahrens der empirisch begründeten Theoriebildung. VS Verlag für Sozialwissenschaften, Wiesbaden 2004,

Süle, Gisela: Die Entmaterialisierung von Dokumenten in Rundfunkanstalten, in: Englert, M et al (Hrsg.) : Medieninformationsmanagement. Archivarische, dokumentarische, betriebswirtschaftliche, rechtliche und Berufsbildaspekte, Münster, 2003

Tadeusz Pawłowski: Begriffsbildung und Definition. Berlin/New York, 1980, 12ff,

Taghizadegan, R.: Cradle to Cradle – die nächste Sau, die man durch das globale Dorf treibt? in: Koisser, H. u. a.: Cradle-to-cradle, die nächste industrielle Revolution – Idee, Kritik und Interviews, wirks 1, 2010,

Taylor, W. F.: The Principles of Scientific Management, London, 1911, Nachdruck New York, 2006

Tils, R., Politische Strategieanalyse – konzeptionelle Grundlagen und Anwendung in der Umwelt- und Nachhaltigkeitspolitik, Wiesbaden, 2005

Tobisch, E.: Erkenntnis und Illusion, Grundstrukturen unserer Weltauffassung, Tübingen, 1988,

Tönnies, F.: Gemeinschaft und Gesellschaft. Grundbegriffe der reinen Soziologie. Darmstadt, 2005

Tremmel, J.: Nachhaltigkeit als politische und analytische Kategorie. Der deutsche Diskurs um nachhaltige Entwicklung im Spiegel der Interessen der Akteure., München, 2003.

Trommsdorf, V.: Konsumentenverhalten, Stuttgart, 2009,

Ullrich, C.: Die Dynamik von Coopetition: Möglichkeiten und Grenzen dauerhafter Kooperation, Wiesbaden, 2004.

Ullrich, W.: Haben wollen. Wie funktioniert die Konsumkultur? Frankfurt/M., 2008

Unholtz, J.: Gutsein im Oikos. Subpolitische Tugenden in den oikonomischen Schriften der klassischen Antike, Dissertation, Mainz 2010

Urban, K.K.: Kreativität. Herausforderung für Schule, Wissenschaft und Gesellschaft, Münster, 2004,

Vaggi, G: The economics of François Quesnay. Durham, 1987,

Verbeek, B.: *Die Anthropologie der Umweltzerstörung*: Die Evolution und die Schatten der Zukunft, Darmstadt, 1998

Vinz, D.: Entschleunigung, in: Brand, U./Lösch, B./Thimmel, S: ABC der Alternativen. Von „Ästhetik des Widerstands" bis „Ziviler Ungehorsam", Hamburg, 2007
Volpert, W./Vahrenkamp, R. (Hrsg.): Frederick Winslow Taylor: Die Grundsätze wissenschaftlicher Betriebsführung. Weinheim, 1977,
Wagner, B.: Fürstenhof und Bürgergesellschaft. Zur Entstehung, Entwicklung und Legitimation von Kulturpolitik, Bonn/Essen, 2009
Wagner, G.: Es fehlen die Visionen, in Kulturpolitische Mitteilungen, Heft 120, I/2008
Wagner, W.: Fremde Kulturen wahrnehmen, Erfurt, 1997
Wahren, K.-H. E.: Erfolgsfaktor Innovation. Ideen systematisch generieren, bewerten und umsetzen, Berlin Heidelberg, 2004
Wallich, HC: To Grow or Not to Grow, in: Newsweek, 13.2.1972, S. 103;
Weber, M.: Die protestantische Ethik und der „Geist" des Kapitalismus, München, 2006
Weber, M.: Politik als Beruf, Stuttgart, 1992
Wehling, D.: Umweltpolitik in der Sozialen Marktwirtschaft, in: Rüther, G. (Hrsg.): Ökologische und Soziale Marktwirtschaft, Bonn 1997
Wehling. Umweltpolitik in der Sozialen Marktwirtschaft. In: Rüther (Hrsg.). Ökologische und Soziale Marktwirtschaft. Bonn, 1997.
Weizsäcker, E. U. v./Hargroves, K./Smith, M.: Faktor fünf: Die Formel für nachhaltiges Wachstum, München, 2010
Weizsäcker, E. U. v./Lovins A. B./Hunter Lovins L..: Faktor vier: doppelter Wohlstand halbierter Verbrauch. Der neue Bericht an den Club of Rome, München, 1997
Weizsäcker, E.U. v.(Hrsg.): Grenzenlos. Jedes System braucht Grenzen – aber wie durchlässig müssen diese sein? Berlin, 1997
Welsch, W.: Ästhetisches Denken, Stuttgart, 1990
Welzer, H.: Nur nicht über Sinn reden!, Die Zeit, 27.04.2006
Werner, M. N.: Mythos Nachhaltigkeit. Bildung für nachhaltige Entwicklung – Was bringt die UN-Dekade, Marburg, 2010
West, D. B.: Introduction to Graph Theory, Prentice Hall, 1996
Westphalen, R. v.: (Hrsg.): Technikfolgenabschätzung als politische Aufgabe, Oldenbourg, München ..., 1997
Wolkerstorfer, H.: Das große Verschwenden. Obsoleszenz als Wachstumstreiber – das kalkulierte Ablaufdatum von Produkten ... , in: Bestseller 3-4/2012, Perchtoldsdorf (A),
Womack, J.P./Jones, D.T./Roos, D.: The Machine that Changed the World, New York, 2007,
Wullenweber, K.: Wortfang. Was die Sprache über Nachhaltigkeit verrät., in: Politische Ökologie 63/64, Januar 2000
Wüthrich, H. A.: Neuland des strategischen Denkens. Von der Strategietechnokratie zum mentalen Management, Wiesbaden, 1991,
Xenophon: Erinnerungen an Sokrates, Leipzig, 1976
Zacharias, W.: Kulturpädagogik: Kulturelle Jugendbildung. Eine Einführung, Opladen, 2001
Zdun, St./Strasser, H.: Von der Gemeinschaftsgewalt zur Gewaltgemeinschaft? Zum Wandel der Straßenkultur. In: Hitzler, R./Honer, A./Pfadenhauer, M.(Hg): Posttraditionale Gemeinschaften. Theoretische und ethnografische Erkundungen, Wiesbaden, 2008,
Zimmermann O./Schulz,G. (Hg):Kulturelle Bildung in der Wissensgesellschaft. Zukunft der Kulturberufe, Berlin/Bonn 2002
Zschocke, M.: Mobilität in der Postmoderne. Psychische Komponenten von Reisen und Leben im Ausland, Würzburg, 2005

B Internet-Quellen

raws.adc.rmit.edu.au/~s3236218/blog2/?p=292, Oktober 2010
archiv.bundesregierung.de/bpaexport/regierungserklaerung/79/472179/multi.htm, März 2012
www.bundestag.de/bundestag/ausschuesse17/gremien/enquete/wachstum/drucksachen/17_Statement_J__nicke.pdf, 06.02.2011
www.bundestag.de/bundestag/ausschuesse17/gremien/enquete/wachstum/Protokolle/06_-_09_05_11.pdf,
Preparatory Committee for the United Nations Conference on Sustainable Development, First session: *Progress to date and remaining gaps in the implementation of the outcomes of the major summits in the area of sustainable development, as well as an analysis of the themes of the Conference.* Report of the Secretary-General, A/CONF.216/PC/2, 1. April 2010 (PDF)
www.unep.org/greeneconomy/AboutGEI/WhatisGEI/tabid/29784/Default.aspx
www.bundestag.de/bundestag/ausschuesse17/gremien/enquete/wachstum/drucksachen/73_thesen_ein_jahr.pdf, 07.03.2012,
www.bundestag.de/bundestag/ausschuesse17/gremien/enquete/wachstum/mitglieder.html, 10. März 2012
www.bundestag.de/bundestag/ausschuesse17/gremien/enquete/wachstum/drucksachen/17_Statement_J__nicke.pdf, 06.02.2011,
www.bundestag.de/bundestag/ausschuesse17/gremien/enquete/wachstum/Protokolle/07_-_27_06_11.pdf, 27.06.2011,
www.bundestag.de/bundestag/ausschuesse17/gremien/enquete/wachstum/drucksachen/29_Fortschritt_als_b__rgerliche_Leitideologie_-_Dr__Zimmer.pdf, 04.04.2011
www.bundestag.de/bundestag/ausschuesse17/gremien/enquete/wachstum/drucksachen/28_Hintergr_und_Wachstum_-_brand.pdf, 05.04.2011
www.bundestag.de/bundestag/ausschuesse17/gremien/enquete/wachstum/drucksachen/31_-_neu3_Aufkl__rung_und_Fortschritt_-_M__ller.pdf, 09.05.2011
www.etymonline.com/index.php?term=tenet&allowed_in_frame=0, August 2011
ec.europa.eu/enterprise/policies/raw-materials/files/docs/report-b_en.pdf, Oktober 2010
archiv.bundesregierung.de/bpaexport/regierungserklaerung/79/472179/multi.htm, Juli 2010
ec.europa.eu/commission_2010-2014/tajani/hot-topics/raw-materials/index_de.htm, Juli 2010
ec.europa.eu/governance/impact/commission_guidelines/docs/iag_2009_de.pdf, November 2009
eur-lex.europa.eu/LexUriServ/LexUriServ.do?uri=OJ:L:2000:269:0034:0042:DE:PDF, Oktober 2010
reset.to/blog/neue-un-prognose-weltbevoelkerung-waechst-bis-2050-auf-9-1-milliarden-menschen, September 2010
ubm.opus.hbz-nrw.de/volltexte/2010/2470/pdf/doc.pdf , September 2010
www.agenda21-treffpunkt.de/archiv/ag21dok/index.html, August 2010
www.auswaertiges-amt.de/diplo/de/Laenderinformationen/China/Wirtschaft.html, August 2010
www.boell.de/oekologie/marktwirtschaft/oekologische-marktwirtschaft-5213.html, April 2011
www.bund.net/bundnet/themen_und_projekte/verkehr/autoverkehr/kfzsteuer/, September 2010
www.bundesregierung.de/nsc_true/Content/DE/__Anlagen/2006-2007/perspektiven-fuer-deutschland-langfassung,property=publicationFile.pdf/perspektiven-fuer-deutschland-langfassung, April 2011
www.bundesregierung.de/Webs/Breg/nachhaltigkeit/DE/Nationale-Nachhaltigkeitsstrategie/Nationale-Nachhaltigkeitsstrategie.html, April 2011

www.bundesregierung.de/Webs/Breg/nachhaltigkeit/DE/Nationale-Nachhaltigkeitsstrategie/Nationale-Nachhaltigkeitsstrategie.html, April 2011
www.creative.nrw.de/fileadmin/files/downloads/Publikationen/Kurzf_3_Kulturwirtschaftsbericht_NRW.pdf, März 2011
www.focus.de/auto/neuheiten/abwrackpraemie/tid-13121/auto-konjunkturpaket-unausgegorener-aktionismus_aid_362622.html, September 2010
www.fz-juelich.de/ief/ief-ste/datapool/page/307/STE-Preprint%2006-2009.pdf, September 2009
www.fz-juelich.de/ief/ief-ste/datapool/page/307/STE-Preprint%2006-2009.pdf, September 2009
www.greenpeace.de/themen/energie/nachrichten/artikel/neue_greenpeace_studie_99_prozent_erneuerbare_energien_fuer_europa_moeglich/, April 2011
www.greenpeace.de/themen/energie/presseerklaerungen/artikel/greenpeace_ueberreicht_emplan_fuer_energiewendeem_an_alle_deutschen_ministerpraesidenten/, April 2011
www.gruene.de/einzelansicht/artikel/unser-wahlprogramm.html?tx_ttnews%5BbackPid%5D=212, August 2010
www.lpl.arizona.edu/~horst/Publications_files/europlanet2007poster_SMH.pdf, September 2010
www.philosophers-today.com/whats-going-on/oekonomie.html, Februar 2011
www.wwf.de/fileadmin/fm-wwf/pdf_neu/Living-Planet-Report-2010.pdf, Oktober 2010
www.destatis.de/.../**2010**/.../PD10__265__85,templateId=renderPrint.psml, September 2010 -
www.gruene-bundestag.de/.../kultur/.../12391.kultur_in_deutschland.html, April 2011
www.energyblueprint.info/1231.0.html, September 2010
www.millenniumassessment.org/en/index.aspx, September 2010
institut.korsakow.com/_texte/emigholz.html, Oktober 2010, außerdem:
korsakow.org/learn/faq, Oktober 2010
draget.net/hoe/index.php, Oktober 2010
wko.at/statistik/jahrbuch/worldGDP.pdf, Oktober 2010
www.thehenryford.org/rouge/leed.aspx, Oktober 2010
https://www.isc.org/solutions/survey/history, Oktober 2010
www.forschung-kulturelle-bildung.de, April 2011
www.kulturrat.de, April 2011
www.kupoge.de, April 2011
www.kupoge.de/dok/programm_kupoge.pdf, März 2012
www.kulturrat.de/detail.php?detail=169&rubrik=1, § 2, März 2012
www.kupoge.de/dok/satzung_2009.pdf, § 2, März 2012
Unfried, P.: Der Umweltretter Michael Braungart, taz.de, 7. März, 2009
www.loccum.de/protokoll/protokoll.html, Juni 2012,
www.spiegel.de/wirtschaft/0,1518,614072,00.html, Oktober 2010
www. parlement-eu2010.be/pdf/3-4okt-background_info.pdf, Juli 2010

C Dokumente – Tageszeitungen

Deutsche UNESCO-Kommission (Hrsg.): Weltkonferenz über Kulturpolitik. Schlussbericht der von der UNESCO vom 26. Juli bis 6. August 1982 in Mexiko-Stadt veranstalteten internationalen Konferenz. (UNESCO-Konferenzberichte, Nr. 5), München, 1983,
Deutscher Bundestag – 16. Wahlperiode: Schlussbericht der Enquete-Kommission Kultur in Deutschland, Drucksache 16/7000, 2007,

8. Literatur und Quellen

Deutscher Bundestag, 13. Wahlperiode, Enquete-Kommission „Schutz des Menschen und der Umwelt", Abschluss-Bericht: Konzept Nachhaltigkeit. Vom Leitbild zur Umsetzung, DS 13/11200, 1998
Deutscher Bundestag, 14. Wahlperiode: Schlussbericht der Enquete Kommission Globalisierung der Weltwirtschaft – Herausforderungen und Antworten, Drucksache 14/9200, 2002
Deutscher Bundestag, 17. Wahlperiode: Einsetzungsbeschluss, DS 17/3853, 23.11.2010
Frankfurter Allgemeine Zeitung, 19. Juli 2006
New York Times, 25.01.2005
Programm der Kulturpolitischen Gesellschaft, Kulturpolitische Mitteilungen 83, Heft IV/98, S. 21
Statistisches Bundesamt, Nachhaltige Entwicklung in Deutschland, Indikatorenbericht 2010
The Economist, 21.01.2005,
World Wide Fund for Nature, Living Planet Report 2010 – Biodiversität, Biokapazität und Entwicklung, auf: www.wwf.de/fileadmin/fm-wwf/pdf_neu/Living-Planet-Report-2010.pdf

The manufacturer's authorised representative in the EU is Springer Nature Customer Service Centre GmbH, Europaplatz 3, 69115 Heidelberg, Germany. If you have any concerns regarding our products, please contact ProductSafety@springernature.com

Printed and bound by CPI Group (UK) Ltd, Croydon, CR0 4YY

25/03/2026

02078172-0001